普通高等教育系列教材

摩擦学简明教程

林福严　程　洁　张运九　编

机械工业出版社

本书介绍摩擦学的基础知识，涵盖摩擦、磨损、润滑3大领域。对摩擦学的经典内容和基础理论进行深入浅出的介绍，并将现代摩擦学发展趋势——微纳米摩擦学的相关知识引入教材。全书共8章：第1章为绪论，介绍摩擦学的概念、发展简史和摩擦学在国民经济中的重要作用；第2章为摩擦学基础知识，介绍工程表面、固体表面的接触以及界面物理化学知识；第3章为摩擦，介绍摩擦的基本概念、基本理论、滚动摩擦、黏滑、温度和摩擦热的影响；第4章为磨损，介绍材料的磨损、黏着磨损、磨料磨损、冲蚀磨损、疲劳磨损、腐蚀磨损和微动磨损；第5章为耐磨减摩材料与表面工程；第6章为润滑，介绍润滑的基本概念、流体动压润滑、弹流计算、流体静压润滑和气体润滑；第7章为润滑剂，介绍润滑剂基础知识、润滑剂性能、组成以及油类和脂类润滑剂；第8章为微纳米摩擦学，介绍微纳米摩擦学常用研究方法、微观摩擦磨损、微机电系统摩擦学。

本书是机械工程专业本科生教学的简明教材，也可作为研究生摩擦学入门的教学参考书，或工程技术人员了解摩擦学知识的入门读本。

图书在版编目（CIP）数据

摩擦学简明教程/林福严，程洁，张运九编．—北京：机械工业出版社，2022.9

普通高等教育系列教材

ISBN 978-7-111-71760-7

Ⅰ.①摩… Ⅱ.①林… ②程… ③张… Ⅲ.①摩擦-高等学校-教材
Ⅳ.①O313.5

中国版本图书馆CIP数据核字（2022）第186961号

机械工业出版社（北京市百万庄大街22号　邮政编码100037）
策划编辑：丁昕祯　　　　责任编辑：丁昕祯
责任校对：肖　琳　张　薇　封面设计：张　静
责任印制：单爱军
河北宝昌佳彩印刷有限公司印刷
2023年2月第1版第1次印刷
184mm×260mm·10印张·243千字
标准书号：ISBN 978-7-111-71760-7
定价：38.00元

电话服务　　　　　　　　网络服务
客服电话：010-88361066　机　工　官　网：www.cmpbook.com
　　　　　010-88379833　机　工　官　博：weibo.com/cmp1952
　　　　　010-68326294　金　书　网：www.golden-book.com
封底无防伪标均为盗版　机工教育服务网：www.cmpedu.com

前言

摩擦学问题比比皆是，睁眼、闭眼、举手、投足均有摩擦。生物运动、机械设备、风雨雷电、山川河流甚至天体运动都和摩擦有关。世界能源的1/3~1/2消耗在摩擦上，80%的设备因磨损而失效，这绝非无稽之谈。诚然不能奢望完全挽回摩擦磨损造成的损失，但如果能合理使用减摩润滑技术，把摩擦降低5%是完全有可能的，仅此就可以节约全部能源的1.5%~3.0%，其经济和社会效益是显而易见的。

因为摩擦学问题比比皆是，所以有许多人对摩擦学不够重视，认为摩擦学可以无师自通。但你知道降低轮子与地面的摩擦对行车是有害无益的吗？你知道滚动轴承里加上润滑脂会使摩擦增大吗？其实还有许多摩擦学问题的道理比这复杂得多。即使如“摩擦力和名义接触面积无关”的浅显道理也有部分人不甚知晓，还有不少人把它错误地记忆成“摩擦力和接触面积无关”的教条定律。编者曾在20世纪80年代参加我国第一次全国摩擦学工业调查，又在21世纪初参加了中国工程院与中国机械工程学会摩擦学分会组织的第二次摩擦学调查，还与摩擦学创始人彼得·乔斯特（H. Peter Jost）博士在北京交流过摩擦学科学与教育的重要性，对于开展摩擦学研究与教育的重大意义深有体会。编者一直积极倡导和开展摩擦学教育工作，建议“在高等教育中应该把摩擦学列入机械类专业大学生的必修或指定选修课程，在研究生教育中应该支持试办摩擦学专业”。本书就是在这种指导思想下编写而成的。本书可作为高年级本科生的摩擦学课程教材，也可作为研究生摩擦学入门的教学参考书，还可以作为工程技术人员摩擦学知识培训或自学的入门读本。

编者早年主要从事研究生教学，讲授过摩擦学原理、摩擦磨损、耐磨材料和表面工程技术等课程。中国矿业大学自2000年在北京恢复本科招生以后，在机械工程专业教学中开设了摩擦学选修课，2008年开始编写面向本科教学的摩擦学讲义，2014年作为内部讲义由学校教务处印刷。本书是在该讲义的基础上编写而成的。

本书第4、5章由张运九编写，第8章、多媒体材料由程洁编写，其它各章均由林福严、程洁编写。在出版工作中，马晓阳（中国矿业大学（北京））、胡杨（上海大学）、赵德文（华海清科股份有限公司）、王巍琦（清华大学）、温家林（清华大学）协助提供了多媒体资料，苗钦华、王书鹏、刘丁未、孟延等同学参加了部分内容的校对工作，在此对各位所付出的辛勤劳动表示感谢。此外，由于编者水平有限，书中难免有不当或错误之处，还望各位读者给予批评指正。

编　者

目 录

第1章

绪　论

1.1　摩擦学的概念

摩擦学是研究相对运动的相互作用表面及其有关实践的科学与技术，以摩擦、磨损和润滑为主要研究内容。摩擦和磨损普遍存在于人类的物质生产和生活中，是一种具有重要影响的自然现象，如果脚与地面之间没有摩擦，人就无法行走，各种机械的摩擦消耗了大量的能源。通常，相互作用表面磨损是人们不期望而又难以避免的，永不磨损的神话在现实中是不存在的。在许多情况下，润滑是降低摩擦和磨损的有效方法，润滑理论与技术是摩擦学的重要内容之一。摩擦、磨损和润滑是摩擦学的技术核心。

摩擦学具有普遍性、深奥性、复杂性和前沿性四个特点。普遍性是指摩擦学问题普遍存在于人类社会生产、生活的各项活动中。有运动就有摩擦和磨损，任何机械、机构和工具的工作都离不开运动，甚至桥梁、建筑结构的固定连接部位都会有微运动，所以摩擦和磨损是无处不在的。

看似非常简单的摩擦磨损问题，实际上是一个高深的科学难题。没有人能够精确地控制摩擦和磨损，甚至预测摩擦和磨损都做不到，至今还没有一套完整的摩擦学理论和公式。摩擦学的核心问题是做相对运动的相互作用的表面（界面）问题，其深入的技术基础理论涉及表面物理化学问题、材料科学问题、力学问题、化学问题以及包括生命科学在内的众多应用技术科学问题。早在18世纪，英国皇家学会就把它作为科学问题来讨论，我国也把它列为高技术研究课题。

摩擦学问题的复杂性表现在其系统性、时变性和随机性。需要特别强调的是摩擦学的系统性问题，摩擦学特性是由整个摩擦学系统决定的，决定摩擦学性能的是相互作用的两个表面以及中间介质和环境组成的系统，离开这个特定系统就根本不存在某种材料的耐磨性或某种润滑剂的减摩性。摩擦学过程是一个动态过程，系统状态是时刻变化的，这种摩擦学问题的时变性给摩擦学研究增加了许多困难。一个简单的摩擦学问题首先是两个非光滑表面接触的力学问题，接触压力和变形引起了微凸体的压入和材料焊接问题，运动造成了断裂（撕裂）、氧化和腐蚀问题，断裂的磨屑改变了介质和环境，而且这一系列变化是在非常短暂的时间内发生的。摩擦学问题的复杂性还表现在随机性上，表面接触看似发生在固定的区域，实际上通常是发生在区域内局部的微凸体上，而微凸体是随机变化的，具体发生在哪些微凸体上则有很强的随机性。

摩擦学在机械工程中属于前沿领域。17世纪力学的发展为机械工程奠定了科学基础，机械设计方法一直停留在半科学、半经验的水平上。几何学问题，运动学问题，甚至是许多动力学问题在计算机科学飞速发展的今天都已经可以实现较为精确的科学计算，但运动副的摩擦学问题却必须靠经验和试验来设计。摩擦学设计是当代机械科学家们的一个重要前沿领域。近几十年来，机械工程学科的许多科研成果和研究论文都和摩擦学有关，摩擦学的发展必将对机械科学的发展起重要的推动作用。此外，在生命科学中的生物摩擦学、化学工程学科的摩擦化学、航天科技中的极端环境下的摩擦学问题以及微电子制造领域的纳米摩擦学都属于相关学科的研究前沿。

挑战与机遇并存，成功与困难同在。摩擦学的挑战激发了科学家们的研究热情，历经探索，人们已经初步掌握了摩擦与磨损的基本规律和机理，研究和提出了一套比较科学的润滑理论，开发了许多减摩、增摩、抗磨技术，研制了大量的润滑剂和润滑添加剂。这些理论和技术虽然是在不断地发展和完善中，但对于推动科技进步，甚至是促进社会发展都已经或必将会发挥重要作用。这就是摩擦学，一门与社会生产和生活息息相关，看似简单却又充满科学挑战的新兴学科。

1.2 摩擦学发展简史

1.2.1 早期摩擦学研究及其贡献

人类很早以前就对摩擦产生了兴趣，并成功实现应用。首先是摩擦生热现象，即钻木取火技术，在先秦时代的《韩非子·五蠹》中就有“有圣人作，钻燧取火以化腥臊，而民说之，使王天下，号之曰燧人氏”的论述，说明它为人类进步起到了重要的推动作用。其次是轴承的使用，在新石器时代的制陶工具——陶轮中，我们的祖先就已经开始使用轴承了，在跨湖桥文化遗址的考古中还发现了距今8200年至7300年的带有轴的木质陶轮基座，陶轮在辉煌的中华陶瓷文化中发挥了重要作用。轴承技术对战车设计制造的重要意义不言而喻，根据《古史考》记载“黄帝作车”，说明我国车辆轴承的使用可以追溯到公元前2600年，距今已有近5000年的历史。

英国Dowson教授在1957年根据古壁画的研究认为，公元前1800年古埃及人在使用滑橇搬运巨大雕像的时候使用了润滑剂，还根据该壁画计算了摩擦系数。如果这种猜测正确的话，这个时代大约在我国的夏商时期。《诗经》是我国春秋时期的作品，大约成书于公元前11世纪到公元前6世纪。诗经的《邶风·泉水》里有“载脂载辖，还车言迈”的歌谣，它以文字形式准确记述了润滑脂的应用，表明最晚在2500年前，我们的祖先就已经普遍使用润滑剂。

1.2.2 近代摩擦学科学研究

15世纪后期，意大利博学家达芬奇（Da Vinci）首先提出摩擦的科学定义，并研究了物块在平面上滑动的规律，他提出了摩擦系数的概念，并认为摩擦系数是摩擦力和正压力之比。1699年，法国物理学家阿芒顿（Amontons）研究了两个平面之间的干摩擦并确立了摩擦力和正压力成正比，摩擦力大小与接触面积无关的摩擦定律。以发现静电现象而闻名的法国物理学家库仑（Coulomb）补充了“摩擦力与滑动速度无关”的第三条摩擦定律，全面论述了摩擦三定律。

牛顿（Newton）于1668年提出了黏性流体的基本理论，这为人们认识润滑奠定了科学基础。工业革命期间（1750—1850年），制造业、蒸汽机以及各工业领域的发展对摩擦学知识提出了更高的需求，摩擦理论、润滑技术也为工业革命作出了巨大贡献。润滑科学的研究始于1884年托尔（Beauchamp Tower）的试验研究，1886年雷诺（Reynolds）对试验的理论解释使润滑理论上升到了一种科学。其后流体润滑和轴承技术得到了长足发展。

由于过去没有摩擦学的概念，各项研究工作都是在自然形成的各自的技术领域（如摩擦、磨损、润滑）中进行的，发展迟缓。直到20世纪中期，工业化发展带来的资源、能源和环境问题成为人类共同面对的最严峻挑战之一，于是工业发达国家首先意识到了摩擦磨损问题的严重性和研究普及润滑技术知识的必要性。1966年，以H. P. Jost博士为首的专家小组，在历经一年的摩擦学调查后，提出了著名的《英国教育科研部关于摩擦学教育和研究的报告》（Jost报告）。该报告提出了“摩擦学”这一学科术语，它把摩擦、磨损、润滑及其相互作用的表面科学联系起来，对于促进该学科的发展具有十分重要的意义。

1.2.3 中国现代摩擦学发展历程中的三件大事

在中国现代摩擦学发展历程中，特别值得纪念的是第一次全国摩擦学学术大会。1962年10月15—20日，中国科学院技术科学部和中国机械工程学会在兰州联合举办了“第一次全国摩擦、磨损和润滑研究工作报告会议”。会议收到论文51篇，有96个单位的160多名专家参加了会议，分3个小组宣读和研讨了28篇学术论文及5个专题报告。会上还建议在中国机械工程学会下筹备成立摩擦磨损润滑学会。

1979年3月18—25日，中国机械工程学会在广州组织召开了“第二次全国摩擦磨损润滑学术会议”，会议期间成立了“中国机械工程学会摩擦磨损润滑学会”，选出了由42名科学技术工作者组成的第一届理事会。与会代表沟通了情况，提高了认识，研究、提出了包括科研、教育、培训等内容的中国摩擦学发展的策略。经过近两年的学术讨论之后，在1980年11月于苏州召开的第一届理事扩大会上，全体与会人员同意将本学会名称正式定名为“摩擦学学会”。

学会的成立促进了国际交流。继英国、德国和美国等西方国家的摩擦学调查之后，我国20世纪80年代的摩擦学工业应用调查对摩擦学的发展具有重要的影响。这次调查从1982年3月在北京召开的“摩擦学工业调查座谈会”开始，历经了1982年8月的兰州会议、1983年7月的安徽会议、1983年9月的大庆摩擦学工业调查现场座谈会、1984年10月的镇海座谈会和1985年12月的厦门“全国摩擦学工业应用技术交流会”6次会议，参加调查的人数超5000人。调查的直接收获是得出了在我国应用摩擦学技术可能获得的潜在经济效益的一个较为客观的估计。调查报告的测算结果表明，应用已有的摩擦学知识，每年可以节约37.8亿元，约占所调查的冶金、石油、煤炭、铁道运输和机械行业1984年调查企业生产总值的2.5%，而要获得这些经济效益的估算投资效益比大约为1∶50。此次调查使众多的企业和广大技术人员认识到了摩擦学应用的重要性，极大地促进了摩擦学技术的应用，对其后的摩擦学发展起到了重要的推动作用。

1.3 摩擦学在国民经济中的重要作用

摩擦学在国民经济中最能产生直接经济效益的作用就是节能。能源是国家推动循环经济和实现社会可持续发展要考虑的重要问题，随着社会发展和能源价格的提高，这种节能所产生的效益将会变得更加突出。在中国工程院的调查中，最重要的预期潜在经济效益就是汽车节油，它约占总效益的70%以上。其实在许多领域中应用摩擦学都是可以节能的，煤炭行业、冶金行业、建材行业、石油行业、机械行业，几乎各个行业都应该有非常大的节能潜力。摩擦学科技工作者应该尽最大努力去发挥和实现摩擦学的这种重要作用。

摩擦学在延长设备寿命、提高设备可靠性、减少事故停产等方面所发挥的社会效益是远大于经济效益的。在2006年的摩擦学调查中，冶金行业提供了1999—2003年的5年间在全行业推广应用摩擦学技术使维修和备件消耗费用降低的宝贵数据，它表明冶金行业应用摩擦学技术在2003年已经为国家节约了近80亿元的资金。其实在许多行业中摩擦学都已经发挥了这种作用，只是数据统计上有一定困难。此外，要获得通过应用摩擦学延长设备使用寿命、提高设备安全可靠性、减少事故停产等带来的效益的数据会更加困难。但可以肯定的是，延长设备使用寿命、提高设备安全可靠性以及减少设备故障给企业带来的社会经济效益要远比直接经济效益大得多。有效地掌握和控制摩擦以及减少磨损，对于提高设备性能和安全可靠性，特别是对于安全生产和避免安全事故具有极其重要的意义。

关注环境，以人为本，提高生活质量。现代润滑技术在控制汽车排放方面已经发挥了重要作用，摩擦和耐磨材料的进步也为减小环境污染作出重要贡献。绿色摩擦学新概念倡导使用环境友好润滑剂，可以降低环境污染，满足生态文明建设的迫切需求。生物摩擦学的快速发展推进了人工组织器官在人体的顺利植入，已经为许多疾病（心脏病、关节病、口腔疾病等）的患者带来了福音。随着社会的进步以及人们对生存环境的关注，摩擦学在减少污染、改善环境、提高生活质量方面的作用将会更加突出。

摩擦学在推动科技进步、提升国家科技实力方面的作用也是非常重要的。我国早期摩擦学科学研究有很重要的一部分是中国科学院为解决“两弹一星”发射中的关键技术问题而开展的，许多摩擦学科技工作者已经为国防尖端科技作出突出贡献。飞机的起飞和降落离不开摩擦制动副，2003年中南大学黄伯云院士团队成功研发出碳/碳复合材料制动片，使中国飞机依赖进口制动片才能“落地”的历史就此改写。在微纳米领域中，摩擦学为推动磁盘抛光、芯片制造、微纳米机械设计和制造等高新科学技术的发展发挥了重要作用。化学机械抛光（CMP）技术是芯片制造过程中实现芯片纳米级表面平坦化的唯一使能技术，是利用摩擦、磨损等作用实现超精密制造的典型应用。2017年首台国产CMP工艺制程设备进入集成电路大生产线，彻底打破了国外芯片CMP设备长期垄断的局面，对解决我国目前芯片制造“卡脖子”问题具有重大的里程碑意义。摩擦学是一个充满着高新技术的专业学科，从宏观的摩擦学到微观世界的纳米摩擦学，有许多前人未曾涉足的领域需要我们去探索和研究。科技创新将是我们全体摩擦学科技人员面临的重要挑战。

思考题

1. 试述摩擦学的定义及其主要研究范畴。
2. 举例说明摩擦学的普遍性、深奥性、复杂性和前沿性。
3. 试说明摩擦学研究的重要意义。

第2章

摩擦学基础知识

2.1 工程表面

从摩擦学的视角，工程实际中所见到的各种固体表面称为工程表面。工程表面一般具有以下基本特性：①没有绝对平整和光滑的表面；②没有绝对具有完好组织结构的表面；③没有绝对干净的表面。工程表面的“三无”特征对摩擦学特性有重要影响。

2.1.1 表面形貌

1. 表面形貌的概念

平面是指平坦的表面，这个概念众所周知，但我们一定要认识到这个概念只有在特定的观察尺度下才是正确的。翻开中国地形图，我们知道华北平原是一马平川的大平面，这是从整个中国的宏观地形地貌上来观察的。就一个局部来说，华北平原上有高耸1500多米的泰山，还有低于海平面的洪泽湖，高低起伏竟然有几千米之多，但作为一个整体，华北平原仍然是一个大平面，泰山不过是一个小点。翻开山东省泰安市地图，泰山占据了全市的很大部分，山峦丘陵的特征极其明显，虽然泰安市是华北平原的一部分，但它的地貌就不是一块平原。登临泰山玉皇顶，你会看到大片平坦的土地，有辉煌的庙宇，还有种植的田园，这又是一个平面。再仔细观察玉皇顶的局部，它也是高低不平的。平是相对的，不平是绝对的，世界上没有绝对的平面，平面的概念只有在一定的观察尺度下才成立。

在足够小的观察尺度下，任何表面都是不平的。工程表面和地球表面非常类似，尽管经过镜面磨削的表面看上去非常光滑，但在显微镜下经过足够的放大，在微观尺度上，表面就像起伏的山峦一样高低不平，这和地形地貌是一样的。为了表述工程表面的这种像地形地貌一样的特征，摩擦学中使用了表面形貌这一术语。表面形貌就是表面形状的概貌，和地形地貌相似，它描述了表面起伏不平的特征，如图2-1所示。和地理学上不同的是，它是一个微观特征，通常要在显微镜下才能看清工程表面的形貌。

2. 观察尺度与表面

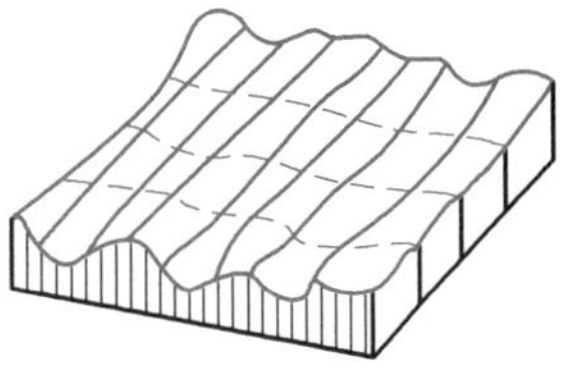

表面形貌和观察尺度是密切相关的。这里要区分三种不同的观察尺度：宏观、微观、纳观。宏观表面形貌是指不借助仪器就能观察到的表面形貌。人眼在最仔细的情况下也只能分辨大于0.1mm的东西，所以宏观是几个毫米以上的观察尺度。

图2-1 表面形貌

微观表面形貌是指用显微镜观察到的表面形貌。微观尺度是几个微米到一个毫米的观察尺度。纳观在这里指的是微米数量级以下的观察尺度，它是一个作者自己定义的术语。由于纳米量级上材料已经显示了许多分子、原子的特征，与微观特征有很大不同。虽然许多人仍然把它称作微观，但作者认为很有必要加以区别。

受显微观察仪器的限制，一般显微镜和普通的电子显微镜只能观察到微观形貌。一般文献里提到的微观形貌和我们定义的微观形貌的概念通常是一致的。此外，在摩擦学里，接触表面的区域一般不会很大，所以除特别声明外，表面形貌指的就是表面微观形貌。

作为表面形貌的补充我们再讨论一下表面。在数学上表面是有严格定义的，它是一个没有厚度的面。表面可以用一个数学方程来描述，并且可以精确计算到任意精度。但遗憾的是，现实世界中不可能找到严格的数学面，这就像在实际中找不到地理学中的海平面在哪里一样。工程上对表面没有严格的通用定义，通常把物体裸露的外面称为表面，机械工程中表面不平度和表面粗糙度就使用了这个工程表面的概念。但工程表面的概念是模糊的，表面不平度是和表面的数学特性相联系的，它以数学面为参照；而表面粗糙度是和表面的微观物理特性相联系的，它使用的是一个物理面的概念。物理面是一个有一定厚度的区域，由于世界是充满物质的，物理面都是不同物质的界面，即世界上是没有物理表面的。在摩擦学中使用的表面除非特别说明，通常就是工程表面的概念，表面形貌中的表面使用的就是这个概念。

3. 表面形貌的表示、表面轮廓和表面粗糙度

零件的表面形貌对摩擦磨损有重要的影响，磨损表面的表面形貌上也保留着摩擦磨损的大量遗迹。用显微镜观察和研究表面形貌是研究摩擦磨损的重要手段。为便于研究和交流，可以通过显微镜摄影把表面形貌记录下来，形成表面形貌照片。由于表面形貌属于微区特征，一个摩擦磨损表面可以有无数个不同的表面形貌，在表面形貌的观察和照相的时候要注意取样的典型性和代表性。

表面形貌的量化描述是非常困难的，定量地描述表面通常使用表面轮廓。在三维物体上，沿垂直于表面的方向做一个横截面，表面轮廓就是物体表面与这个平面的交线。表面轮廓通常是一条曲线，它可以通过表面轮廓仪、双管显微镜或其他测量方法来获得。表面轮廓曲线具有很大的随机性，同一个人，使用同一台仪器，对同一个表面进行测量可以获得无数条不同的表面轮廓曲线，表面轮廓曲线如图 2-2 所示。在轮廓曲线的选取上同样要注意取样的典型性和代表性。

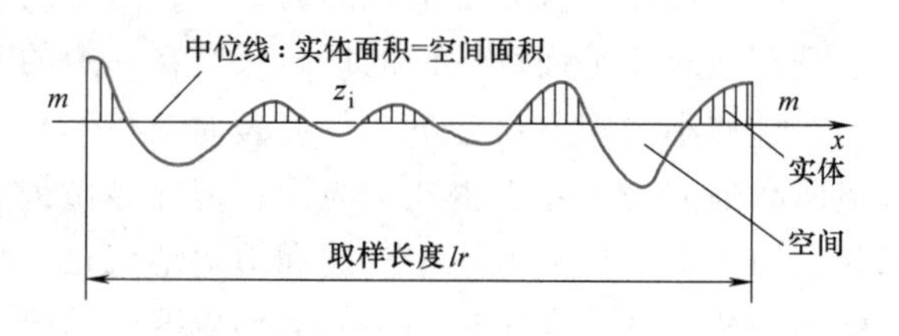

图 2-2　表面轮廓曲线

表面形貌最简单的描述参数是表面粗糙度，国家标准 GB/T 3505—2009 规定了粗糙度轮廓的幅度、间距、形状等方面的评价参数。其中，常见的幅度特征参数有：轮廓算术平均偏差 Ra、轮廓最大高度 Rz；常见的间距特征参数有：轮廓单元的平均宽度 Rsm。

轮廓算术平均偏差 Ra 是指一个取样长度内，表面轮廓线偏离其中位线绝对值的算术平均值，如图 2-2 所示。其数学表达式为

$$Ra=\frac{1}{lr}\int_{0}^{lr}|z(x)|\mathrm{d}x \tag{2-1}$$

式中，lr 是取样长度，对于不同粗糙度有关标准有具体规定值；$z(x)$ 为沿中位线上的轮廓高度。

轮廓最大高度 Rz 是在取样长度 lr 范围内，最大轮廓峰高 zp 和最大轮廓谷深 zv 之和的高度，如图 2-3a 所示。其数学表达式为

$$Rz = zp_{\max} + zv_{\max} \tag{2-2}$$

轮廓单元的平均宽度 Rsm 指在取样长度 lr 内，所有轮廓单元的宽度 Xs_i 的平均值，如图 2-3b 所示。其计算公式为

$$Rsm = \frac{1}{m}\sum_{i=1}^{m} Xs_i \tag{2-3}$$

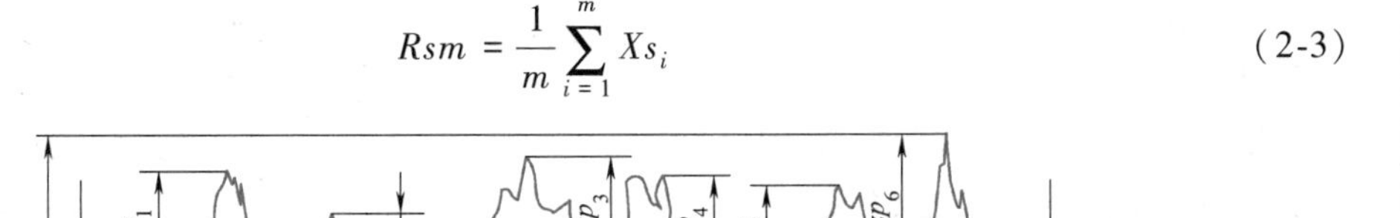
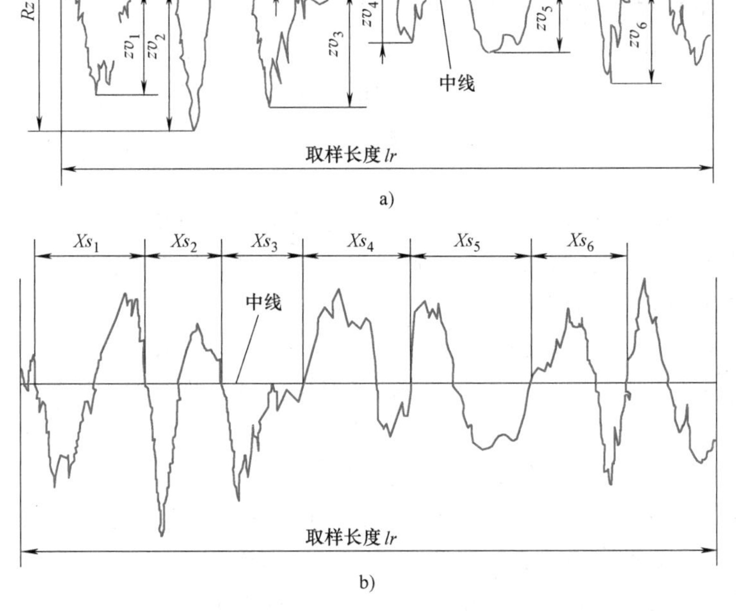

图 2-3　轮廓单元

a）轮廓最大高度　b）轮廓单元宽度

表面粗糙度参数的选用要根据实际应用场合恰当选取。Rz 测量起来比较方便，用于控制不允许出现较深加工痕迹的表面，如交变应力作用的齿廓工作表面。Ra 一般要用专用轮廓仪来测量，它对表面描述的科学性也更强一些，能客观全面地反映表面微观几何形状特性，是国际上最为广泛认可和使用最广的表面粗糙度参数，经过机械加工形成的表面粗糙度一般为 0.01~12.5μm。Rsm 一般不单独使用，作为补充参数，与幅度特征参数共同控制零件表面的微观不平度，当必须控制零件表面加工痕迹的疏密时才使用。

表面形貌还有更复杂和科学的描述方法，有关理论和技术请参考专门著作。

2.1.2　表面层的结构

表面粗糙度是在微米级的亚微观领域研究表面的重要表征参数，在纳米级的纳观领域中，

所研究的表面通常是在粗糙表面的一个峰谷之间。这时的表面更无法用一个面来描述了。

微纳领域中的表面通常是一个由多层、多种不同物质组成的，结构非常复杂的层状物质区，这个层状区称为表面层。

最简单地讲，根据固体表面层的材料成分可以把表面层分为内表层和外表层。如图 2-4 所示，内表层的材料成分基本上是一致的，在内表层和外表层的交界处材料成分发生了比较显著的突变。

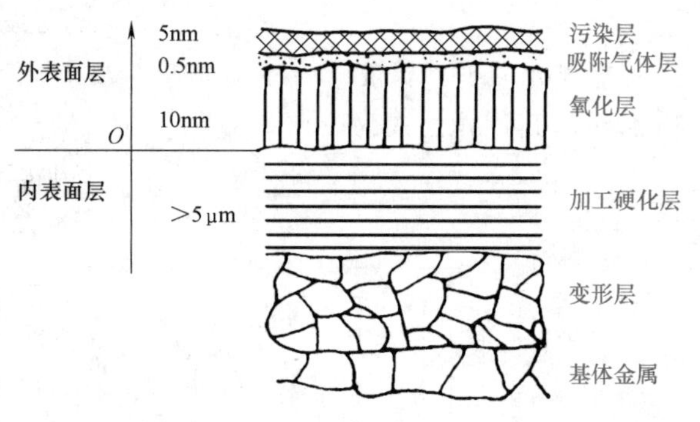

图 2-4　金属的表面结构示意图

在表面内的较深处是没有发生过塑性变形的金属基体，基体外面是一层已经发生过塑性变形的材料，在金相显微镜下可以看到金属晶粒已经发生了变形。变形层的外面是加工硬化层，由于加工过程或服役过程中的反复变形，固体表面的晶粒严重破碎，所形成的加工硬化层的晶粒尺寸显著小于内部金属基体。内表层的三个不同层次是用晶粒变形程度和晶粒大小来区分的，层的厚度在尺度上通常在微米到毫米的量级上，可以用金相显微镜对内表层的结构进行研究。

外表层要比内表层薄得多，整个外表层的厚度通常不过十几到几十个纳米，它们是无法用显微镜直接观察到的，外表层的结构是通过电子显微镜、表面能谱等现代表面物理化学分析手段进行研究得到的物理化学模型。

氧气是大气环境中普遍存在的化学物质，而金属又通常具有被氧化的趋势，金属表面普遍地存在着氧化层。氧化层的厚度随金属材质、材料的氧化物结构及所处环境而变化，通常在几个到几十个纳米之间。由于金属及其氧化物的表面活性，环境或大气中的活性物质会在表面区域聚集，形成吸附层。吸附物质可能会和表面材料发生化学反应，产生电子交换，形成化学吸附；也可能不发生化学反应，仅通过分子间作用力而形成物理吸附。物理吸附层与表面的结合强度比化学吸附层与表面的结合强度小，化学吸附层与表面的结合强度比氧化层要小，这决定了从内到外的氧化层、化学吸附层、物理吸附层的排列顺序。吸附层的厚度一般在一到几个纳米以内，相当于几个到几十个分子层的厚度。

物理吸附层外面还可能有污染层。污染层与表面的结合强度就更弱了，通过机械擦拭很容易把表面的污染层除掉。吸附在表面上的润滑油要用很大的压力才能去除干净，而形成化学吸附的润滑剂清除起来就更加困难。极压添加剂可以与金属表面形成化学吸附或化学反应膜，所以其润滑效果更好。

2.2　固体表面的接触

2.2.1　力学基础

1. 应力应变和拉伸曲线

材料力学已经讲到，金属试样（棒）受到外力作用时会产生变形。单位截面积上材料所受到的力叫作应力㊀，通常用 σ 表示，单位为 MPa。金属试样（棒）受力伸长量与变形长度的比值叫作应变，通常用 ε 表示，是一个无量纲量。典型的低碳钢拉伸曲线可以分为两个阶段：弹性变形阶段和屈服强化阶段。发生屈服前，应力小于屈服强度 σ_s，应力和应变成正比，满足胡克定律（Hooke's law）；屈服后变形关系比较复杂，通常金属材料会发生强化，直到试样产生缩颈和拉断。如果材料的强化能力很弱，屈服后就会产生缩颈和拉断。

2. 弹性变形和塑性变形

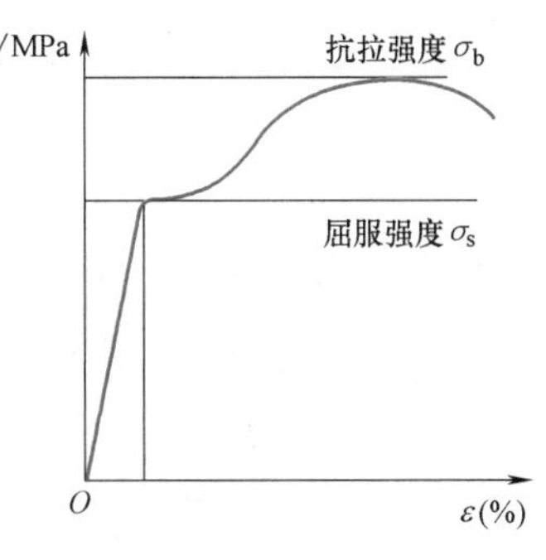

图 2-5　应力-应变曲线

应力-应变曲线（图 2-5）在连续介质力学领域具有广泛的意义。研究表明，不仅是拉伸，压缩、弯曲、扭转，甚至是各种受力状况下，材料变形都具有这种正比、屈服、强化的普遍规律。作为基本概念，我们把受力较小、应力正比于应变的变形称为弹性变形。弹性变形的最大特点是应力正比于应变，服从胡克定律。弹性变形的另一个重要特点是当外力去除以后材料的变形是可以恢复的。当材料所受到的应力大于屈服强度后，应力和应变不再遵守胡克定律的正比关系，并且当外力去除以后材料会留下永久的不可自动恢复的变形时，我们就认为材料发生了塑性变形。弹性变形和塑性变形属于连续介质力学的基本概念，这些概念在接触力学和摩擦学的有关力学分析里也是很重要的。

为了便于理论分析和科学计算，人们提出了多种不同的力学变形模型，其中比较常用的有理想弹性模型、理想刚塑性模型和理想弹塑性模型等。理想弹性模型假设材料只发生弹性变形，应力应变关系服从胡克定律。在应力较小的情况下，材料变形基本符合这种模型。理想刚塑性模型假设材料在屈服前是刚性的，不发生变形；当应力达到材料屈服强度后，材料发生屈服流动，而屈服应力保持不变。对于那些刚性很大、强化能力很弱，而延伸率很高的材料，其变形符合理想刚塑性模型。在接触力学中，材料常受到较大的压应力，压应力下材料的延伸率比较高，因此在接触力学分析中也常采用理想刚塑性模型。理想弹塑性模型假设材料屈服前的变形是弹性的，而屈服后的变形是理想塑性的。采用这种模型比理想刚塑性模型在分析计算上要复杂一点，但它更切合工程实际。如果把材料强化也考虑进来，采用更加切合实际的变形模型，理论分析就非常困难，只有通过有限元或数值计算的方法才能对实际工程问题进行理论计算和分析。

2.2.2　赫兹（Herz）接触

工程上的接触问题在许多情况下是曲面接触问题，比如球和球的接触（四球实验）、球与曲面的接触（滚动轴承）、两个圆柱的接触（滚针轴承和齿轮等）、圆柱和内孔的接触等。赫兹在 1882 年第一次把弹性体视作二次曲面，分析了它的变形和接触问题，因此曲面弹性接触又被称为赫兹接触。赫兹接触假设两接触体是表面光滑、接触区无摩擦的半无限弹性体，有关理论和推导可以参考弹性理论的有关专著。这里仅就两个表面光滑的球的接触进行简单介绍。

两个球形物体在法向力 P 的作用下发生接触，如图 2-6 所示。如果物体是刚性的，不发

㊀ 应力应变此处新国家标准 GB/T 228.1—2010，为遵循行业习惯，此处仍用旧国家标准。

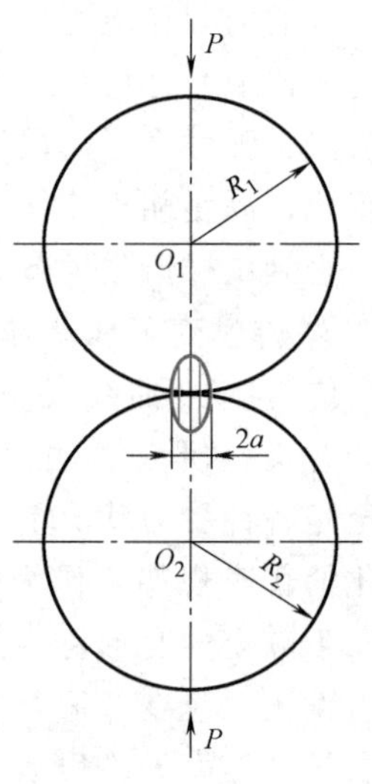

图 2-6　两个球在一点上的 Herz 接触

生变形，那么接触只发生在一个点上。现实中没有不发生变形的物体，由于物体的变形，接触点变成了接触区。对于球形接触的情况，接触区是一个近似于平面的圆形区域。

如图 2-6 所示，在弹性变形条件下，根据 Herz 接触理论，接触区的半径 a 为

$$a=\left[\frac{3\pi P(k_1+k_2)R_1R_2}{4(R_1+R_2)}\right]^{\frac{1}{3}} \tag{2-4}$$

式中，$k_1=\dfrac{1-\mu_1^2}{\pi E_1}$，$k_2=\dfrac{1-\mu_2^2}{\pi E_2}$。$E$ 是材料的弹性模量，μ 是泊松比。

接触区中各点压应力的大小沿接触区半径呈椭圆分布，具体数值为

$$p=\frac{3P}{2\pi a^2}\sqrt{1-(r/a)^2} \tag{2-5}$$

式中，P 是各点的压应力；a 是接触区半径；r 是接触区半径方向上的某点到接触区中心的距离变量。

根据赫兹接触理论还可以得到接触区下方以及上方球体内各点的应力、应变、位移和两个球体中心之间的接近量。根据赫兹接触理论还可以分析球和平面、两个外圆柱、外圆柱和内孔等许多不同情况下的接触问题。由于是理论分析，并且已经在实验中得到验证，所以赫兹接触在摩擦学理论中得到了广泛应用。

2.2.3　真实表面的接触

1. 三种接触面积的概念

粗糙表面是起伏不平的，表面轮廓上的高峰部位称为微凸体。两个表面的接触主要发生在较高的微凸体上。这些微凸体形成了许多孤立的接触区域。为研究粗糙表面的接触，定义了三种含义不同的接触面积：名义接触面积、轮廓接触面积和实际接触面积。

所谓名义接触面积，又称表观接触面积，即把参与接触的两表面看成是理想的光滑面的宏观面积，记作 A_n，它由接触表面的外部尺寸决定。图 2-7 所示的两接触表面的名义接触面积为 ab。轮廓接触面积是接触表面被压平部分所形成的面积，如图中的小圈范围内所示的面积，记作 A_c。在一个小的接触轮廓小区中，也并不是轮廓中所有的点都发生接触，只是其中的部分小黑点发生接触。实际接触面积是两接触表面真实接触面积的总和，记为 A_r。图 2-7 所示的所有小黑点的总和才是实际接触面积。实际接触面积在摩擦学中具有重要意义，其大小主要与表面粗糙度、接触物体的刚性和外界载荷大小有关。

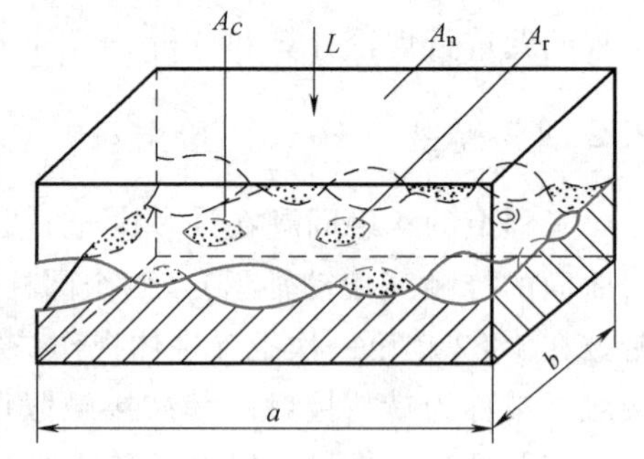

图 2-7　三种接触面积

研究表明，粗糙表面接触时，实际接触面积仅为名义接触面积的 0.01%~0.1%，而轮廓接触面积为名义接触面积的 5%~15%。

2. 支撑面积曲线

支撑面积曲线是根据表面轮廓曲线绘制的。理论支撑面积曲线的绘制方法如图 2-8 所示。假设粗糙的表面磨损到深度 z_1 时，在图中形成了宽度为 a_1 和 b_1 的两个平面，将 a_1 和 b_1 求和，并除以 L 就可以算出在测量长度内支承面积所占的百分比，将该百分比绘制在右图对应高度的 z 处，就可以得到支撑面积随高度变化的曲线，这个曲线就叫做支撑面积曲线。在高于最高粗糙峰的地方支撑面积比为零，在低于最低粗糙谷的地方支撑面积比为 100%。

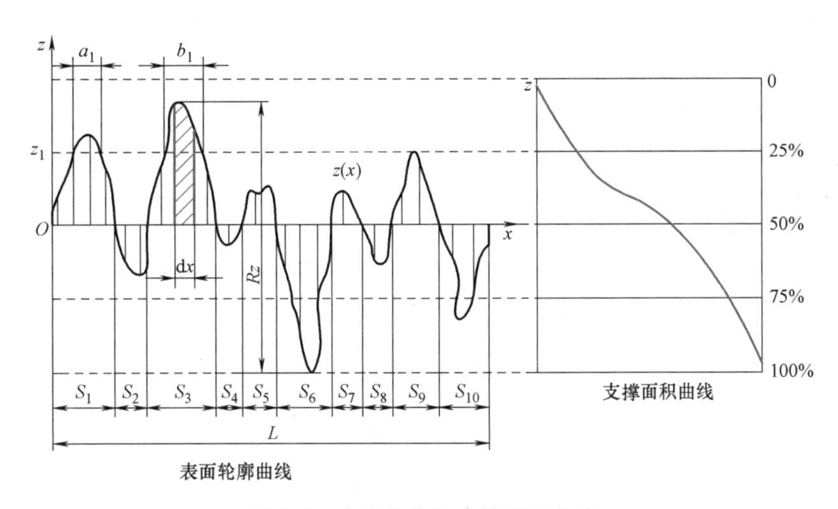

图 2-8　表面轮廓与支撑面积曲线

支撑面积曲线主要用于计算实际接触面积。各种工程表面的支撑面积曲线可以通过测量和计算求得，也可以根据加工精度和加工方法通过经验公式估算。

3. 塑性变形问题

由材料力学可知，当材料中的应力超过屈服强度时就会发生塑性变形。一般情况下，载荷大，应力高，就容易发生塑性变形。但在接触问题中，特别是在实际工程问题中，首先必然是在少数突出的微凸体（轮廓峰）顶端发生接触。在载荷很小，宏观应力远小于整体平均屈服强度的情况下，局部接触应力就可能超过屈服强度。在宏观应力远小于屈服强度的情况下，塑性变形程度主要取决于材料的表面特性，而不是宏观载荷。

接触过程中，当施加到两表面上的压力为零，两表面刚开始接触时，只可能是在两表面的最高（最接近）微凸体的顶点开始接触，接触发生在一个无限小的点上。当载荷增加时，这个微凸体要发生变形，然后其他微凸体才能开始接触。如果微凸体是比较扁平的，它的承载能力就比较强，并且可以在变形较小的条件下使更多的微凸体进入接触。在这种情况下，有较多的微凸体接触，表面就不容易发生塑性变形；反之，对于尖细的微凸体，则容易发生塑性变形。

4. 塑性变形指数

为方便应用，以无量纲参数 ψ 来表示塑性变形指数：

$$\psi=\frac{E}{H}\left(\frac{\sigma}{R}\right)^{1/2} \tag{2-6}$$

式中，σ 是接触表面轮廓高度分布的方根均值（μm）；E 是综合弹性模量（MPa）；H 是材料布氏硬度（MPa）；R 是微凸体的曲率半径（μm）。

当 $\psi<0.6$ 时，为完全弹性接触；当 $\psi>10$ 时，为完全塑性接触。当 $0.6\leqslant\psi\leqslant10$ 时，弹性变形和塑性变形同时存在，大多数实际接触情况属于这种混合的弹塑性接触状态。这是由于表面上各微凸体具有不同的高度，较高的微凸体容易发生塑性变形，而较低的微凸体还处于弹性变形状态。

塑性接触会增大摩擦和加速磨损，生产中可使用抛光、研磨或利用其他特殊加工方法来降低表面粗糙度值，增大微凸体曲率半径，以降低塑性指数，使摩擦表面呈弹性接触状态，达到减少摩擦磨损的目的。通过磨合也可以降低塑性指数，使接触表面进入弹性接触状态。

2.3 界面物理化学基础

2.3.1 物质的内聚力

世界是由物质组成的，物质由分子和原子组成。物以类聚，形成了三态世界：固态、液态和气态。物质的聚集状态和物质的内聚力有关，物质的内聚力决定了物质的聚集状态，影响了物质之间的界面（表面）特性，对摩擦学特性也有重要影响。物质的内聚力主要有离子键、共价键、金属键、分子力和氢键。

1. 离子键

离子键是指原子得失电子后生成的正负离子之间靠静电作用而形成的化学键。根据元素的电子结构，有些元素在和其他元素接触时容易失去电子而带正电，形成正离子；而有些元素则容易得到电子而带负电，形成负离子，离子键合机理如图 2-9 所示。正离子相当于正电荷，负离子相当于负电荷，正负电荷会由于库仑力而相互吸引结合在一起。因此，离子键是指阴、阳离子间通过静电作用形成的化学键。由离子键生成的分子通常是有极性的，极性分子可以靠静电引力组成离子晶体。破坏键合关系所需要的能量称为键能。离子键属于强键，键能很高。

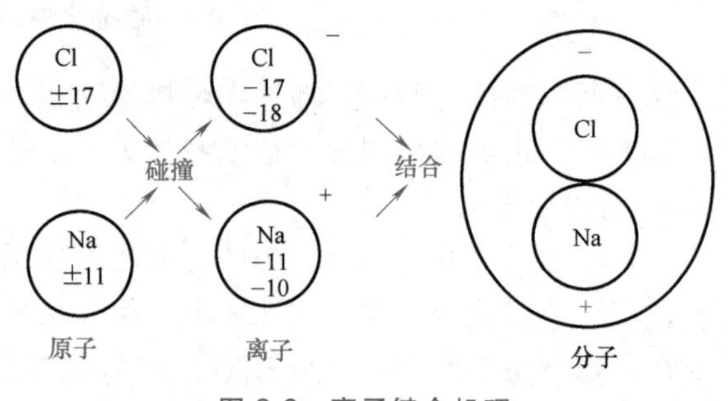

图 2-9 离子键合机理

2. 共价键

原子间通过共用电子对形成的化学键叫做共价键。共价键组成的分子是没有极性的，它可以靠分子力来组成聚态，如高分子聚合物，也可以完全靠共价键组成聚态，如金刚石。共价键属于强键，键能也很高。完全靠共价键组成聚集状态的金刚石类物质内聚力就非常大，硬度高，强度大，表面活性小，不容易生成表面膜，也不容易产生黏着。如果发生黏着则强度非常高。

3. 金属键

许多金属元素对电子的控制能力较差，它们通常是失去最外层的不饱和电子，形成金属阳离子。当金属阳离子无法结合负离子形成分子的时候，许多金属离子通过共享电子结合在一起形成金属晶体的聚态物质。这种金属离子通过共享电子结合在一起的结合方式形成的化学键叫做金属键。金属材料的结合方式就属于金属键。因此，金属键本质上与共价键有类似的地方，只是共享电子的共有化程度远大于共价键，这些共享电子也称为自由电子。金属键也属于强键，但它的键能没有离子键和共价键高。

金属键由于键能低一些，金属材料的硬度没有金刚石类材料那么高。金属键是非极性键，变形中不需要破坏旧键和生成强键，所以金属的塑性也比较好。由于电子是共享的，每个具体的离子，特别是表面上的离子，都具有自己的正电性。这决定了金属表面具有较高的活性，它随时可能吸引负离子，甚至可能和负离子形成牢固的结合（发生化学反应和形成离子键)。现代润滑剂就是利用这种特性来形成物理膜或化学膜的。

不同金属离子也可能共享电子，形成异类元素组成的金属键。异类元素组成的金属键通常不如同类元素组成的金属键结合能高，但它毕竟是强键，强度还是比较高。焊接利用的就是这个原理，摩擦磨损中的黏着也是这个原理。

4. 分子力

分子之间的力简称分子力，分子力属于弱键，单项分子力远不如上述三种结合方式的作用力强，但对于高分子材料，由许多项分子力合成在一起组成的分子吸引力，其大小也是相当可观的。分子力又称范德华（Van De Waals）力，主要有取向力、诱导力和色散力三种。取向力作用于极性分子之间，是分子固有偶极之间的作用力，其实质是静电力，它的大小与分子的极性和温度有关。对于非极性分子，当它接近极性分子时，由于其电子云受极性分子的作用，也会诱导出极性，使之极化，这种诱导出的极性也可以产生静电力，称为诱导力。对于不能诱导出极性的非极性分子，由于电子云的运动性和不确定性，它的分子的某端在某时刻也可能带正电，其对应的另一端必然带负电，形成色散偶极对，这种色散偶极产生的吸引力称为色散力。

5. 氢键

氢在各种元素中有极其特殊的地位，它的原子半径小，只有一个电子，并且还控制得很弱，很容易失去这个电子形成氢离子。即使它没有失去这个电子，和其他元素形成共价键结合的时候也仍然带有显著的正电性。此时，如果 H 周围存在具有孤对电子（或 π 键等）的电负性较大的原子（如 N、F、O)，那么 H 就会与孤对电子产生强烈的静电相互作用。同时，H 原子核倾向于指向孤对电子所在轨道最为集中的区域，与一般的静电吸引相比又具有一些共价键特有的轨道指向性特征，这种相互作用即氢键。氢键是一个电负性大的原子与氢原子之间的相互作用，它兼具共价键与分子间作用力的特点，所以，氢键比分子间作用力强，比共价键和离子键弱。值得注意的是，氢键既可以存在于分子间，也可以存在于分子内部，例如当苯环上连有两个羟基时，一个羟基中的氢与另一个羟基中的氧也可能形成氢键。在许多高分子材料中，氢键都具有重要作用，在某些润滑油添加剂中氢键也有重要作用。

2.3.2　界面现象

1. 表面能

表面（或界面）上的分子处于材料中的一种特殊位置，它具有较高的能量。如果把一块材料分裂为两块就必然要生成两个新表面，这需要一定的能量，这种生成单位面积的新表面所需要的能量就是该材料的表面能。和内部分子相比，表面上的分子处于不平衡位置，它受到一个指向内部的聚集力，这种力在表面化学中称为表面张力 σ，它和表面能是同一概念，在数量上就是增加单位面积的新表面所需要的能量。表面能是物质内聚力的表现。物质的内聚力越大，表面能就越高；温度升高，表面能下降。

真实世界是很难找到表面的，通常见到和用到的都是一种物质和另一种物质的界面，于是人们关心的是界面能（界面张力）。有时也把界面张力称为某物质与某物质之间的表面张力。界面张力 σ_{12} 在数值上等于两种物质的表面张力之差，如式（2-7）所示。即

$$\sigma_{12}=\sigma_1-\sigma_2 \tag{2-7}$$

两种物质的界面张力小，就比较容易用较小的能量把它们结合在一起，在摩擦磨损过程中就比较容易发生黏着，这是摩擦学设计中需要特别注意的问题。

2. 湿润现象

在固体表面滴加一滴液体，可能出现三种不同的情况。第一种是液体呈球形，水银滴在桌面上就会出现这种情况。第二种是液滴在表面形成一个球缺形，油滴在桌面上就可能出现这种情况。第三种是液滴在表面上流淌开来。

为区分不同情况，我们定义了接触角 θ，它是固、液、气三相的交界点上固-液界面经过液体内部与液-气界面切线之间的夹角。由图 2-10 还可以得出，表面张力和接触角的关系可以用杨氏（T. Young）方程表示

$$\sigma_S=\sigma_{LS}+\sigma_L\cos\theta \tag{2-8}$$

式中，σ_L 为液体的表面张力，实际指液体与气体接触界面处形成的表面所产生的液-气界面的表面张力；σ_{LS} 为固体和液体接触的界面处形成的液-固界面的表面张力；σ_S 为固体与气体接触所形成的固-气界面的表面张力。

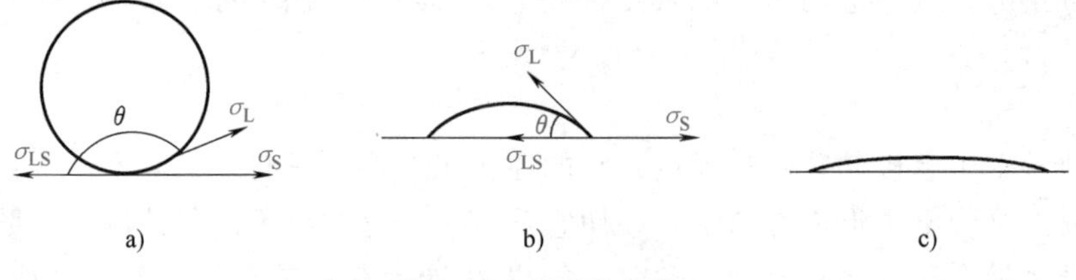

图 2-10　湿润和铺展

通过测量 θ 角的大小，可以判断液体在固体表面的润湿特性。一般当 $\theta>90°$ 时，液体不能润湿固体表面，如图 2-10a 所示；当 $\theta<90°$ 时，即液体可以润湿固体表面，如图 2-10b 所示；$\theta=0°$ 或接近于 0°时，液体在固体表面铺展，为完全润湿，如图 2-10c 所示。润滑剂的设计要能够在摩擦副表面铺展，或至少能湿润摩擦副表面才能实现有效的润滑。

3. 吸附现象

物质表面的分子由于结合键或内聚力的不饱和性很容易吸引周围的物质以降低其表面能。这种物质表面吸引其他物质的现象称为吸附。根据界面物质的不同状态，吸附可以分为固-固、固-液、固-气、液-气等类型，固-气和固-液吸附研究和应用最多。

吸附是界面力作用的结果，按形成吸附时作用力性质的不同可以将吸附分为物理吸附和化学吸附。如果吸附主要是靠范德华力或氢键等弱键结合形成的，那么这种吸附就称为物理吸附。如果吸附中有相当部分是靠强键结合形成的，在吸附表面和被吸附物之间有相当的化学结合，这种吸附就叫做化学吸附。

使吸附物质从吸附表面脱离的过程称为脱附。一般情况下，吸附都是自发的过程，要脱附就必须给系统输入能量。化学吸附的能量要比物理吸附的能量高，同样，使化学吸附的物质脱附要比使物理吸附的物质脱附更困难一些。

润滑剂可以降低界面的摩擦与磨损，润滑剂要能够作用于摩擦副表面就必须能够湿润摩擦副表面，同时要对摩擦副材料的表面有较好的吸附性。物理吸附的脱附比较容易，早期的简单润滑剂在摩擦热和高压作用下比较容易脱附；现代润滑剂，特别是含有极压添加剂的润滑剂在摩擦副表面可以形成化学吸附，因此就不容易出现润滑失效。

2.3.3　常见表面膜

1. 氧化膜

氧是比较活泼的气体元素，大气中有21%的氧气。摩擦副表面常和大气接触，至少是有和大气接触的历史。更重要的是金属材料多数都有自发氧化的趋势。因此金属表面或多或少、或厚或薄地都有氧化膜（层）。这说明氧化膜存在的必然性。由于历史或环境的不同，并且氧化是需要时间的过程，所以氧化膜的厚度和完整性也是分析摩擦学问题时要考虑的重要因素。

氧化膜在摩擦学上的作用各不相同，钢铁表面的氧化膜根据氧化程度的不同，其表面层由里到外，含氧率由低到高，通常为 FeO、Fe_3O_4 或 Fe_2O_3。前两种氧化膜韧性比较好，有助于阻止摩擦磨损，而第三种氧化膜硬度高、韧性较差，会加速磨损。

2. 吸附膜

吸附膜可以是物理吸附膜或化学吸附膜。优良的润滑剂可以在摩擦副表面形成化学吸附膜。化学吸附膜的特点之一是形成部分的化学结合，比物理吸附膜与基体的结合更牢固。与化学反应膜相比，它更容易形成，不需要摩擦造成的高温高压就可以自动形成化学吸附膜。通常化学吸附膜的厚度为一个单分子层，这是它与化学反应膜的明显区别之处，硬脂酸的化学吸附如图 2-11 所示。

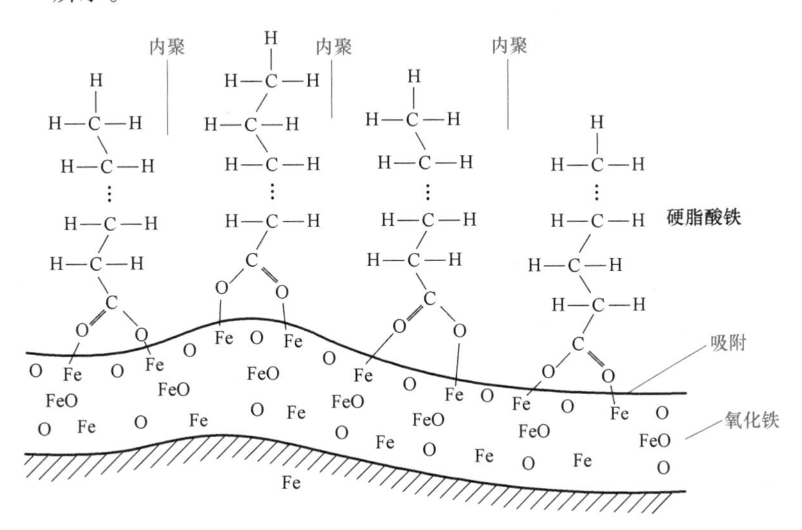

图 2-11　硬脂酸的化学吸附

在许多情况下，润滑剂可以和摩擦表面自动形成物理吸附膜。物理吸附膜容易生成也容易破坏，在厚度上有单分子层，也有多分子层，并且牢固性要差一些。

3. 化学反应膜

在高温高压条件下，一些常温下不能自动进行的化学反应也可能发生。在摩擦学中，润滑剂中的硫、磷、氯等元素可能和摩擦副表面反应生成化学反应膜，如图 2-12 所示。化学反应膜形成的本质是化学键结合，它需要在较苛刻的摩擦条件和较高的反应能下进行，结合也比较牢固。有时还可以达到比较大的厚度。化学反应膜的厚度通常为 10~100nm。

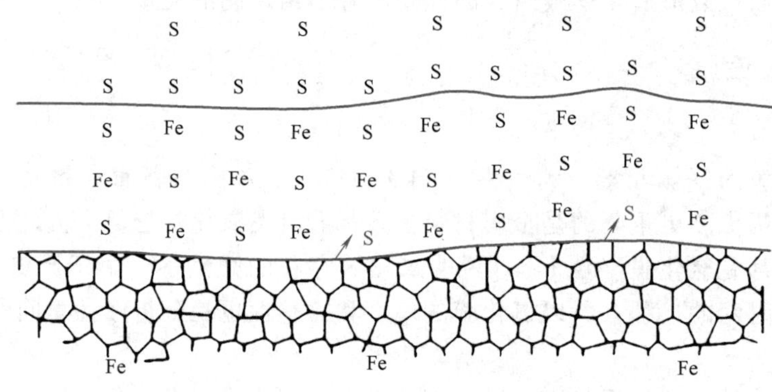

图 2-12 硫化铁化学反应膜

思 考 题

1. 数学面、物理面和工程表面各有什么特点？
2. 什么叫表面形貌？宏观、微观和纳观尺度的最小分辨率大概在什么量级？
3. 试述一般工程表面的层结构。
4. 有哪三种不同的接触面积？它们的相对大小一般在什么量级？
5. 写出塑性变形指数公式，说明各参数的含义及影响。
6. 什么叫物理吸附和化学吸附，它们常见键合力主要有哪些？

第3章

摩　擦

3.1　摩擦的基本概念

3.1.1　摩擦的概念

两个相互接触的物体在外力作用下发生相对运动（或具有相对运动趋势）时，就会发生摩擦，在接触面间产生的切向运动阻力或阻力矩叫做摩擦力或摩擦力矩。在大多数情况下，摩擦是有害的，它造成了大量的能源损耗和材料磨损。据统计，世界上的能源有1/3~1/2以各种形式消耗于摩擦。人类的许多活动都运用了摩擦原理，史前的原始人类就懂得了“摩擦生热”，而摩擦轮传动、带轮传动、各种车辆和飞机的制动器等都利用了摩擦，甚至连人们日常的行走也离不开摩擦。正如鲍登所言，凡是踩过香蕉皮的人都应该对摩擦深有体会。

让我们用下面的实验对摩擦现象作进一步说明。如图3-1a所示，把长方形物体B放在水平桌面C上，B的一端系一根绳，并且经过装在桌边的滑轮与盘A相连。逐渐增多托盘A内的砝码，即逐渐增大作用在物体B上的外力P，我们发现：在外力P逐渐增大的过程中，物体B并不立即滑动，表明在B与C的接触面上产生了与P大小相等方向相反的阻力F，阻止B在C上滑动，如图3-1b所示。但当外力增大到一定数值时，物体B就开始滑动。我们把B运动前的力F叫静摩擦力（$F_{静}$）。$F_{静}$随外力P的增大而增大，我们把B即将发生运动时的力F为最大静摩擦力。当P超过最大静摩擦力时，物体就要发生相对滑动，此时的摩擦力F为动摩擦力（$F_{动}$）。

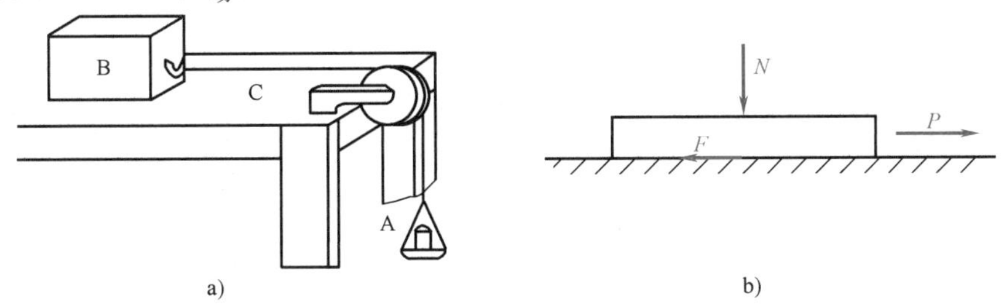

图3-1　摩擦实验

3.1.2　摩擦的分类

摩擦可以按不同的方式来分类。

1. 按摩擦副表面的润滑状况分类

(1) 干摩擦　干摩擦通常指无润滑条件下的摩擦，又分为普通干摩擦、干燥摩擦和真空摩擦。普通干摩擦常指名义上不施加润滑剂的摩擦；干燥摩擦是指既无润滑剂又无湿气的干燥环境下的摩擦；完全没有润滑介质条件下的摩擦称为真空摩擦。

(2) 边界摩擦　两接触表面间存在一层极薄不连续的润滑膜，其摩擦和磨损不是取决于润滑剂的黏度，而是取决于两表面的特性和润滑剂的边界成膜特性。边界摩擦又称为边界润滑，在使用现代润滑剂的边界润滑条件下，微量的残留润滑剂会对摩擦产生非常重要的影响。

(3) 流体摩擦　由具有体积特性的连续流体层隔开的两固体相对运动时的摩擦，这时主要是由流体黏性引起的摩擦。有时又称为全流体膜润滑条件下的摩擦。

另外还有两种混合摩擦，即部分干摩擦（此时部分接触点是干摩擦，而另一部分是边界摩擦）和部分流体摩擦（此时部分接触点处于边界摩擦，另一部分处于流体摩擦）。它们介于流体摩擦和边界摩擦之间。

2. 按摩擦副的运动形式分类

(1) 滑动摩擦　当接触表面相对滑动（或具有相对滑动趋势）时的摩擦，称为滑动摩擦。

(2) 滚动摩擦　物体在力矩的作用下沿接触表面滚动时的摩擦，称为滚动摩擦。

3. 按摩擦副的材质分类

(1) 金属材料的摩擦　由金属材料（钢、铸铁及有色金属等）组成的摩擦副的摩擦。

(2) 非金属材料的摩擦　由高聚物、无机物等与金属或非金属配对组成的摩擦副的摩擦。

4. 按摩擦副的工况条件分类

(1) 一般工况下的摩擦　即常见工况（速度、压力、温度）下的摩擦。

(2) 特殊工况下的摩擦　指在高速、高温、高压、低温、真空等特殊环境下的摩擦。

另外，还有静摩擦（两表面趋于产生位移，但尚未产生相对运动时的摩擦）、动摩擦（两相对运动表面之间的摩擦）、外摩擦（两个相接触物体的表面，在接触界面上所产生的摩擦）和内摩擦（同一物体或物质的不同部分之间发生相对位移时所产生的摩擦，如运动流体的分子之间的摩擦）之分。

3.1.3 古典摩擦定律

1. 第一定律：摩擦力和正压力成正比

摩擦第一定律表述为：摩擦力的方向和接触表面相对运动的趋势相反，其大小与接触物体间的法向压力（正压力）成正比。即

$$F=\mu N \tag{3-1}$$

式中，F 为摩擦力；μ 为摩擦系数；N 为正压力。

需要特别说明的是，摩擦系数是系统特性。对于特定的摩擦副，在特定的环境下，摩擦系数才是一个常数。如硬钢表面对硬钢表面，在普通大气环境条件下，摩擦系数为 0.2~0.6，石墨对金属大约为 0.1。而在真空中，硬钢表面对硬钢表面的摩擦系数可以达到 1.0 以上，在干燥大气中，石墨对金属的摩擦系数也可以达到 0.5。

要说明的第二点是这个定律是一般工程条件下的一般规律，在极端特殊的条件下，它有可能不成立。对于极硬材料（如钻石）或很软的材料（如聚四氟乙烯等），当压力很大时，摩擦力并不和法向压力成正比。

2. 第二定律：摩擦力和接触面积无关

摩擦第二定律表述为：摩擦力的大小与相互接触的物体间的名义接触面积无关。通俗的说法是与接触面积无关，严格的表述应该是名义接触面积而不是真实接触面积。

摩擦第二定律也是有一定适用范围的，对于有一定屈服强度的钢铁材料，它的适用性比较好；对于弹性材料和黏弹性材料，它的适用性就不是那么好；对于很光洁（纳米级光洁）平整的表面，名义接触面积和真实接触面积已经完全一致，这时摩擦力和接触面积有关。

3. 第三定律：摩擦力和滑动速度无关

摩擦第三定律表述为：粗略地讲，摩擦力的大小和滑动速度无关。因为这条定律只有在比较粗略的工程估算时才成立，所以增加一个“粗略”的定语才是比较严格的。

实际上，滑动速度是影响摩擦磨损的重要因素。滑动速度增加，接触区的摩擦热和温度上升，温度又会影响材料的变形和强度，影响规律非常复杂。通常一般指 0.1mm/s~10m/s 的滑动速度范围，而用量级定性的精度去理解“无关”的含义，这条定律才是确切的。

4. 补充摩擦定律：静摩擦大于动摩擦

摩擦三定律的发现是很有传奇色彩的。达芬奇的笔记本可以证明，至少他已经掌握了摩擦最基本规律，这个基本规律就可以认为是摩擦第一和第二定律。1699 年阿芒顿在他的论文中明确提出了这两个定律，当时人们还在怀疑阿芒顿的研究，法国科学院又派老资格的院士进行了验证，验证工作也说明了摩擦定律的科学意义，这的确是一项伟大的科学成就。法国物理学家库仑在他的著作《简单机械原理》中又补充了第三定律，并且他还因此书获得了法国科学院奖励，于同年当选法国科学院院士，库仑后来在静电学上的成果更是令人敬佩。出于对科学家的尊重，现在许多教科书把“摩擦三定律”作为经典内容传承了下来。

作为摩擦基本规律的描述，本书认为还有一条重要的补充摩擦定律，这就是“静摩擦系数大于动摩擦系数”。按照著名摩擦学家鲍登（F. P. Bowden）的著作，“西密休斯早在 2000 年前就已指出，引起物体运动的力要比保持物体运动的力大”。照此说来，这条补充摩擦定律是古代人类发现的第一条摩擦定律。遗憾的是，我们的科学家们没有把它放到摩擦定律中，更值得我们注意的是，至今还没有谁能推翻这个规律。并且应该承认的是这个规律在工程实际中还是非常有用的，如果要研究启动频繁的动态过程就更有用。因此本书特别把它补充到这里。如果我们感到“补充”不确切，为了尊重人们的知识习惯，也不妨把它叫“第四摩擦定律”。

3.2 摩擦的基本理论

3.2.1 摩擦理论研究

1. 机械理论假说

摩擦的机械理论是在阿芒顿时代就提出来的。阿芒顿认识到他所研究的表面都不是光滑面，而是用肉眼也可以看出的粗糙面。他认为摩擦是由于一个表面沿着另一个表面的微凸体上升做功，或者是由于微凸体弯折，或者由于微凸体断裂而引起的。在其后的一个世纪中，人们接受了摩擦是由表面上的凹凸不平而造成的这种观点。

库仑对摩擦的机械理论进行了更直观的阐述和分析，如图 3-2 所示。他把两接触表面描述成两把对置刷子的鬃毛相互交嵌。同时假定微凸体表面与水平面成 θ 角，摩擦力为所有啮合点的切向阻力，即爬上斜角为 θ 的坡度所需要水平力的总和。这样摩擦系数就是粗糙斜角 θ 正切，即 $\mu=\tan\theta$。

图 3-2　库仑《简单机械原理》插图

机械理论的问题是越过微凸体后物体就应该是下坡了，爬坡的能量（摩擦所做的功）应该释放出来使物体在爬过下一个微凸体时变得容易。摩擦力应该在正负值之间波动，平均值为零。由此推断，当一个物体沿另一个物体做水平运动时，没有能量损耗。上述评论是爱丁堡大学物理学教授约翰莱斯利于 1804 年提出的，它证明了机械理论假说存在的错误。

2. 分子理论假说

17 世纪，英国物理学家德萨古利埃（J. T. Desaguliers）在一次实验中偶尔把两个铅球分别切下大约 1/4in 的球冠后，又用力把两个球在切开部位压拢，发现这两个铅球黏在一起后，要用 16~47lb 的力才能使它们脱开。因而他在《实验物理教程》中第一次提出了产生摩擦力的主要原因在于两物体摩擦表面间所持有的分子力，即分子理论。以后陆续有尤因（J. A. Ewing）、哈迪（W. Hardy）和汤姆林森（G. A. Tomlinson）等都用这种“分子说”来解释摩擦产生的原因。

汤姆林森应用分子间存在吸力和斥力的假说来解释摩擦原因。他认为：分子间的吸力和斥力是分子间距离的函数。当一个物体沿另一个物体滑动时，由于表面粗糙度存在，某些接触点的分子间的距离很小，它们之间产生分子斥力，而另一些接触点的分子间的距离较大，它们之间产生分子吸力。由力的平衡条件可得，外法向压力加上所有吸力应该等于所有斥力之和。

根据上述观点，摩擦系数与接触面积成正比，与载荷的立方根成反比。这与基本摩擦定律是不相符的。此外，更重要的是，两个工程表面如果分子力起重要作用，那么其接触的密切程度很可能已经达到了其他强键（离子键、共价键）也可以发挥作用的距离了。强键的作用力要比分子力大得多，分子力就微不足道了。所以这种分子理论假说只有在很难形成强键的两种材料之间才有可能成立。

3. 分子机械理论

分子机械理论是 1939 年苏联科学家克拉盖尔斯基（Kragelskii）提出来的。这一理论认为摩擦力不仅取决于两个接触面间的分子作用力，还取决于因微凸体的压入作用而引起的接触体机械变形。分子相互作用发生在极外表层中，机械相互作用的过程发生在固体内厚度为几十微米或更厚的各层中。因此，摩擦力是分子阻力和机械阻力的和。

$$F=\alpha A_r+\beta N \tag{3-2}$$

式中，α、β 分别为与摩擦表面分子特性和机械特性有关的参数；A_r 及 N 分别是实际接触面积和接触物体所受载荷。由此，可得摩擦系数为

$$\mu=\alpha A_r/N+\beta \tag{3-3}$$

式（3-2）、式（3-3）就是摩擦力和摩擦系数的二项式定律。

式（3-3）中 β 为一定值，它是由纯机械咬合理论所确定的摩擦系数；$\alpha A_r/N$ 是一变量，它是考虑了分子作用后对 β 值的修正。在一些情况下，如塑性材料，实际接触面积 A_r 与垂直载荷 N 成正比，则 $\alpha A_r/N$ 为一常数，摩擦系数 μ 也是一常数（古典摩擦定律）。对于弹性材料，A_r 与 N 不是线性关系，摩擦系数不是一个常数。

分子机械理论中的分子阻力已经不是分子理论中分子引力和斥力的概念，而是真实接触区的材料特性。机械阻力更不是机械理论中的微凸体互嵌的概念，而是微凸体的压入和变形，这是分子机械理论的新观点。但是，对于真实接触区中材料特性对摩擦力影响的机理以及微凸体的压入和变形又是如何产生摩擦力的概念，克拉盖尔斯基没能给出清晰地描述或解释。

4. 黏着摩擦理论

从 1938 年开始，英国科学家鲍登（F. P. Bowden）和泰伯（D. Tabor）对固体摩擦进行了深入研究，提出了著名的黏着摩擦理论。该理论认为：当两表面相接触时，在载荷作用下，某些接触点上单位面积的压力很大，并产生塑性变形，这些点将牢固地黏着，使两表面形成一体（图 3-3），即称为黏着或冷焊（焊接桥）。当一表面相对另一表面滑动时，黏着点被剪断，而剪断这些连接点的力就是摩擦力。此外，如果一表面比另一表面硬一些，则硬表面的粗糙微凸体顶端将会压入较软表面并在软表面上产生犁沟，这种形成犁沟的力也是摩擦力。故摩擦力是两种阻力之和，即

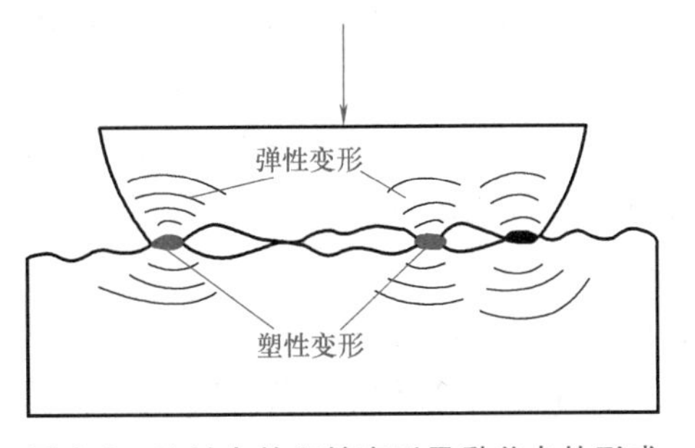

图 3-3　接触点的塑性变形及黏着点的形成

$$F=F_a+F_p \tag{3-4}$$

式中，F 为摩擦力；F_a 为摩擦力中的剪切阻力；F_p 为摩擦力中的犁沟阻力。

黏着理论是目前人们广泛接受的一种摩擦理论，它对一些实验现象作出比较合理的解释。

3.2.2　黏着摩擦机理

1. 简单黏着摩擦理论

简单黏着摩擦理论的核心可以用"接触-黏着（冷焊）—剪切（摩擦力）"过程来描述。根据这种理论，对于理想的刚-塑性材料，黏着摩擦力就是剪断金属黏结点所需的剪切力。设黏结点部分的剪切强度为 τ_0，则黏着摩擦力 F_a 为

$$F_a=A_r\tau_0=\frac{N}{\sigma_s}\tau_0 \tag{3-5}$$

而黏着摩擦系数 μ_a 的表达式为

$$\mu_a=\frac{F_a}{N}=\frac{\tau_0}{\sigma_s} \tag{3-6}$$

式中，A_r 为实际接触面积；N 为正压力；σ_s 为材料的屈服压力。

由式（3-5）可知，摩擦表面材料一定时，摩擦力与载荷成正比，而与名义接触面积无关。而由式（3-6）可知，摩擦系数决定于材料的剪切强度和屈服强度的比值。

以上分析是建立在理想的刚-塑性材料的基础上，忽略了冷作硬化的影响，为了更接近实际情况，以较软金属的剪切强度极限代替金属黏结点的剪切强度，则黏着摩擦系数为：

$$\mu_a=\frac{\tau_0}{\sigma_s}=\frac{\text{较软金属材料的剪切强度}}{\text{较硬金属材料的屈服强度}} \tag{3-7}$$

按上式计算，对于大多数金属材料，$\tau_0\approx\sigma_s/5$，摩擦系数为 0.2。这说明了为什么大多数金属的力学性能如硬度变化很大而彼此间摩擦系数却相差不大的原因。如两个硬的金属接触时，σ_s 大，A_r 小，τ_0 大；而对于两个软的金属接触时，σ_s 小，A_r 大，τ_0 小；所以它们的比值 τ_0/σ_s 相差不会太大。但实验结果表明，很多金属材料在空气中的摩擦系数有时高达 0.5，而在真空中的摩擦系数更高。因此，上述简单黏着理论与实际结果有一定的差距，还要进行修正。

2. 黏着摩擦理论的修正

静摩擦时，实际接触面积与载荷成正比。而在摩擦副滑动时，也要考虑切向力的作用，这时的实际接触面积是法向载荷与切向载荷联合作用的结果。即接触点发生屈服，是与由法向载荷所造成的压应力 σ 和由切向载荷所造成的切应力 τ 联合作用的结果。根据材料的强度理论可以假定

$$\sigma^2+\alpha\tau^2=\sigma_s^2 \tag{3-8}$$

式中，α 是反映切向力作用的系数；σ_s 是材料的屈服强度。

把正应力和切应力换算成载荷与真实接触面积的比值表示

$$\left(\frac{N}{A_r}\right)^2+\alpha\left(\frac{F}{A_r}\right)^2=\sigma_s^2$$

则有切向力时的真实接触面积为

$$A_r^2=\left(\frac{N}{\sigma_s}\right)^2+\alpha\left(\frac{F}{\sigma_s}\right)^2 \tag{3-9}$$

式中，N 为正压力；F 为摩擦力；α 为反映切向力作用的系数。

由式（3-9）可知，摩擦过程中实际接触面积 A_r 比没有切向力时的接触面积 A_{r0} 大，即在切向力作用下，黏着接点有一个增大的过程。如图 3-4 所示。

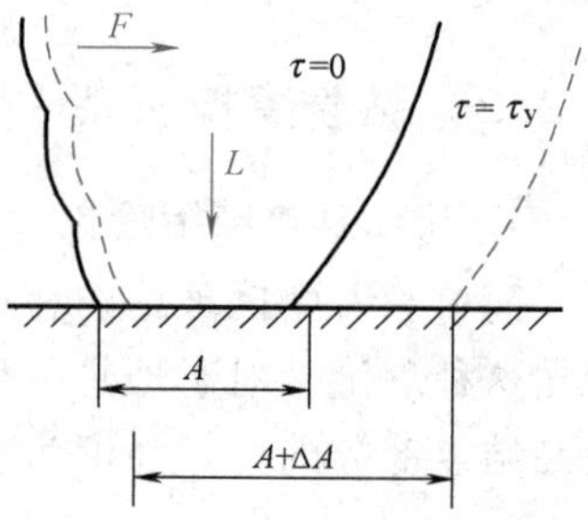

图 3-4　黏着接点增大现象

切向力的作用会使塑性接触区-黏着接点扩大，扩大的比例为

$$A_r/A_{r0}=\frac{1}{\sqrt{1-\alpha(\tau_0/\sigma_s)^2}} \tag{3-10}$$

由于接点扩大，摩擦系数就变成了

$$\mu_a=\frac{A_r\tau_0}{A_{r0}\sigma_s}=\frac{\tau_0/\sigma_s}{\sqrt{1-\alpha(\tau_0/\sigma_s)^2}} \tag{3-11}$$

对于一般金属材料，$\tau_0/\sigma_s\approx0.2$，如果 $\alpha=24$，则接点扩大到原来的 5 倍，摩擦系数成为 1.0；如果 $\alpha\to25$，则 $\mu_a\to\infty$。由于接触面积增大，要剪断黏结点就要用更大的力，因而摩擦系数变大。试验表明，许多金属摩擦副在真空中的摩擦系数大于 1，甚至在正压力去除后仍然会黏在一起，这说明金属摩擦副的黏着接点力是很大的。摩擦焊接利用的就是这个

原理。

3. 表面膜的作用

当摩擦副在空气中摩擦时，表面常覆盖表面膜，这时的摩擦现象要用有表面膜存在时的黏着摩擦理论来解释。我们知道，大多数金属表面总是被一层薄的氧化膜覆盖，因而这样的金属摩擦副的摩擦，和氧化膜的摩擦有密切关系，只有在氧化膜破坏后才可能直接形成金属对金属的摩擦。

当摩擦副表面覆盖表面膜，且表面膜的剪切强度较低时，黏着接点的增长不明显。当界面间的剪应力 τ 达到表面膜的剪切强度 τ_f 后，表面膜被剪断，摩擦副开始滑动。此时，黏着摩擦系数可表示为

$$\mu_a = \frac{\tau_f}{\sigma_s} \tag{3-12}$$

式中，τ_f 为表面膜的剪切强度；σ_s 为金属本体的屈服强度。

这个结论和简单黏着摩擦理论的摩擦系数表达式类似，只是用表面膜的剪切强度取代了材料的剪切强度。当材料表面涂敷有一层薄的减摩涂层时就属于这种情况，法向载荷由材料基体承担，而摩擦发生在剪切强度很低的软涂层中，因此摩擦系数非常低。

对于没有涂层的金属表面，虽然表面覆盖氧化膜或其他污染膜，但表面膜又常被破坏，使金属与金属直接接触。这时界面的有效剪切强度介于较软金属表面的剪切强度与表面膜的剪切强度之间，摩擦系数通常取决于表面膜所占面积的比例。

4. 犁沟效应

对于软硬材料相配的摩擦副，塑性变形主要发生在软材料，硬材料的微凸体会刺入软材料中，这部分微凸体在运动过程中会在软材料表面划出一道道的沟痕。凡做过摩擦磨损实验的人都见到过这种磨损形貌。这种形貌很像农民们犁过的地，这一道道的沟痕泛称为犁沟，造成这种犁沟的犁头就是硬表面上的微凸体。

鲍登和泰伯已经注意到了这种犁沟现象。在他们的黏着摩擦机理中，犁沟力也是总摩擦力的一部分。犁沟是由于硬金属上的粗糙凸峰刺入较软金属而引起的，并且由于较软金属的塑性流动而形成一个沟槽。犁沟力是磨料磨损中摩擦的重要组成部分，在黏着作用小的情况下，它的影响更为显著。在摩擦副的界面膜剪切强度低的情况下，犁沟的影响就非常显著。

假设一个硬的材料表面由许多类同的半角为 θ 的圆锥形微凸体构成，它与较软材料的平坦表面接触，如图 3-5 所示。在摩擦过程中，每个锥形微凸体的前表面与较软材料相接触而后面不接触，接触表面在水平面上的投影面积 A_V 为所有圆锥投影面积的 1/2，即

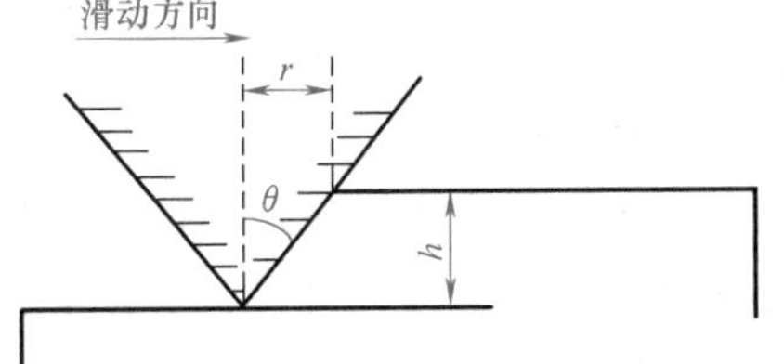

图 3-5　犁沟模型

$$A_V = \frac{n\pi r^2}{2} \tag{3-13}$$

式中，n 为微凸体总个数。在理想刚-塑性变形条件下，表面可以承受的载荷 N 为

$$N = A_V \sigma_s = \frac{\pi n r^2 \sigma_s}{2} \tag{3-14}$$

接触表面在垂直面上的投影总面积为 $A_h=nrh$，所以犁沟摩擦力 F_p 为

$$F_p=A_h\sigma_s=nrh\sigma_s \tag{3-15}$$

因而犁沟产生的摩擦系数 μ_p 为

$$\mu_p=\frac{F_p}{N}=\frac{A_h\sigma_s}{A_V\sigma_s}=\frac{2h}{\pi r} \tag{3-16}$$

由于 $h/r=\cot\theta$，所以

$$\mu_p=\left(\frac{2}{\pi}\right)\cot\theta \tag{3-17}$$

对于不同形状的微凸体（如球形、圆柱形等）可以获得类似的表达式。

需要特别说明的是，上述理论是建立在屈服压力在水平和垂直方向相同的假设基础上，并且忽略了在微凸体前面的材料堆积。材料堆积在实际中是存在的，图 3-6 所示为一球形滑块所产生犁沟前方材料压皱和堆积的情况。显然这使得 A_h 有很大增加。同时，考虑不同方向上的加工硬化不同，克拉盖尔斯基又在式（3-17）前引入一额外的附加因素 K_p，这样得到的摩擦系数要比式（3-17）中的值更大一些。

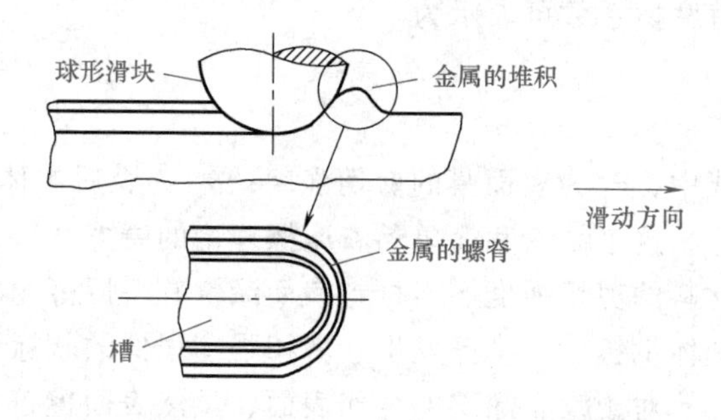

图 3-6　球形滑块所产生犁沟前方材料压皱和堆积

3.3　滚动摩擦

3.3.1　基本概念

1. 滚动摩擦及其类型

一个物体（滚动体）在另一个物体的表面（可以是平面或曲面）上滚动时遇到的摩擦称为滚动摩擦，滚动体一般是球体或圆柱体等回转体。车轮与地面的摩擦就是滚动摩擦，轴承中滚动体与座圈的摩擦也是滚动摩擦。由于滚动摩擦的影响因素很多，所以研究滚动摩擦比研究滑动摩擦更复杂。

滚动摩擦按其接触装置的特点可分成如下几种类型：

（1）自由滚动（纯滚动）摩擦　这是滚动元件沿平面滚动时的情况，运动所受的阻力是元件与平面之间的基本滚动摩擦引起的，滚动摩擦的基本原理一般要从纯滚动摩擦分析，属于滚动摩擦的原理模型。

（2）驱动滚动摩擦　滚动元件受制动或驱动转矩作用的摩擦称为驱动滚动摩擦。滚动元件上除了受到正压力和界面上的摩擦力之外，还有一个制动或驱动转矩，这个转矩在接触处产生摩擦效应，制动或传动作用就是通过摩擦来实现的。

（3）槽内滚动摩擦　当滚珠沿轴承内圈滚动时，滚珠与座圈槽之间的几何接触引起摩擦。

（4）曲线滚动摩擦　滚动元件沿曲线轨道运行时，接触处不可避免地产生摩擦作用，

铁路弯道上轮轨的摩擦就属于曲线滚动摩擦。

上述四种类型在实际工程中是经常应用和遇到的典型形式。第一种自由滚动形式在任何滚动情况下都存在，即出现滚动时，必然存在自由滚动摩擦。而后三种滚动摩擦是单独发生还是综合发生，取决于特定的条件。例如，汽车轮子包含了第一和第二种滚动，而在推力球轴承内同时存在四种滚动摩擦。

2. 滚动摩擦系数

图 3-7 为一轮子在 F_0 的作用下沿固定基础滚动，这种运动为无滑动的纯滚动。当它转过角度 φ 后，轮轴相对于基础前进了 $R\varphi$。过接触中心 O_1 点而垂直于纸面的轴线称为旋转轴。实际上在滚动时，不是沿旋转轴线接触，而是沿一定的表面接触，这是由于接触体发生变形所致。如果轮子承受法向载荷为 N，其作用线为 OO_1，假设 F_0 作用在滚动体中心，其作用线与旋转轴相距 R 的距离，这个力对 O_1 点的力矩称为驱动力矩，数值上等于滚动阻力矩。

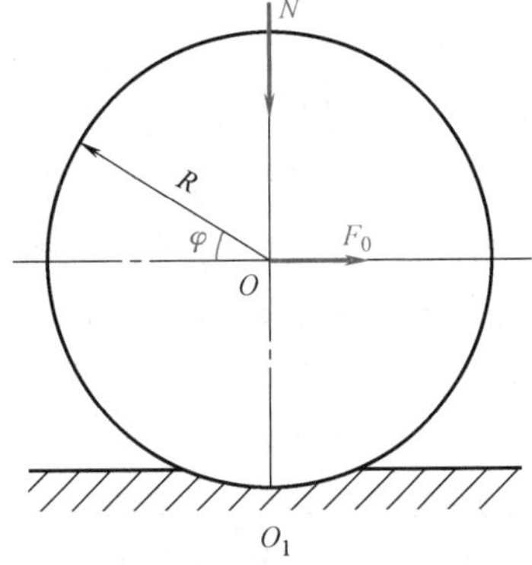

图 3-7　滚动摩擦示意图

（1）滚动摩擦力矩系数 μ_M　滚动摩擦力矩系数 μ_M 可定义为驱动力矩 M 与法向载荷 N 之比，即

$$\mu_M = \frac{M}{N} = \frac{F_0 R}{N} \tag{3-18}$$

由式（3-18）可知，μ_M 是一个具有长度的量纲。

（2）无量纲的滚动摩擦系数　无量纲的滚动摩擦系数的定义是滚动驱动力 F_0 所做的功与法向载荷和行走距离的乘积之比

$$\mu_r = \frac{A_\varphi}{N \cdot \Delta S} \tag{3-19}$$

当轮子转过角度 $\Delta\varphi$ 后，驱动力所做的功为 $A_\varphi = F_0 R\Delta\varphi = M\Delta\varphi$，而轮子所走过的距离 $\Delta S = R\Delta\varphi$，代入式（3-19），得

$$\mu_r = \frac{M\Delta\varphi}{NR\Delta\varphi} = \frac{F_0}{N} \tag{3-20}$$

3. 滚动摩擦和滑动摩擦

在无量纲的滚动摩擦系数的定义式中，F_0 是作用于滚动中心的驱动力，形式上它和滑动摩擦系数一样，但这里的 F_0 无论在数值上还是在含义上都和滑动摩擦阻力截然不同。如图 3-8 所示，特别要强调的是：①滚动摩擦是阻止滚子滚动的阻力矩 M，它是与接触面垂直的分布力 p 作用的结果，它阻止滚动；②F_0 是与滚动摩擦力矩平衡的驱动力，它驱动滚子的滚动；③界面上还有一个滑动摩擦阻力 F_s，它是阻止滚子向前滑动的，必须保证 $F_s = \mu_s N \geqslant F_0$，否则滚子就会发生滑动。

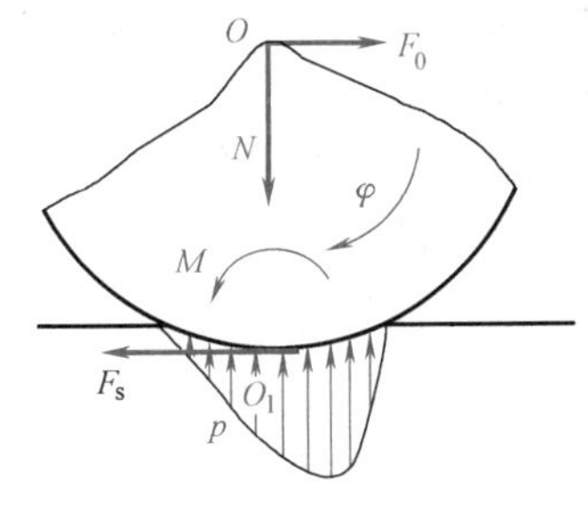

图 3-8　滚动摩擦和滑动摩擦

绝大部分滚动接触要分析接触区的滑动问题，如轮轨问题、制动问题、传动问题等，在接触区滑动问题分析中要用

滑动摩擦系数，滚动摩擦系数可以计算没有开始滑动之前滚子受到的切向力，它比滑动摩擦力小得多。

3.3.2　基本原理与学说

滚动摩擦一般比滑动摩擦小得多，通常不存在犁沟效应和黏着点的剪切阻力，因此不能用滑动摩擦的微观模型来解释滚动中产生的摩擦。目前认为滚动摩擦阻力主要来自下列几种作用：①微观滑移学说；②弹性滞后学说；③塑性变形学说；④黏着效应学说。

1．微观滑移学说

英国物理学家雷诺（Reynolds）在1876年发表的经典著作中对滚动摩擦的性质做了详细研究。他认为，接触面局部微区，滑移区上的滑动摩擦力是引起滚动阻力的原因之一。而后，许多研究者用不同的材料对接触面上由于微观滑移所引起的滚动阻力进行了研究，指出弹性模量不同的两个物体赫兹接触时，若两物体一起自由滚动，作用在两个物体上的压力一般在两表面上引起的切向位移不相等，这就导致界面产生微观滑移。图3-9所示为一硬圆柱体在橡胶上滚动。加载后，圆柱体压入橡胶中，橡胶表面的平面变成了曲面。显然，压力引起的橡胶表面的伸长在1处比2、3处要大。在滚动体的表面，圆表面也有一定程度的压平，显然圆柱A和橡胶平面B接触区表面的变形是不一样的，界面区由于变形的差异而发生滑移。这种滑移会造成一定的能量损失。这种微观滑动在微区上与滑动摩擦相同。

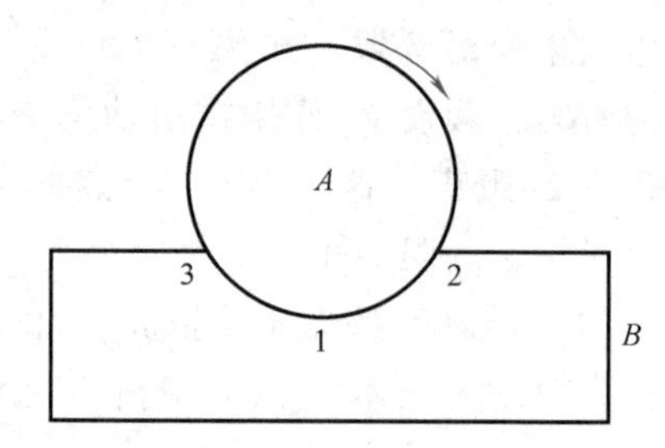

图3-9　硬圆柱体在橡胶表面上滚动

2．弹性滞后学说

泰伯认为，微观滑移对滚动摩擦阻力的影响较小，而弹性滞后损失是产生滚动摩擦阻力的主要原因。当材料受力变形时，在弹性范围内，如果将应力应变曲线放大，常会发现加载曲线和卸载曲线不重合，加载曲线高于卸载曲线，如图3-10所示，即加载时用于变形的功大于卸载时放出的功，有一部分功被材料吸收，这种现象叫做弹性滞后。加载曲线和卸载曲线所围成的封闭回线，称为弹性滞后回线。弹性滞后回线所围成的面积，表示材料在一次应力循环中以不可逆方式吸收的能量。

1952年泰伯提出滚动摩擦的弹性滞后理论，假定滚动阻力是材料弹性滞后造成的。由于弹性滞后，滚动时滚子前端和后端表面承受的压力是不同的，这种不对称的压力分布造成了滚动摩擦阻力矩。可用黏弹性材料的沃基德（Voigt）模型或麦克斯韦尔（Maxwell）模型来分析滚动摩擦。

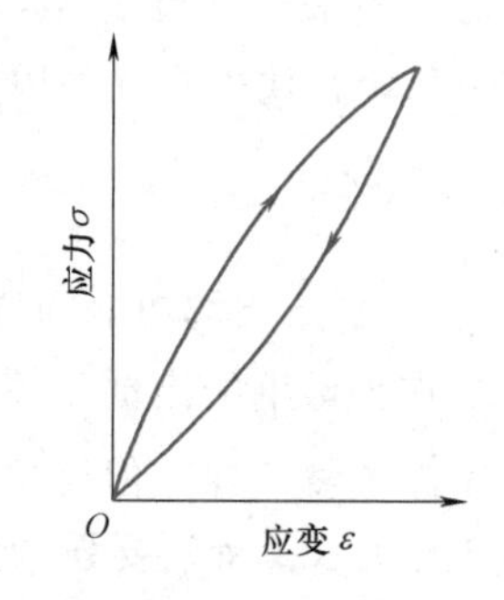

图3-10　弹性滞后回线

材料的弹性滞后损耗与材料的松弛特性有关，橡胶、塑料等黏弹性要比金属材料更显著一些。已经发现，对于黏弹性材料，滚动摩擦系数与材料的松弛时间（或松弛频谱）有关。对于黏弹性较小的材料，低速滚动时，接触区后缘的材料将迅速弹起，快到足以保持对称的压力分布，因而滚动阻力很小。对于黏弹性比较大的材料，特别是在高速滚动时，接触区后缘的材料将不能充分地迅速恢复，甚至不能使后缘保持接触，摩擦阻力增大。因为滚动摩擦阻力的大小主要由弹性滞后决定，接触面间是否有润滑剂对滚动阻力的影响不大，不可通过润滑去降低汽车车轮和地面的滚动摩擦阻力。

3. 塑性变形学说

弹性滞后理论能令人满意地解释硬金属和黏弹性材料之间的滚动阻力，但把它推广到金属滚动摩擦副还需要进一步研究。众所周知，金属物体滚动接触时，若接触压力超过一定数值，将产生全面屈服。对于平面上自由滚动的圆柱体，通过弹塑性力学分析可以得到，当 $\sigma_{\max} \approx 3\tau_0$ 时，首先在表面下的一点产生屈服，这里 $\sigma_{\max}$ 为最大赫兹压力，τ_0 为简单剪切时材料的屈服强度。产生塑性变形是需要能量的，这个能量是我们为实现滚动所付出的代价，在塑性变形严重的条件下，它可能是滚动摩擦的重要部分。

分析塑性变形过程是很复杂的，泰伯等人提出了一种分析球体在平面上滚动时塑性变形造成摩擦阻力的近似解法，求得这种滚动摩擦力的经验公式为

$$F \propto \frac{N^{2/3}}{r} \tag{3-21}$$

式中，F 为摩擦力；N 为法向载荷；r 为球体的半径。

从式（3-21）可知，滚子半径越大，接触区变形越小，滚动摩擦阻力也越小。因此，在设计滚动摩擦机构时，要想减小摩擦阻力，就要选择合适的摩擦副结构尺寸，应尽可能采用较大的滚子半径，设法减小接触区的变形。

实际滚动接触时，表面材料被塑性压缩的同时，还会产生强化和残余压应力。在随后的滚动循环中，强化和残余应力会阻止材料进一步屈服，而且可能达到一种应力不再超过材料弹性极限的稳定状态。这种状态称为“安定状态”。出现安定状态的最大载荷称为安定极限，记为 σ_m。纯滚动时，σ_m 的表达式如式（3-22）所示。

$$\sigma_m = 4\sigma_s \tag{3-22}$$

如果滚动的圆柱体承受的载荷超过安定极限，就产生新的塑性变形，这种变形表现为圆柱体的表面层相对于其芯部向前错位。从每一转都获得等增量的塑性变形这个意义上来说，变形是累积的。于是当载荷超过安定极限时，就可观察到连续而累积的变形。反之，当载荷低于此极限时，即便起初发生了屈服，经过几次滚动后，系统就进入了弹性应力循环范围，塑性变形的作用就可以忽略了。

4. 黏着效应学说

在滚动接触条件下，摩擦副之间也会产生黏着。但是，在分析滚动接触和滑动接触中表面元素的接合与分离时，应注意到这是有根本差别的。由于运动的不同，滚动接触时，表面元素的接近与分离是在“垂直”于界面的方向而不是切线方向。由于不是切向力作用下的分离，接触面积的主要部分不可能发生接点长大。如果形成了黏附结合，在滚动接触的后缘，黏着结合就会受拉伸而分离，而不像滑动接触时那样受剪切而分离。另外，由于滚动摩擦时接点长大不明显，表面膜破坏不严重，黏着作用不可能很大，这也可能是滚动摩擦系数远小于滑动摩擦的一个原因。

一般情况下，滚动摩擦的黏着分量只占摩擦阻力很小的一部分，但对于在特定实验情况下的滚动，比如涂胶机的滚轮，黏着分量也可能是决定滚动摩擦系数的主要因素。

3.3.3 两类滑动问题

1. 滚动轴承中的微观滑移

对于滚动轴承，如球轴承，滚珠沿滚道运动，在垂直于滚动方向的平面内，滚动元件的外形可能与它们的滚道密切一致，这时可能会在比较大的范围内形成接触区。如图 3-11 所示，由于接触区是一个比较大的空间曲面，表面上各点到回转轴线的距离明显不同。这种不同会造成微观滑移，这种滑移也叫希斯科特（Heathcote）滑移。有时这种滑移引起的切向阻力可能成为滚动阻力的重要来源。

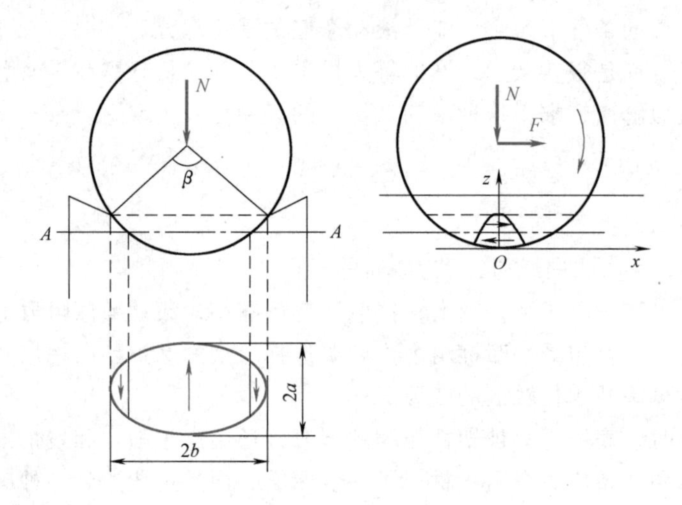

图 3-11　希斯科特滑移示意图

在这类接触中，球滚动时的瞬时转轴并不在两物体的接触点 O，而是绕瞬时轴线 AA 转动。由于接触区各点在一个比较大的空间区域上，接触区内各接触点与旋转轴线的距离不同，各点的线速度不同，于是球上各接触点相对于滚道发生滑动。在接触区中央部分，其滚动体材料的滑移方向与滚动体水平运动方向相反；两侧部分，其滚动体材料的滑移方向与滚动体水平运动方向相同。

希斯科特滑移是由球和槽型滚道的结构特点引起的。泰伯用钢球在槽型橡胶滚道上的滚动试验表明，当球半径 R_q 与槽半径 R_c 的比值 $R_q/R_c>0.8$ 时，希斯科特滑移所造成的摩擦损失较大。而当 $R_q/R_c=0.5\sim0.6$ 时，摩擦损失最小。继续减小此值，由于接触压力增大，反而会使摩擦阻力增大。

2. 滚动摩擦中的滑动问题

在轮轨问题、制动问题、传动问题等重要的滚动摩擦中，接触区的摩擦并不是坏事，相反为了提升驱动或制动能力，希望接触区有较大的摩擦并且应充分利用这种摩擦，以保证两运动副在接触区不发生滑动。

图 3-12a 所示为两圆柱相互滚动的示意图。当主动轮 1 的表层进入接触区时受到压缩，而在离开接触区中点时受到拉伸。在切向力作用下，拉伸加大，压缩减小。由于材料的内聚力和连续性，拉伸区的黏着接点首先遭到破坏而发生微观滑移。如图 3-12b 所示，宏观上就表现为局部切应力达到了最大静摩擦力，出现了局部微观滑移区。

随着切向力增加，微观滑移区增大。如果沿整个接触区都发生滑移，则接触界面上的总切向力就等于 μP（取圆柱体为单位长度，P 是单位长度上作用的压力），这里的 μ 就是两摩擦副之间的滑动摩擦系数。这时，在整个接触区产生了明显的滑动，滚动摩擦副不复存在，变成了滑动摩擦副。

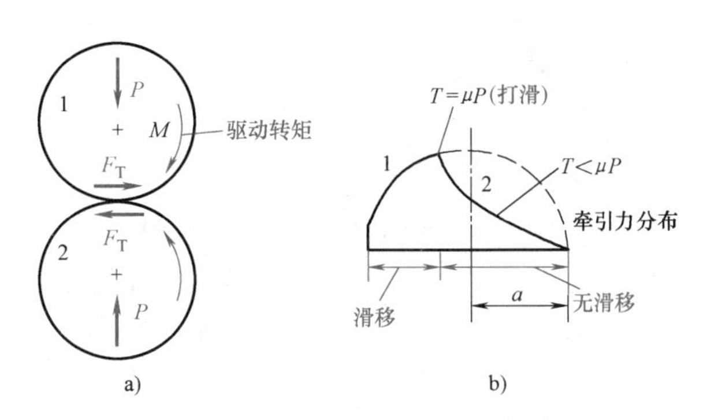

图 3-12　滚动摩擦中的滑动问题

实际应用中，为了保证机构工作的可靠性，接触界面上的总切向力一定要小于 μP，并且在多数情况下要远小于 μP，这时微观滑动区域很小，大部分没有相对滑动，对滚动摩擦的影响也不大。

3.4　黏滑

3.4.1　黏滑现象

如图 3-13a 所示，以恒定的拉力 F 和恒定的速度通过弹簧和黏壶来拉动一个在平面上滑动的滑块。在速度比较低的情况下，如果记录滑块的位移 x 随时间 t 变化的曲线，那么曲线常常呈台阶状，如图 3-13b 所示。虽然拉动力和拉动速度是恒定的，但滑块的运动却是间歇的，走走停停。这种间歇运动的滑动摩擦现象叫做黏滑（stick-slip）现象。

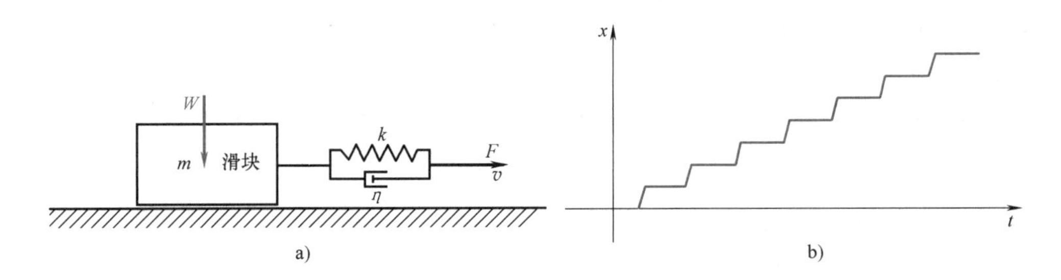

图 3-13　黏滑现象

实际中没有人想通过弹簧和黏壶来拉动滑块，用绳子拉是比较常见的，煤矿中的提升机和生活中的电梯就是用钢丝绳。其实绳子是黏弹性的，它就相当于一个弹簧加一个黏壶。即使用钢棒来拉动，钢棒也是一个弹簧和黏壶，只是它的刚性更大，黏性更小而已。一般来讲，黏滑是在摩擦滑动中普遍存在的现象。

黏滑将会使系统产生振动，它使滑动系统发出 600~2000Hz 的啸叫或更低频的震颤。人们一般不希望出现这种黏滑现象，会采取各种措施来消除或减小波动的振幅。黏滑是轴承和制动器产生啸叫声的重要原因，也是产生机械加工误差和定位误差的重要原因，还有人认为地震时的震颤声也是由于黏滑造成的。但在有些场合下黏滑还是受欢迎的，在弓弦乐器演奏中，人们都为黏滑发出的美妙音乐鼓掌。

3.4.2 黏滑理论

1. 黏滑现象的简单解释

黏滑是滑动摩擦和牵引系统的黏弹性特性共同造成的。开始拉动时，$t=0$，作用在滑块上的牵引力等于零，滑块不会运动，这时属于黏着阶段。随着时间增加，弹簧被拉长，作用在滑块上的牵引力增加，但在达到最大静摩擦力之前它不会运动。达到最大静摩擦力后，黏着阶段结束，滑块开始运动，开始了滑移阶段。由于动摩擦小于最大静摩擦，滑块会快速运动，弹簧的拉伸长度缩短。由于弹簧长度缩短，作用在滑块上的拉力下降，当下降到不足以牵动滑块前进时，滑块又停止了，系统又进入黏着阶段。当弹簧继续伸长，又达到最大静摩擦力时，滑块又快速运动，重新进入滑移阶段。如此循环，走走停停，就产生了黏滑现象。

考虑到弹性特性是不可避免的，因此黏滑是由于滑动摩擦的静摩擦系数大于动摩擦系数造成的。如果动摩擦系数大于静摩擦系数，那么弹簧就会一直处于伸长状态，没有弹性能的释放就不会出现黏滑。

2. 黏滑现象的理论分析

黏滑现象可以用振动学理论进行分析，在黏滑运动中，根据力的平衡可以建立如下微分方程

$$m\ddot{x}+\eta\dot{x}+kx=\mu W \tag{3-23}$$

这是一个典型的单自由度系统强迫振动的微分方程。运动开始后，如果摩擦系数μ是恒定值，振动会在阻尼η的作用下逐渐衰减，最后停止。

现实中摩擦系数μ并不是恒定值，它只是在粗略估算下才是不变的。一般情况下，摩擦系数是速度的函数，于是摩擦力也是速度相关量。在振动方程中与速度相关的变量构成阻尼项，改变系统的阻尼。如果摩擦力随速度的增加而上升，它相当于增加了系统的阻尼，振动很快就会停止；如果摩擦力随速度的增加而降低，它相当于降低了系统的阻尼，使系统容易发生振动。因此，摩擦系数随着速度的增加而下降是使系统发生振动的重要原因，在许多情况下也是造成黏滑的主要原因。

如果找到了摩擦系数的变化规律，这个方程是可以进行深入理论分析的。由于定量测试摩擦规律比较困难，有关深入的理论分析问题不再进一步讨论。

3.4.3 黏滑预防

根据黏滑产生的机理，摩擦系数随速度增加而降低是造成黏滑的重要原因。合理选择摩擦副材料，避免出现摩擦系数随速度增加而降低，是预防黏滑的根本措施，降低摩擦系数也可以减少黏滑带来的振动。增加系统的黏性阻尼η，可以加快振动的衰减，抑制黏滑。在无法消除的情况下，改变惯性质量m和系统的刚性k也可以改变黏滑振动的频率，使系统的噪声和振动改变到危害较小的频段。

3.5 温度和摩擦热的影响

3.5.1 温度影响

1. 大气中温度的影响

温度本来不是影响摩擦过程的重要参数，但温度是影响材料性能的重要参数。温度不

同，材料性能不同，摩擦性能也就不同。材料是影响摩擦的重要因素，材料不同，性能不同，摩擦特性和机理也不同。比如室温下的钢铁摩擦副，在高温大气环境下会发生明显的氧化，从金属摩擦副变成了氧化层组成的摩擦副，其摩擦特性和机理自然会发生变化。由于材料问题的复杂性，本书不深入讨论材料问题，只对最一般的金属材料的基本特性进行简单介绍。

对于金属材料，温度升高时，摩擦副的可焊性增加，强度降低，同时伴随有表面氧化。因此，高温下两金属摩擦副的摩擦特性取决于两金属的高温强度、可焊性以及所形成的表面膜。图 3-14 给出了铜-铜摩擦副的摩擦系数随温度的变化情况。升温过程中，在 150℃ 左右摩擦系数增大，这是 150℃ 左右铜发生再结晶软化造成的。随着温度升高，铜表面迅速氧化，摩擦系数再次降低。反回箭头是冷却时测得的结果。

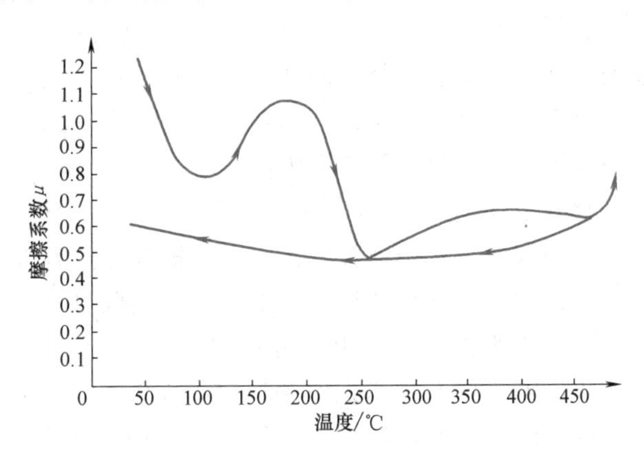

图 3-14　温度对铜-铜摩擦副摩擦系数的影响

这个实验结果表明，大气环境下温度对表面氧化的影响最大，它再次强调了金属表面氧化膜的作用。在这个实验中，降温冷却时，由于氧化膜的作用，摩擦系数较低，但它不能代表实际工况，实际中氧化膜还会被磨损掉，问题将会更加复杂。

2. 真空中温度的影响

为了排除氧化作用的影响，首先对表面去除吸附气体，随后在保持良好的真空中进行摩擦实验。这时的结果是可逆的，图 3-15 所示为几种金属摩擦副的试验结果。一般金属摩擦副的摩擦系数随温度的升高而下降，但是变化不大，甚至在 1000K 时，摩擦系数也只降到原值的一半左右。金-金摩擦副的情况却不同，在 600K 以下，摩擦系数的变化很小，当温度超过 600K 后，摩擦系数急剧升高。这可能是由于在此温度下金属显著地软化易于流动，而且滑动表面存在较大的面积冷焊。

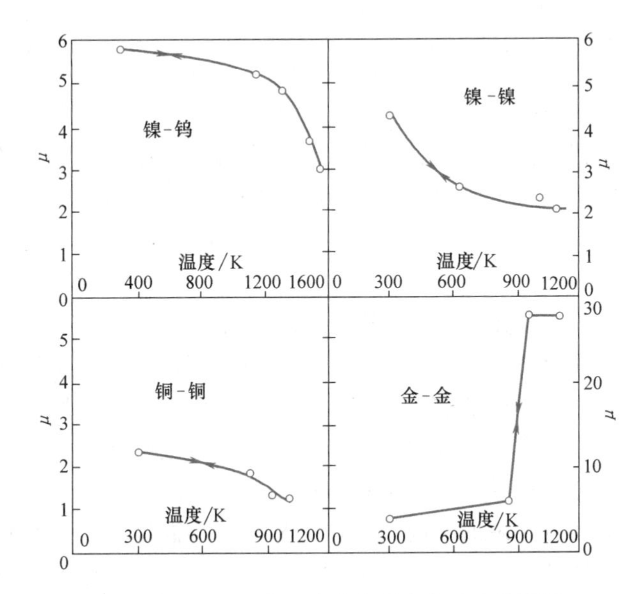

图 3-15　不同温度下清洁表面在真空中的摩擦

对于大多数金属，温度升高 100℃，摩擦系数仅降低百分之几。这种微弱的效应与前述的黏着理论是相符的。这是由于形成焊合的金属接点的接触面积取决于载荷和金属的屈服强度。高温时，屈服强度降低，使得在一定负荷下金属接点的总截面积有所增大。同时金属的剪切强度也下降，造成剪切接点的力（摩擦力）大致保持不变。因此，除非温度高到金属发生明显的软化，否则洁净金属的摩擦系数并不显著地决定于温度。但若表面形成一层软的黏附膜或反应膜，则摩擦系数会降低到一个很低的值。

3. 高温和低温下的摩擦

对于一些在很高温度下使用的材料，如航空发动机、原子反应堆、航空航天设备上用的摩擦副，研究表明，随着温度的上升，摩擦系数下降到某一值后又重新增大。如对不同的难熔金属化合物（钼、钛、钨化合物）以及碳化硅陶瓷等都会出现这一结果。其原因是当温度增高到某一值后，材料的硬度、弹性模量大大降低，造成的机械变形阻力增大超过了黏着剪切阻力的下降，此时，摩擦系数开始随温度的升高而增大。此外，高温摩擦还可能导致固体的结构发生变化，如多晶固体（金属 Pb、Sn 等）形成重晶体，无定形的聚合物则会产生热分解乃至碳化。

另一方面，对于低温下工作的摩擦副，如各种冷却液输送泵的轴向和径向密封以及在低温下工作的滚珠轴承和滑动轴承等，虽然低温时摩擦热的影响较小，但摩擦副材质在低温时的性能（冷脆性）和组织结构对摩擦的影响较大。一般来说，体心立方晶体的金属（Fe、Cr、Mo、Ta、W）在低温时易产生脆性破坏，使用温度范围较窄。适于做低温摩擦副的材料主要是面心立方晶体（Al、Ni、Pb、Cu、Ag）、致密的六方晶体（Ti、Zn、Mg、Co）及其合金，以及石墨和氟塑料等。

低温摩擦时，由于冷却介质不同，摩擦特性也不同，当在液体冷却介质中摩擦（如在液氮和液氢中）时，摩擦面上不易形成氧化膜，因此在摩擦过程中接触处易产生黏着。此外，由于液体冷却介质的黏度小，也易造成摩擦界面上的黏着，还可能形成气蚀等。在气体冷却介质中摩擦时，温度降低，摩擦系数有所增大，而非金属材料的摩擦系数一般远小于纯金属的摩擦系数。

3.5.2 摩擦热

1. 摩擦热的概念

当一固体表面在另一表面上滑动时，必须为克服两固体接触处的摩擦而做功，并以热的形式消耗在接触摩擦界面上，这部分热量称为摩擦热。摩擦热 Q 等于克服摩擦所做的功，即

$$Q=\mu N v \tag{3-24}$$

式中，μ 是滑动摩擦系数；N 是载荷；v 是滑动速度。

摩擦热的耗散可以假设两种极端情况。一种是绝热情况，该种情况是假设所有的热均由润滑液带走而消散，在完全液体润滑的情况下，所有能量的消耗是由于液体本身内部的黏性剪切过程引起，并由液体带走，这时可按绝热情况处理。另一种是等温情况，这种情况下摩擦热完全耗散在两接触材料中，直接引起摩擦表面和配对摩擦副的温升。等温情况下，实际接触处在很短的时间内就产生相当高的温度，并且很快由表层向内层散播，如图 3-16 所示。温度场的分布情况与接触物体表面几何形状、摩擦副材料的热物理性能、结构尺寸、工况条件以及散热条件等有关。

通常情况下，摩擦热都会引起摩擦副的温度升高，在设计任何摩擦副时都应考虑摩擦热的影响，保证热的消散速率满足摩擦热的产生速率，使得在接触分界面上的温度不超过结构

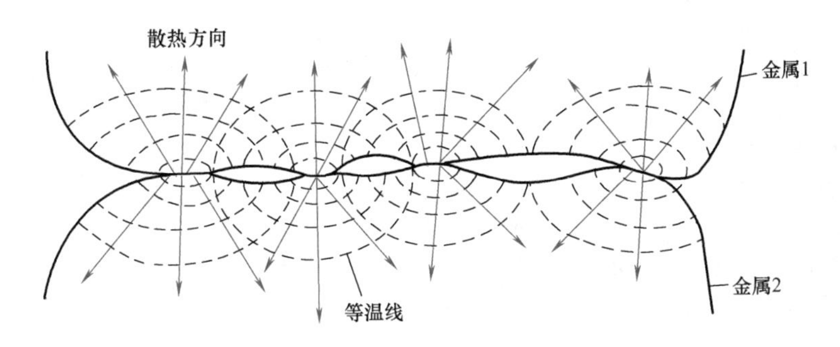

图 3-16　摩擦热在界面上传播

材料或润滑剂能够承受的极限值。

2. 摩擦热分析中几个温度的概念

为了研究摩擦时的温升或摩擦热的影响，常采用接点温度（闪温）、表面平均温度、体积平均温度等参数来描述。

许多常见的工程表面接触都可以看作是多微凸体的接触。微凸体相互作用产生的摩擦热释放在微小的触点上，会导致接触的微凸体温升很高。接点温度就是出现在黏着接点的瞬时温度，通常出现在几个平方微米的面积上，温度高达几百摄氏度，持续时间只有几纳秒到几微秒。这个温度实际上是一个概念性的，并且是一个概念相当模糊的温度。因为黏着接点是很难准确定义和区分的，摩擦过程中黏着接点还要长大，并且实际中这个温度也很难直接测量。所以它主要用于理论分析和机理探讨，目前一般不把它作为工程参数。理论上，干摩擦时，接点温度可能很高，有时可能达到上千摄氏度，甚至是金属的熔化温度。

表面平均温度是指宏观接触区的表面平均温度。这个温度实际上也是很难直接测量的，但宏观接触区比较容易确定，它的理论意义和工程意义非常明确。可以通过理论计算、模拟或经验公式来分析，也可以通过测量接触电阻、电容或电压来定量评定。还可以通过分析材料与周围介质、润滑剂的化学反应产物或材料表层的金相结构变化等间接方法来定性评定。

体积平均温度是最容易测量的。测量体积平均温度是目前工程上研究摩擦热影响最直接有效的方法。生产中，有许多设备通过监测摩擦副或润滑介质的体积平均温度来推断摩擦副的工作状态。

3. 摩擦热分析

摩擦热分析的难点是温度场计算，理论上通过热传导方程及相关的初始条件和边界条件就可以确定热力学系统的温度分布。热传导方程为

$$\frac{\partial^2\theta}{\partial x^2}+\frac{\partial^2\theta}{\partial y^2}+\frac{\partial^2\theta}{\partial z^2}=\frac{1}{\kappa}\ \frac{\partial\theta}{\partial t} \tag{3-25}$$

式中，θ 是温度；x、y、z 是空间坐标；κ 是热扩散率（m^2/s）；t 是时间。

对于接点温度的计算，由于是一个三维热传导问题，只有在简化的理论模型下才能进行分析计算。对于表面平均温度的计算，通常也是一个三维热传导问题，但在有的情况下可以简化为一个面热源的一维热传导问题进行分析。深入的分析计算问题请参考相关专著。

思　考　题

1. 古典摩擦定律是什么？
2. 试述金属的简单黏着理论及其基本结论。
3. 滑动摩擦力的主要来源有哪些？
4. 滚动摩擦力的主要来源有哪些？

第4章

磨　损

4.1　材料的磨损

4.1.1　磨损的定义

1. 定义

磨损是一个复杂的过程，直到目前尚没有简明的定量定律，甚至还没有确切、统一的磨损定义。英国机械工程师协会的定义是：由于机械作用而造成物体表面材料的逐渐损耗。苏联学者克拉盖尔斯基的定义为：由于摩擦结合力反复扰动而造成的材料破坏。前者似乎排除了电的作用和化学作用，后者则过于强调疲劳。邵荷生教授认为：由于机械作用、间或伴有化学或电作用，使物体工作表面材料在相对运动中不断损耗的现象称为磨损。

关于磨损的定义要特别指出：①磨损并不局限于机械作用，还包括由于伴同化学作用而产生的腐蚀磨损、由于伴同界面放电作用而引起物质转移的电火花磨损、由于伴同热效应而造成的热磨损等现象；②磨损是相对运动中产生的现象，因而橡胶表面老化、材料腐蚀等非相对运动中的现象不属于磨损研究的范畴；③磨损发生在运动物体材料表面，其他非表面材料的损失或破坏不包括在磨损范围之内；④磨损是不断损失或破坏的现象，损失包括材料的直接损失和材料的转移（材料从一个表面转移到另一个表面上去），破坏包括产生不可恢复的变形，失去表面精度和光泽等。不断损耗或破坏则说明磨损过程是连续、有规律的，而不是偶然的几次。

2. 磨损的普遍性

两个相互接触的表面在外力作用下发生相对运动（或具有相对运动趋势）时，就会产生摩擦，有摩擦就必然伴随着磨损，“永不磨损”或“零磨损”的神话是令人难以置信的。各种相互连接的机械零部件之间，如齿轮与齿轮、轴承与轴、活塞环与缸套等摩擦副之间，会发生磨损；机器与外部接触的部位，如接触煤壁的采煤机截齿、接触土地的犁铧、接触矿石的破碎机齿板等，会发生磨损；甚至是许多固定连接的连接副，如地脚螺栓和连接孔、铆钉与铆接件等，也会产生磨损。因此，磨损是机械失效最重要原因之一，磨损会造成材料损耗，改变零件的尺寸、形状或使其表面质量下降，使机器的效能下降甚至完全丧失功能。磨损通常是有害的，但有些情况下人们也利用磨损来完成特定工作，如用铅笔写字，对机械零件进行机械加工，磨削和抛光等都是利用磨损来实现的，这时需要对磨损过程进行主动控制。

3. 磨损的复杂性

磨损不是材料的固有属性，而是摩擦副的一种系统响应，人们对机器磨损的预测能力十分有限。一般来说，磨损随着载荷和滑动距离的增加而增加。软固体比硬固体容易磨损，但也不尽然，例如聚乙烯比钢软，但有时其磨损反而小。高摩擦系数一般会导致高磨损率，但也常有例外，例如，固体润滑材料和聚合物界面虽然具有较低的摩擦系数，但会出现较大的磨损。在具体的工作条件下，磨损的影响因素十分复杂，包括工作条件（载荷、速度、运动方式等），环境因素（如湿度、温度和周围气氛等），介质因素，润滑条件以及零件材料的成分、组织和工作表面的物理、化学、力学性能等，其中任何一个因素稍有变化都可能使磨损量改变，甚至可能使磨损机理发生变化。

4.1.2 磨损的分类

由磨损定义可知，磨损是一种十分复杂的微观动态过程，影响因素非常多，因此磨损的分类方法也较多，如图 4-1 所示。最常见的是按磨损机理分为黏着磨损、磨料磨损、冲蚀磨损、微动磨损、疲劳磨损等。实际工况中，材料磨损往往不只是一种机理在起作用，而是几种机理同时存在，只不过是某一种机理起主要作用而已。而当条件变化时，磨损也会发生变化，会以一种机理为主转变为以另一种机理为主。这就要求我们对实际的磨损情况进行具体的分析，找出主要的磨损方式或磨损机理。

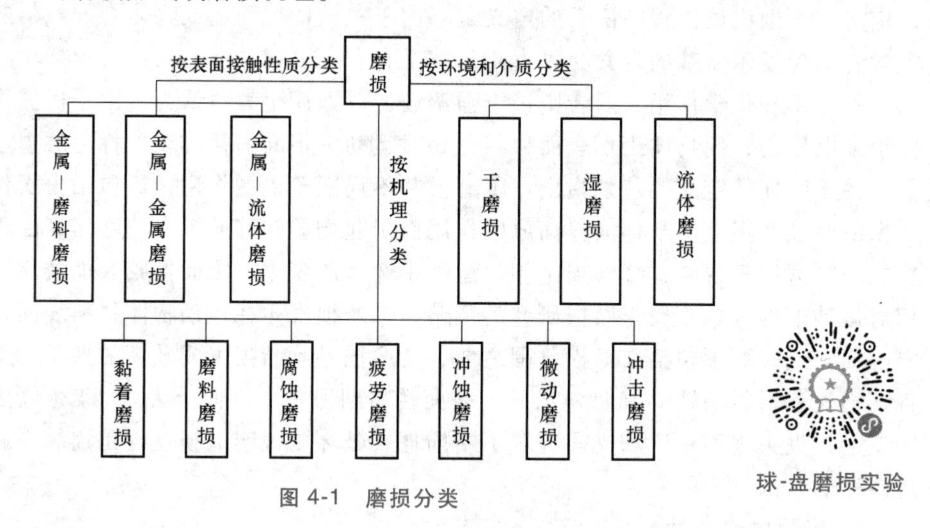

图 4-1 磨损分类

4.1.3 磨损的评定方法

目前对磨损的评定方法还没有统一的标准。常用的评定方法有：磨损量、磨损率和耐磨性。

1. 磨损量

长度磨损量 W_L、体积磨损量 W_V 和质量磨损量 W 是评定材料磨损的三个基本磨损量。长度磨损量是指磨损过程中零件表面尺寸的改变量，它具有长度单位，在实际设备的磨损监测中经常使用。体积磨损量是指磨损过程中零件或试样的体积改变量，它具有体积单位。质量磨损量是指磨损过程中零件或试样的质量改变量，它具有质量单位。实验室试验中，往往是首先测量试样的质量磨损量，然后再换算成为体积磨损量；也可以通过测量磨痕宽度和深度等，计算出磨损体积。对于密度不同的材料，用体积磨损量来评定磨损的程度比用质量磨损量更为合理。

2. 磨损率

任何情况下磨损都是时间的函数，因此有时也用磨损率 $\dot{W}$ 来表示磨损的特性。磨损率可以是单位时间的磨损量或单位摩擦距离的磨损量等。

3. 耐磨性

材料的耐磨性是指一定工作条件下材料耐磨损的特性。材料本身是不存在耐磨性的，它是在一定测试系统和一定工作条件下的特性，所以使用材料的耐磨性必须说明工作条件。

材料的耐磨性分为绝对耐磨性和相对耐磨性。绝对耐磨性通常用磨损量或磨损率的倒数来表示

$$W^{-1}=1/W \text{ 或 } W^{-1}=1/\dot{W} \tag{4-1}$$

材料的相对耐磨性 ε 是指两种材料 A 与 B 在相同外部条件下磨损量的比值，其中材料 A 是标准（或参考）试样，表示为

$$\varepsilon=W_A/W_B \tag{4-2}$$

磨损量 W_A 和 W_B 一般用体积磨损量，特殊情况下也可使用其他磨损量。

4.1.4　磨损过程

机器零件的典型磨损过程如图 4-2 所示，一般可划分为三个阶段。

OA 段为初期磨损（跑合）阶段。新加工出的摩擦副，由于表面有许多顶峰比较尖锐的微凸体，实际接触面积小，常处于塑性接触状态。因此在正式投入使用之前，要逐渐加载磨合，以增大实际接触面积使之进入弹性接触状态。跑合阶段初期磨损率较大，然后逐渐减缓，直至进入正常运行的稳定磨损阶段。

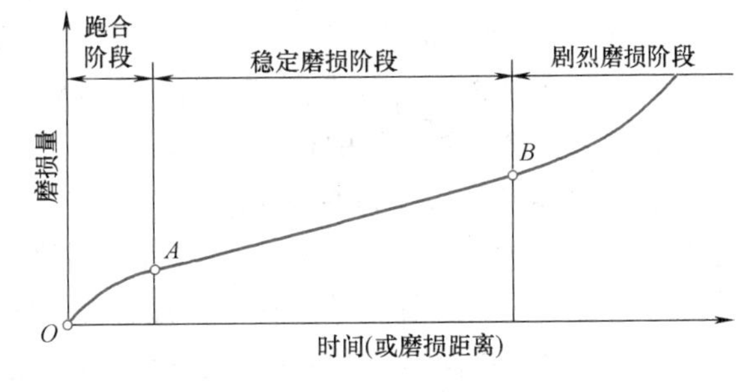

图 4-2　典型磨损过程曲线示意图

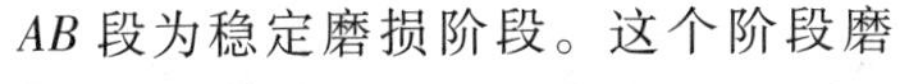

AB 段为稳定磨损阶段。这个阶段磨损比较缓慢，磨损量和时间（距离）成正比，磨损率基本保持不变。

零件经过长期使用，超过 B 点之后，配合间隙增大，性能和精度下降，润滑条件恶化，磨损量（磨损率）急剧增加，进入了剧烈磨损阶段。剧烈磨损阶段，机器的性能和效率显著下降，往往还会产生异常的噪声和振动，摩擦副温度上升，最后导致摩擦副失效。

4.2　黏着磨损

4.2.1　基本概念

1. 黏着磨损

黏着磨损是最常见的一种磨损形式，当一固体表面和另一固体表面接触并发生相对运动

时，就常会发生黏着磨损。除非有足够厚度的表面膜把摩擦副隔离，大部分摩擦副都有发生黏着磨损的可能。黏着磨损中，由于接触而生成黏着接点，由于剪切而使接点长大并最终分离而使部分材料黏附到配对副表面。材料通常以小块状从一表面黏附到另一表面，有时也会发生反黏附，即被黏附的表面材料又回到原表面上去。经过黏附和反黏附的反复转移和挤压，材料会发生加工硬化、疲劳、氧化等，从而以自由磨屑的状态脱落下来造成磨损。

2. 黏着磨损过程

黏着磨损可以用接点剪切和黏附碾压两个过程来描述。图 4-3 所示为黏着接点剪切过程，由黏着、滑移、再滑移、转移四个步骤组成。①黏着，首先是在法向力的作用下形成接点，由于切向力的作用而造成接点长大，如图 4-3a 所示。长大后的接点一般也不会很大，尺寸通常在微米或亚微米级，小于金属材料的晶粒尺寸。②滑移：随着运动的继续，如图 4-3b 所示，切应力不断增大，当超过较软（假设下面材料较软）材料的剪切强度后就会在软材料内部滑移。滑移沿着运动方向进行，在接点的尾部会造成较大的拉应力，尽而在尾部的软材料表面形成一个撕裂口。滑移撕裂到 D 点后，接点上的应力得到了暂时的松弛，形成了滑移线 AC，产生了滑移台阶 $C'C$。③再滑移：如图 4-3c 所示，随着运动继续，切应力会再次增大。由于变形硬化的原因，AC 区不会继续滑移，撕裂会向深部和前部发展，于是会沿着 DE 再次滑移，形成新的台阶。④转移。每次新的滑移一般都是发生在连接最薄弱的位置，这会使得连接区域变得越来越小。当撕裂发展到微凸体（或接触）表面时，被硬表面黏着的这部分材料就会脱离母体，形成舌状转移体。

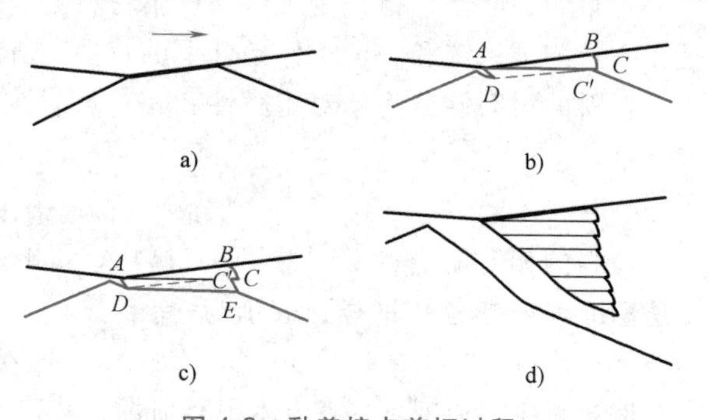

图 4-3　黏着接点剪切过程

a）黏着　b）沿 AC 剪切滑移　c）沿 DE 剪切滑移　d）转移

图 4-4 是黏附碾压过程，过程的前期首先是由接点剪切造成材料的转移，如图 4-4a 所示。由于磨损过程的连续性和时变性，在新一轮运动中，原来的硬表面可能会因为黏着了转移体而成为软表面，而原来的软表面可能会由于变形硬化而成为硬表面，于是会发生反黏附和反转移，如图 4-4b 所示。被反复黏附的转移体可能脱落下来形成自由磨屑，这种微小的自由磨屑，可能再次黏附到摩擦副表面上，也可能团聚成较大的磨屑团粒，如图 4-4c 所示。这种磨屑团粒和两个表面的黏附性要差，不容易被继续黏附，它经过后续运动中的碾压常被压扁。最后，它们从接触区排出，形成真正的材料去除。

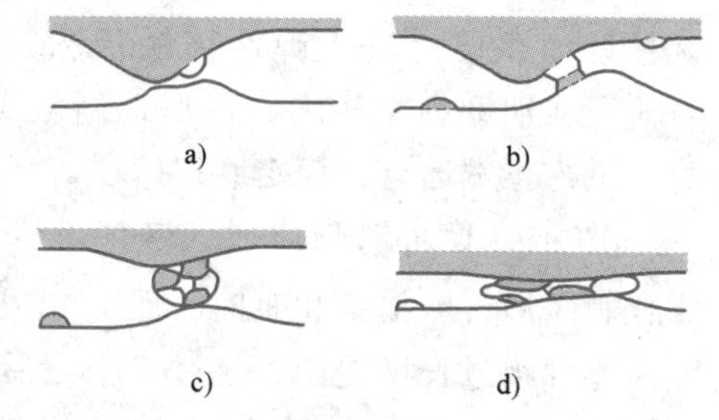

图 4-4　反复黏附与碾压过程

a）转移　b）反黏附　c）团粒　d）压扁

3. 不同程度的黏着磨损

通常，根据磨损表面的破坏程度可以区分下列四种不同程度的黏着磨损。

（1）涂抹　摩擦副强度相差较大，接点的强度比硬金属的强度低，但比软金属的强度高，接点的分离（剪切损坏）发生在离黏着面不远的软金属浅层内，使软金属黏附并涂抹在硬金属表面上，例如锡与铁对磨时常出现这种情况。

（2）擦伤 摩擦副强度相差较小，由于变形硬化，接点的黏结强度比两基体金属都高，接点的分离（剪切损坏）主要发生在较软金属的浅层内，有时硬金属表面也有擦痕。如铜与钢摩擦时，剪切大多发生在铜表层内，但钢表面也残留有少量的小坑或轻微的划痕。

（3）胶合（撕脱或咬焊） 摩擦副强度相差很小，接点强度大于摩擦副的两个基体金属的剪切强度，接点的分离（剪切损坏）发生在摩擦副的一方或两方的较深处。磨损表面上有比擦伤更严重的撕裂或划痕。软钢对软钢就比较容易出现胶合。

（4）咬死 接点的黏结强度比两基体的剪切强度都高，接点长大严重，剪切力低于黏着力，摩擦副的两表面之间黏着面积较大，发热严重，使摩擦表面因局部熔焊而停止相对运动。

通常涂抹和擦伤属于轻微磨损，在机械中属于允许的正常磨损。如果擦伤严重，或产生胶合就属于严重磨损了，这时必须采取措施，否则很容易进一步恶化而出现咬死。

4.2.2 基本规律

1. Archard 方程

美国科学家阿查德（Archard）在 1953 年提出了一个用载荷 P、滑动距离 S 和材料的屈服强度 σ_s 来表示材料体积磨损 V 的黏着磨损计算模型，如图 4-5 所示。该模型假设两接触表面由 n 对半径为 a 的球形微凸体构成，上半球为硬金属，下半球为软金属，当施加一定的载荷 P 时，下半球的材料发生塑性流动并形成接点。

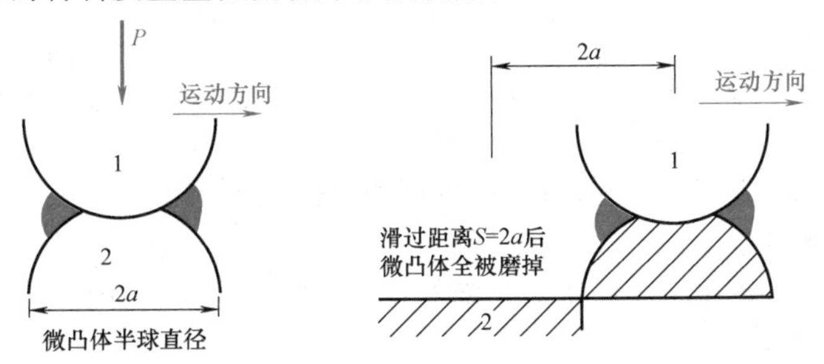

图 4-5 黏着磨损的 Archard 模型

经过距离 $2a$ 的相对运动，切向力会使黏附的软金属微凸体切断，在下表面留下一个干净的平表面。这样，在滑动距离 $S=2a$ 上的磨损体积恰好为 n 个半球

$$\frac{V}{S}=n\frac{1}{3}\pi a^2 \tag{4-3}$$

根据刚塑性假设，载荷 P 等于屈服强度与承载面积的乘积

$$P=n\pi a^2\sigma_s \tag{4-4}$$

于是

$$\frac{V}{S}=\frac{1}{3}\frac{P}{\sigma_s} \tag{4-5}$$

用材料的硬度 $H\approx3\sigma_s$ 代替屈服强度，并考虑黏着过程中要经过多次的黏附与反黏附微凸体才会被去除（磨损掉），一次滑动中只有很小的一部分被去除，于是

$$V=KS\frac{P}{H} \tag{4-6}$$

这就是著名的 Archard 方程，有时也称为 Archard 定律，K 称为磨损系数。它表明磨损量与载荷及滑动距离成正比，与材料硬度成反比。

2. 影响黏着磨损的三个主要因素

第一个主要影响因素是滑动距离。黏着磨损的磨损量与滑动距离成正比，这个规律已经得到了许多实验的证实。对于许多金属材料、非金属材料，在无润滑状态或有润滑状态下，基本上都遵从这种规律。需要说明的是，这个规律成立的前提是磨损机理不发生变化。在整个磨损过程中，初期磨损（跑合）、稳定磨损和剧烈磨损阶段（图 4-2）中，这个规律只能分阶段成立。在磨损机理发生变化时，比如由塑性接触状态转化为弹性接触状态，由轻微擦伤转变为胶合或者从金属直接接触转化为氧化膜接触时，磨损系数都会发生很大变化，磨损量就不再与滑动距离成正比。

第二个主要影响因素是载荷。一般情况下磨损量与载荷成正比。从定性方面讲，这个规律是肯定的；从定量上来讲，只能说在一定载荷范围内，在一阶近似的条件下，磨损量和载荷成正比关系。要特别强调的是一定载荷范围，如图 4-6 所示，对于 $w(\mathrm{C})=0.52\%$ 的中碳钢，在小于 5N 的小载荷下，属于轻微磨损；而大于 10N 后变成严重磨损，磨损率显著上升。对于大多数金属材料，当载荷大于 $H/3$（H 是金属的硬度）时，材料开始整体屈服，磨损率显著上升。

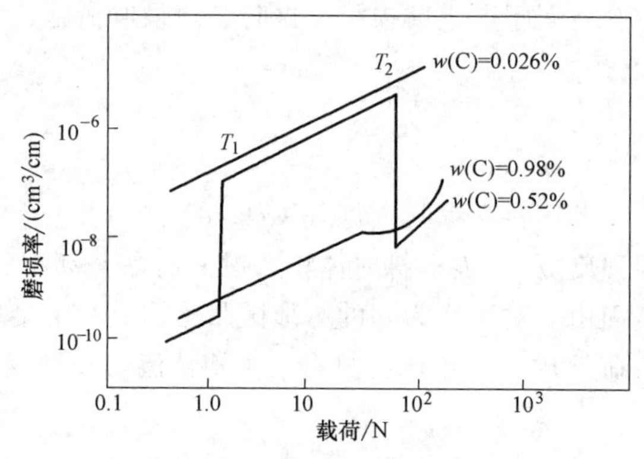

图 4-6 磨损率与载荷的关系

第三个主要影响因素是材料的硬度。一般情况下，材料硬度提高，磨损率下降。即为了降低磨损，可以适当提高材料的硬度。但要特别注意的是，黏着磨损是一对摩擦副的问题，其中一个表面的硬度提高了，它自身的磨损可能会下降，但是这有可能会加速配对副的磨损，例如在轴瓦摩擦副中，切不可为了降低瓦片的磨损而造成轴颈的损伤。因此许多摩擦副都需要有合理的硬度匹配。

4.2.3 其他影响因素

1. 材料因素

材料因素中，配对材料的互溶性（冶金相溶性）对黏着磨损有重要影响。互溶性反映了两种材料（元素）在高温下能够互相溶解的能力，电子结构或晶格结构相同或相近的材料互溶性大。配对材料的互溶性大，当微凸体相互作用时，特别在真空中，容易形成强固的接点，使黏着倾向增大。钢铁对软钢就比较容易发生黏着，而钢铁与塑料或陶瓷之间形成强固黏着接点的倾向很小。

从材料显微组织来看，多相金属比单相金属黏着的可能性小，金属化合物比单相固溶体黏着的可能性小，晶粒粗大的金属材料比细小晶粒的金属材料黏着的可能性小。在实验条件相同的情况下，钢铁中铁素体含量越多，耐磨性越差；含碳量相同时，片状珠光体的耐磨性比粒状珠光体好；由于低温回火马氏体组织的稳定性比淬火马氏体好，因而其耐磨性比淬火马氏体高；尽管贝氏体的硬度比马氏体低，但贝氏体具有优异的耐磨性，其原因在于贝氏体的韧性和变形硬化能力比马氏体好。晶体结构方面，面心立方晶体结构的金属黏着倾向大于密排六方晶体；密排六方晶体结构中，元素的晶格常数比值 c/a 越大，则抗黏着性能越好。

从材料的力学性能来看，脆性材料比塑性材料抗黏着能力强。塑性材料接点的断裂常发生在离表面较深处，磨损下来的颗粒较大；而脆性材料接点破坏处离表面较浅，磨屑通常呈细片状。硬度高的金属较硬度低的金属不容易黏着，当表面的表观接触应力大于较软金属硬度的 1/3 时，很多金属将由轻微磨损转变为严重的黏着磨损，因此选择材料时应使其硬度比表观接触应力大几倍。

2. 温度和 *PV* 值

温度对黏着磨损的影响主要通过三个方面：①通过材料的性能影响磨损。温度越高则硬度越低，发生黏着的可能性越高。在高温下工作的摩擦副（如高温轴承），必须选择热硬性高的材料，如工具钢和以钴、铬、钼为基的合金等。当工作温度超过 850℃时，必须选用金属陶瓷或陶瓷。②通过润滑剂影响磨损。温度升高后，润滑剂先氧化，而后会分解，超过一定极限后就会完全失效。因此高温下必须使用石墨、二硫化钼等固体润滑剂进行润滑。③通过表面膜影响磨损。大多数金属在大气中都覆盖一层氧化膜，氧化膜的厚度和完整性取决于温度。

摩擦过程中产生的热量，可使局部微区的温度升高。当摩擦表面温度升到一定程度后，可以发生一系列的化学变化和物理变化。例如，表面膜破坏，表面发生强烈的氧化，表面发生相变、硬化或软化，甚至于熔化等。为了避免摩擦温升对摩擦副的不利影响，*PV* 值是许多摩擦副设计中要考虑的一个重要参量。*PV* 值是压力与速度的乘积，*P* 是接触比压，*V* 是滑动速度。*PV* 值主要反映摩擦热和温度的影响，耐热性高的摩擦副，*PV* 值高，可以在较高温度下工作。在滑动轴承、滑动导轨、制动副的设计以及部分润滑油和润滑脂的选择中，都要保证 *PV* 值不超过相应的应用极限。

3. 表面膜

（1）氧化膜　在空气中工作的大多数金属表面都覆盖有一层氧化膜，切削加工后表面洁净的金属在空气中不到 5min 就会形成 5～20 个分子层的氧化膜。对于钢铁材料，轻载荷下，氧化膜能减轻摩擦和磨损，表面被磨得很光，磨损轻微；当载荷增大后，氧化膜减磨作用减少，微凸体接点增加，磨屑变为较粗的金属颗粒，磨损表面粗糙，出现严重磨损。从氧化膜的性能看，坚韧并能牢固黏附在基体上的氧化膜才利于减少摩擦和磨损；对于那些脆而硬的氧化膜，如铝的氧化膜，不能防止严重磨损，反而使磨损增加。

（2）边界润滑膜　许多机械是在边界润滑状态下工作的。边界润滑是指两摩擦表面间存在的润滑膜在厚度上不足以防止微凸体接触的一种润滑状态。有些机械虽然设计在完全流体动力润滑状态下工作，但由于润滑膜厚度为速度的函数，在起动和制动时也会出现边界润滑。边界润滑膜能够显著抑制接点生长和减轻磨损，几个分子层厚的边界润滑膜就能使磨损减小到 1/10。在高压下工作的摩擦副，如双曲面齿轮，常在润滑剂中加入极压添加剂，这些添加剂在运转过程中能在金属表面形成金属硫化膜或氯化膜，以防止金属微凸体间的直接接触，并使黏着磨损减轻到容许的程度。

（3）固体润滑膜　用树脂一类的黏结剂将固体润滑剂（石墨、二硫化钼、一氧化铅等）黏在摩擦表面，或将它们制成粉末状放在承受轻载的两表面之间，形成一层覆盖层，这种覆盖层称为固体润滑膜。固体润滑膜能显著减少金属接触点的数量或抑制接点生长，高性能的固体润滑膜有时可以达到流体润滑的效果。在高真空和高温中，因为常规流体润滑剂失效，必须用固体润滑剂来减轻摩擦和磨损。

4.3 磨料磨损

4.3.1 定义和分类

1. 磨料磨损的定义

磨料磨损，也有人称为磨粒磨损（Abrasive Wear）。它一般指硬的磨粒或微凸体在与材料表面相互作用过程中，造成材料表面损耗的现象或过程。磨粒一般是指非金属颗粒，如砂粒、矿石等，挖掘机的斗齿、旋耕机的铧片、刮板输送机溜槽的中板都是典型的磨料磨损易损件。在风沙环境下工作的设备，也难免会有磨粒侵入摩擦副，造成磨料磨损。大气中普遍含有微小的颗粒物，几个微米以上的颗粒物均可能造成磨料磨损。磨损过程中形成的金属磨屑也同样是磨粒，它通常也会造成磨料磨损。这说明磨料磨损是一种普遍的磨损形式。

磨料磨损的关键因素是磨料，磨料具有颗粒性和物料性两个方面。磨粒磨损强调的是磨料的颗粒性，磨粒的大小、形状、粒度、与表面的运动（滑动、滚动、撞击）和作用方式（擦划、挤压）等对磨损都有重要影响，简单的磨料磨损物理模型及数学表达式的建立都是以磨粒或与其等效的微凸体在材料表面划出沟槽来确定材料磨损的。磨料磨损强调的是物料性，磨料的种类、材质、硬度等对磨损更是有重要影响。中国机械工程学会摩擦学分会于1981年的扩大理事会上对摩擦学的名词术语进行了专门讨论，规定磨粒磨损写为“磨料（磨粒）磨损”，后来就简化为“磨料磨损”了。

欧洲经济发展与合作组织（OECD）编写的摩擦学术语词汇中，对磨料磨损所下的定义中还通过附注将磨料冲蚀（Abrasive Erosion）也定义为磨料磨损的一种形式。磨料冲蚀是指流体（液体或气体）中的固体颗粒对材料造成的磨损。研究表明，磨料冲蚀作用与磨料磨损显著不同，它属于冲蚀磨损的研究范畴。

2. 磨料磨损的分类

磨料磨损有多种不同的分类方法。常见的有根据受磨损表面数量分类、根据磨料与材料相对硬度分类、根据磨料的运动方式分类和根据磨料与材料的作用力特点分类等方法，如图4-7所示。

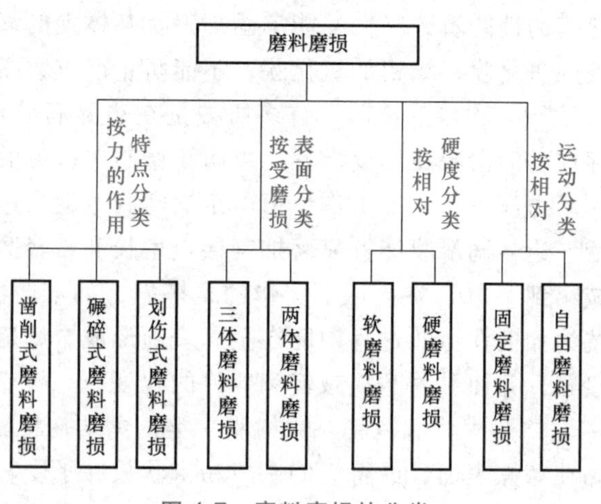

图4-7 磨料磨损的分类

按力的作用特点分，可把磨料磨损分为凿削式磨料磨损、碾碎式磨料磨损和划伤式磨料磨损三类。凿削式磨料磨损一般伴有一定的冲击，如破碎机的齿板、挖掘机的斗齿常遇到凿削式磨料磨损。碾碎式磨料磨损又称高应力磨料磨损，接触区的应力通常超过磨料的抗压强度，磨料在磨损零件表面的同时常伴有严重的破碎，如球磨机的衬板、磨球、磨棒等遇到的就是碾碎式磨料磨损。划伤式磨料磨损又称低应力磨料磨损，这时接触区的应力小于磨料的压溃强度，磨料破碎较少。刮板输送机溜槽、犁铧等受到的就是低应力磨料磨损。

按相对硬度分类，可将磨料磨损分为软磨料磨损和硬磨料磨损。软磨料磨损是指磨料硬度比被磨材料硬度低的情况下的磨损，硬磨料磨损是指磨料硬度比被磨材料硬度高的情况下的磨损。通常以被磨材料硬度 Hm 和磨料硬度 Ha 的相对比值来大致划分，当 $Hm/Ha \geq 0.5 \sim 0.8$ 时为软磨料磨损，$Hm/Ha < 0.5 \sim 0.8$ 时为硬磨料磨损。

根据受磨损表面分类可以将磨料磨损分成两体磨料磨损和三体磨料磨损两类。两体磨料磨损指磨料作用于单个零件的自由外表面而导致的材料磨损，磨损发生在磨料与零件组成的两体之间。犁铧和挖掘机斗齿遇到的主要是两体磨料磨损，在黏着不是很严重的情况下，摩擦副表面的微凸体对配对副的磨损有时也归类于两体磨料磨损。三体磨料磨损指摩擦副之间的介质所含有的磨料造成的磨损，磨损发生在两个摩擦副零件和磨料组成的三体系统中。机械摩擦副遇到的三体磨料磨损比较多。

按磨料的相对运动可以将磨料磨损分为固定磨料磨损和自由磨料磨损。磨料有较大运动自由度，既可以滑动又可以滚动，这种条件下的磨损称为自由磨料磨损。两体磨料磨损多属于自由磨料磨损，三体磨料磨损中只要磨料没有深嵌在某摩擦副表面，一般也属于自由磨料磨损。

4.3.2　机理

1. 磨料磨损的形貌和磨屑特点

磨料磨损的典型磨损表面形貌如图 4-8a 所示。这种形貌的最基本特征就是比较长和比较直的犁削痕迹，它们有点像刨削表面的刀痕，但又没有那么规整，许多情况下更接近于农民犁过的土地，因此这种形貌通常称为犁切（犁沟和切削）形貌。有时磨料磨损中也会出现压坑、塑性流动、撕裂或剥落型的磨损形貌，但通常犁切型的最多。特别在两体磨料磨损中，这种形貌特征最为明显。

典型磨料磨损的磨屑如图 4-8b 所示。这些磨屑看上去和车削或刨削的磨屑非常相似，但它们的尺寸通常只是机械加工磨屑的 1/1000～1/10000。由于微小磨屑收集困难，实际上这里的磨屑只是部分大尺寸的磨屑，小的碎块磨屑应该占很大的比例，在这个图片中没有收集和显示出来。有许多微小的碎块磨屑也是磨料磨损的磨屑区别于机械加工的磨屑的重要特征之一。

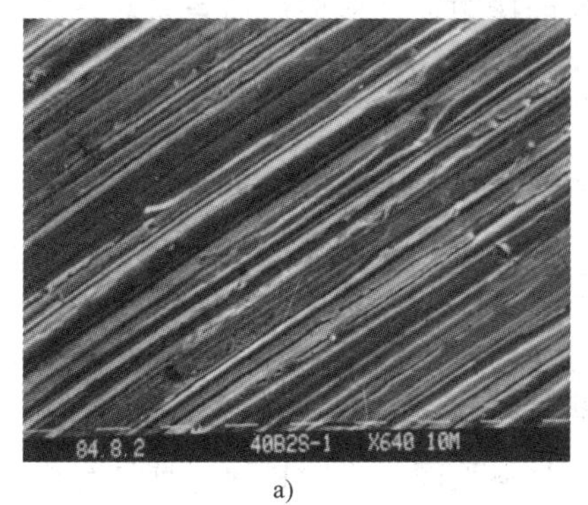

a)

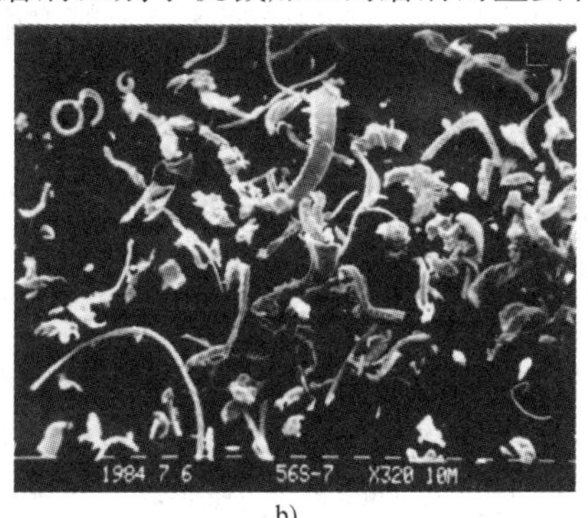

b)

图 4-8　典型的磨料磨损形貌和磨屑

a）表面形貌　b）磨屑

2. 磨料磨损的微犁切机理

为解释磨损过程中材料的去除原理，人们提出了许多设想。这些设想一般不像物理模型那么概念明确，更不像数学模型那么严谨，实际上它只是对不可见磨损过程的一种形象解释，这种模型就叫做磨损机理。

通常认为微犁切是磨料磨损的主要机理。如图 4-9 所示，磨损过程中，磨粒就像一把刀具，在运动过程中对材料表面进行切削。在许多资料中都把这种微犁切称为微切削机理。需要特别强调的是，微犁切所用刀具（磨粒）的前角一般是负的，并且多数情况下负前角还比较大，刀具非常钝。这正是作者使用微犁切以区别微切削的原因所在。

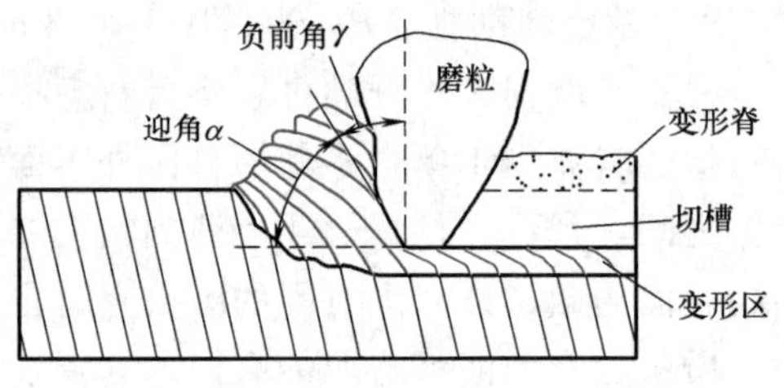

图 4-9　磨料磨损的微犁切机理示意图

由于微犁切磨损过程中，磨粒的切削前角为负，并且负的比较多，多数情况下磨粒在一次擦划过程中只是把材料挤压到沟槽的两边，材料只发生塑性变形，反复犁切和反复塑性变形才是造成材料最终去除的主要原因。

3. 磨料磨损的微犁切模型

拉宾诺维奇（Rabnowicz）依据微切削模型提出了一个磨料磨损的简化模型，导出了磨料磨损的简单定量计算公式。假设有 n 个锥角为 θ 的圆锥形硬磨料在外力作用下对软金属进行微切削，法向外载荷为 W，每个磨粒刺入金属表层的深度为 t，如图 4-10 所示。

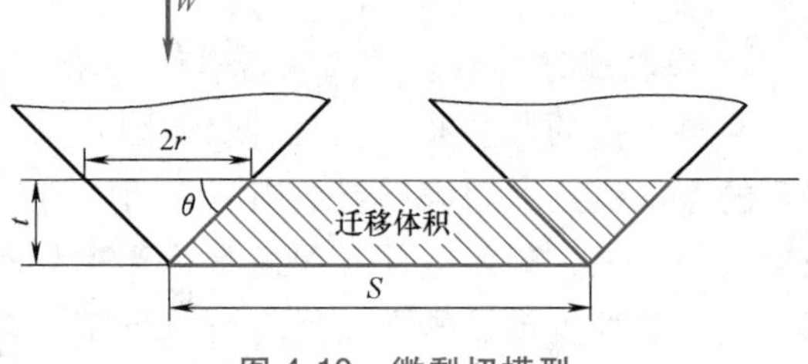

图 4-10　微犁切模型

由于每个磨粒只有前端的半圆承载，根据法向力的平衡关系，每个磨粒上的载荷为

$$\frac{W}{n}=\frac{1}{2}\pi r^2 H \tag{4-7}$$

或

$$r^2=\frac{2}{\pi}\frac{W}{nH} \tag{4-8}$$

式中，H 为材料的硬度。

在水平力作用下，磨粒滑动 S 后，迁移材料的体积（如阴影线所表示）为

$$V=ntrS=nSr^2\tan\theta=\frac{2\tan\theta}{\pi}S\frac{W}{H} \tag{4-9}$$

如果把 $K_{abr}=2\tan\theta/\pi$ 定义为磨料磨损的磨损系数，则磨料磨损可表示为

$$V=K_{abr}S\frac{W}{H} \tag{4-10}$$

这个表达式反映了磨料磨损最基本的规律。在磨料不发生显著变化的情况下，磨损和滑动距离成正比的规律是比较肯定的；磨损和载荷成正比的规律也得到了许多研究者的证实；通常提高硬度对提高耐磨性是有利的，特别是在材料硬度小于磨料硬度且具有相同数量级的情况下（现实中这种情况比较多），提高硬度可以使材料耐磨性显著提高，但当两者硬度差距很大时，提高硬度的作用就不是特别显著。

此外，这个表达式和黏着磨损的 Archard 方程在形式上是一样的，只是磨损系数含义不同。根据磨损实验结果，黏着磨损的磨损系数常在 $10^{-10} \sim 2\times10^{-2}$；三体磨料磨损系数通常为 $10^{-3} \sim 10^{-2}$；而两体磨料磨损系数为 $2\times10^{-2} \sim 2\times10^{-1}$。这些数据说明磨料磨损要比黏着磨损严重许多，而两体磨料磨损中，由于磨粒的滚动受到限制，磨损量要比三体磨料磨损大将近一个数量级。如果我们假设两体磨料磨损中，图 4-10 中的锥角 $\theta=45°$，则磨损系数大约为 0.6，比实际测试中的最大磨损系数要大几倍，这进一步说明材料通常都不是在磨粒的一次切削中去除的，反复犁切和塑性变形才会造成材料的最终去除。

4.3.3　磨料因素的影响

1. 磨料硬度

磨料磨损不仅决定于材料的硬度 Hm，还和磨料硬度 Ha 有密切关系。图 4-11 是用两种不同硬度的磨料，石英砂（硬度约 1100HV）和碳化硅（硬度约 2800HV），对四种不同回火温度（不同硬度）的淬火钢进行实验所得到的实验结果。从图中可以看到，对于石英砂磨料，图中的 ABD 曲线，当材料硬度超过 600HV 以后，相对耐磨性显著提高；而对于碳化硅磨料，图中的 ABC 曲线，基本呈直线关系。这种规律是具有普遍性的，作为一般规律是：当比值 Hm/Ha 超过一定数值后，材料的耐磨性便会迅速提高，磨损量迅速降低。

图 4-12 表示了磨料硬度与材料硬度的比值对相对磨损量和相对耐磨性的影响。由图可知，当 $Ha/Hm \leqslant K_2$ 时，几乎不发生磨损，这种情况下耐磨性接近于无穷大，如果 $Ha/Hm \geqslant K_1$，则相对磨损量接近固定值，几乎与 Ha/Hm 无关。一般情况下，$K_1=1.3\sim1.7$（即 $Hm/Ha=0.77\sim0.59$），$K_2=0.7\sim1.1$（即 $Hm/Ha=1.4\sim0.9$）。当 Ha/Hm 在 K_1 与 K_2 之间时，若材料的硬度略有增加，则其耐磨性增加甚速，这对耐磨材料的选择十分重要。

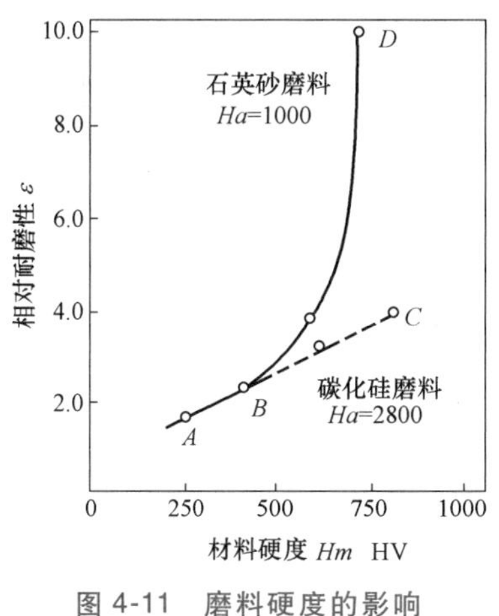

图 4-11　磨料硬度的影响

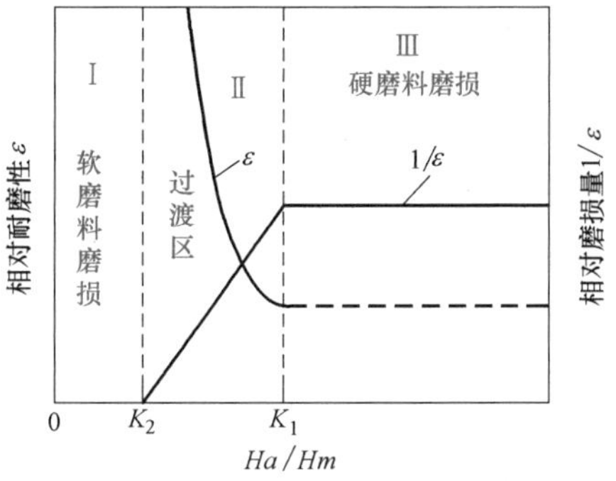

图 4-12　软磨料磨损和硬磨料磨损

通常根据 Hm/Ha 的值将磨料磨损分为硬磨料磨损和软磨料磨损。当 $Hm/Ha \leqslant 0.5\sim0.8$ 时称为硬磨料磨损，此时增加材料的硬度对其耐磨性增加不大。当 $Hm/Ha>0.5\sim0.8$ 时称为软磨料磨损，此时增加材料的硬度 Hm，耐磨性便会迅速地提高。

值得注意的是，决定材料耐磨性的是金属材料表面磨损后的最大硬度 Hu，而不是材料的体性硬度 Hm。高锰钢在无冲击的磨损试验条件下，其耐磨性和硬度与普通钢一样；但在受冲击磨损实验条件下，耐磨性就比普通钢好得多。这是因为高锰钢在不同磨损条件下表层发生变形硬化和相变硬化的程度和范围不同，所得到的最大硬度 Hu 不同，因而具有不同的耐磨性。

2. 磨粒大小

材料磨损量与磨粒大小有关，一般随着磨粒直径的增大而增大，直到达到某一临界尺寸后，大致为 80μm，就不再增大。图 4-13 是拉宾诺维奇在三体磨料磨损条件下得到的实验结果，还有许多研究者也得到过类似结果。

也有人得到的结果是磨粒尺寸较大时，磨损会下降，图 4-14 所示为在流体润滑条件下得到的磨损量随磨粒大小变化的实验结果。当磨粒尺寸大于润滑膜的厚度时，一方面颗粒不再容易进入摩擦副间隙，另一方面进入摩擦副间隙的颗粒也容易被摩擦副压碎变成小颗粒，因此大尺寸颗粒对材料的磨损一般不是很严重。

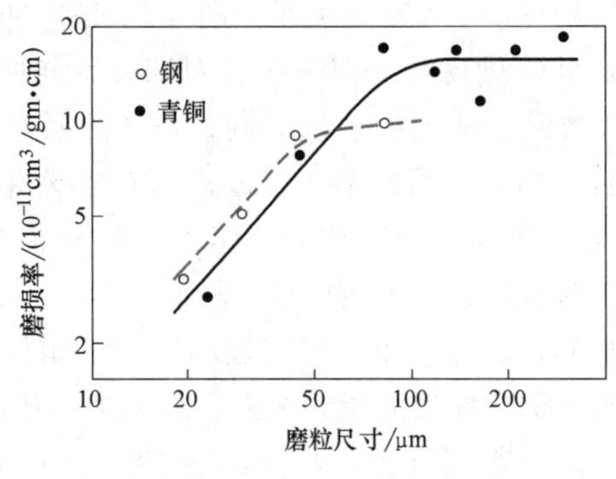

图 4-13　磨粒尺寸对磨损的影响

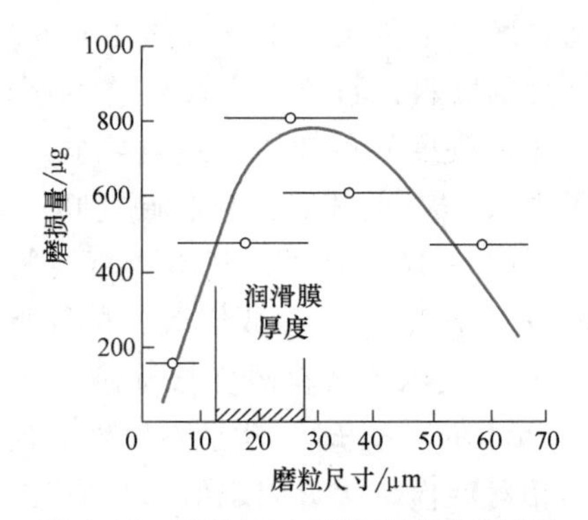

图 4-14　磨粒尺寸对流体磨损的影响

小尺寸的颗粒容易陷入粗糙表面的波谷中，对材料犁切的机会较少，这可能是小尺寸磨粒造成的磨损较小的重要原因，也有人认为可能是小尺寸磨粒承载较小，通常只造成弹性变形因而造成的磨损较小。不管是什么原因，这个规律还是比较普遍的，在考虑润滑油污染磨损时，重点是要考虑那些和润滑膜厚度相当的硬颗粒，滤除它们对降低磨损是非常有效的。

3. 磨粒形状

磨粒形状对磨损也有重要影响，尖锐的磨粒会造成更大的磨损。尖锐的棱角形磨粒将会更多地产生切削，而圆钝的磨粒会更多地造成塑性变形。为了描述磨粒的形状可以使用颗粒圆度等级的分类方法。按照显微镜下的截面形状，把磨粒分为棱角、半棱角、半圆滑、圆滑和很圆滑五个等级，如图 4-15 所示。研究中，可以根据不同的圆度等级进行实验和分析，还可以根据圆度等级来预估磨损的严重程度和选择耐磨材料。

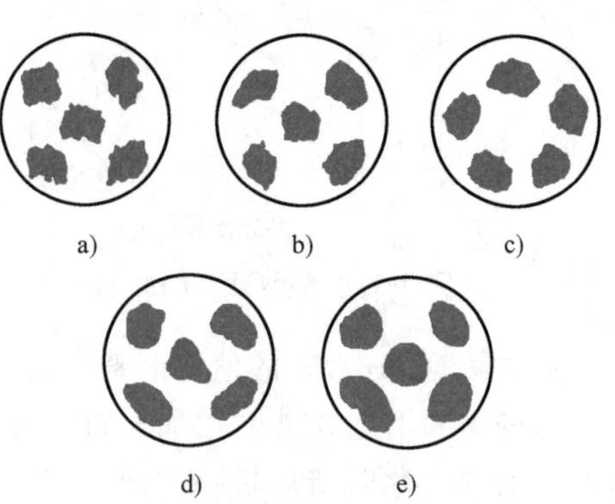

图 4-15　磨料颗粒的圆度等级

a）棱角　b）半棱角　c）半圆滑　d）圆滑　e）很圆滑

有人研究了球顶圆锥压头压入材料表面后滑动时，对材料的磨损情况。如图 4-16 所示，当 w/r 很小时，压头相当于很圆滑的球形颗粒，只产生弹性变形和黏着磨损；当 w/r 在 1.0 左右时，压头相当于圆钝的近球形磨粒，它在表面造成犁沟；当 $w/r>5$ 时，压头相当于尖锐的圆锥形棱角磨粒，它在表面造成切削。

还有研究表明磨损率决定于磨粒前导面与材料表面的夹角 α（迎角，又称攻角），如图 4-16 所示。对于实际磨粒，迎角与磨粒棱角的尖锐程度有关，磨粒越尖，则迎角越大，其正切值越大，磨损率也越大；圆而钝的磨粒，迎角小，压入深度小，只产生浅的犁沟，主要是使材料发生弹塑性变形，把材料推挤到沟槽的两边或前端，不易产生切削效果。

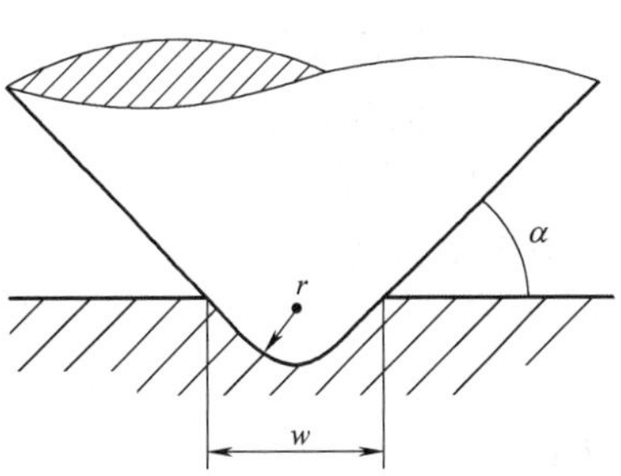

图 4-16　球顶圆锥压入示意图

4.3.4　材料因素的影响

1. 材料的力学性能

材料的表面硬度对磨料磨损的影响很大，研究表明：①退火纯金属的相对耐磨性与硬度成正比，如图 4-17 所示；②淬火回火钢和退火（或正火）钢的耐磨性也都随硬度的增加而增加，但淬火回火钢的增加速度慢，退火（或正火）钢的耐磨性增加速度也不如退火纯金属。

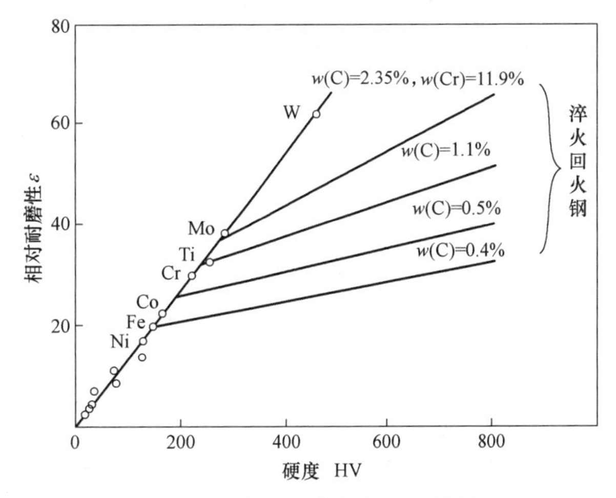

图 4-17　材料相对耐磨性与硬度的关系

经过一定变形程度的冷加工硬化，虽然金属材料硬度可以增加，但是耐磨性并没有因此得到改善，有时反而引起磨损率增大。原因是冷加工硬化使材料发生了一定程度的塑性变形或者"损伤"，硬度虽有所提高，但抵抗变形破坏的能力下降了。不过，金属材料在均匀塑性变形阶段（也称为强化阶段）的应变硬化能力却对磨损有直接的影响，形变强化指数越大，钢的耐磨性越好，高锰钢就是典型的例子。

金属材料常用的强度和韧性指标有抗拉强度㊀ σ_b、屈服强度 σ_s、真实拉伸断裂抗力 S_k、真实剪切断裂抗力 t_k、冲击韧性 a_k 和断裂韧性 K_{IC} 等。无论何种磨损，都存在一个裂纹发生和扩展的过程，因此，断裂强度指标与耐磨性间有更好的相关关系。但材料的抗拉强度 σ_b 最易于从材料手册中查到，并且它通常和断裂强度指标有较好的相关性，所以用 σ_b 近似表示耐磨性对选材是比较方便的。因为金属材料的硬度值与强度值有近似的对应关系，强度对耐磨性的影响与硬度对耐磨性的影响有相同的趋势。

2. 材料的成分

金属材料的化学成分和热处理状态决定了它们的组织和性能。以铁基材料为例，它的耐磨性与化学成分和微观组织有关。对一定组织类型的钢，它们的耐磨性随含碳量增加而增加，如图 4-18 所示。对于淬火和回火钢，碳是影响最大的元素，因为马氏体的硬度主要决定于含碳量。对于珠光体类钢，随着碳含量的增加，硬度较高的碳化物的数量增加，也使耐磨性增加，但过共析钢的增加量较小，这是因为过共析钢的碳含量增加后能够形成连续的网状

㊀ 为了描述方便，本书仍使用旧国家标准。

碳化物。形成碳化物的元素能使耐磨性增加，但增加量取决于碳化物的类型、大小、形状和分布等。其他合金元素对钢的耐磨性的影响没有碳元素的影响那么大。

3. 材料的基体组织

对于钢铁材料，基体组织对材料耐磨性的影响按铁素体、珠光体、贝氏体、马氏体的顺序依次递增。图 4-19 是韧性铸铁不同基体组织的耐磨性。由于马氏体硬度最高，故最高耐磨性属于马氏体及回火马氏体。但若硬度相同，则等温转变的贝氏体比马氏体要好得多。贝氏体组织中一般含有 20%的残余奥氏体，为马氏体组织的 3~4 倍，贝氏体中的残余奥氏体既属于韧性基体，又能在磨损过程中转变为马氏体，对提高耐磨性十分有利。

由于硬度低，单纯的奥氏体组织很不耐磨。较硬基体中的残余奥氏体由于稳定性低，在磨损过程中容易转变为高硬度的马氏体，所以对提高耐磨性有利。但残余奥氏体量一般不宜超过 20%~50%，含量太高时因整体硬度下降也不利于提高耐磨性。

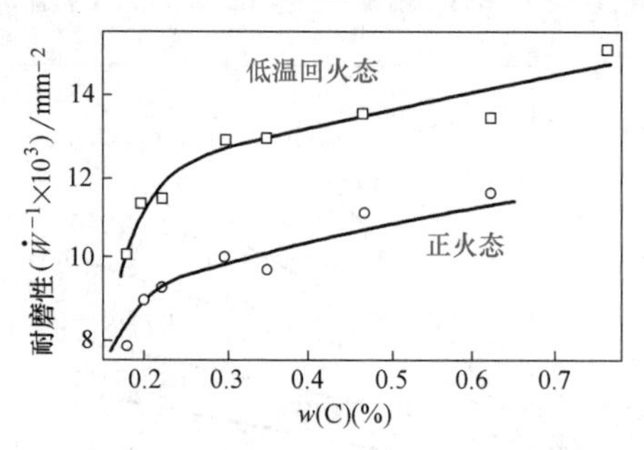

图 4-18　含碳量对钢的耐磨性的影响

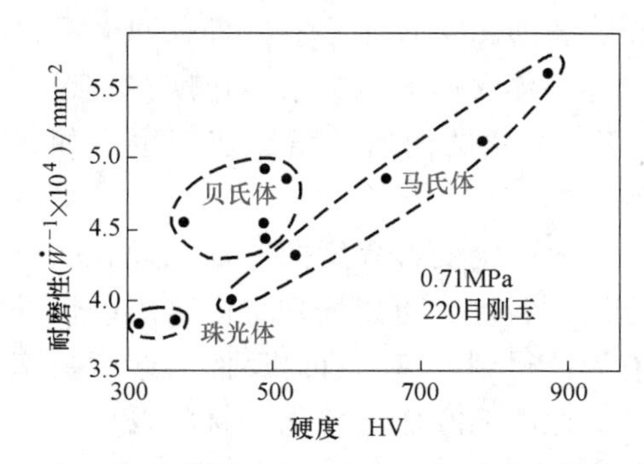

图 4-19　韧性铸铁的不同基体组织对耐磨性的影响

4. 材料中的碳化物

耐磨钢铁材料大多数是含有碳化物相的多相材料，碳化物相在某种程度上对耐磨性起决定性作用。不同类型的碳化物对材料耐磨性的影响不同，同一类型的碳化物也会因含量、形态和分布情况的不同而对耐磨性产生不同的影响。

碳化物的含量通常有一最佳值。用高碳高铬钢［w(C)= 1.4%~2.0%，w(Cr)= 12%~18%和 w(Mo)= 2.5%］和高铬合金白口铸铁［w(C)= 2.6%~3.8%，w(Cr)= 17%~26%，w(Mo)= 2.5%和 w(Cu)= 1.0%］，在橡胶轮磨损试验机上用湿石英砂进行磨损试验的结果表明，材料磨损量随碳化物体积分数的增加而下降。碳化物最佳质量分数为 30%左右，碳化物含量再增加，磨损又会增大，如图 4-20 所示。

碳化物的形态和分布对耐磨性的影响方面，如果碳化物沿晶界析出成网，则对耐磨性不利，因为其晶界上的网状碳化物容易促进裂纹扩展；如果含有大量树枝状一次碳化物，对材料的耐磨性也不好。为了改善显微组织中碳化物这种不理想的形态和分布，应该选择适当的铸造工艺，或者进行适当热处理，消除晶界上网状碳化物和树枝状一次碳化物。

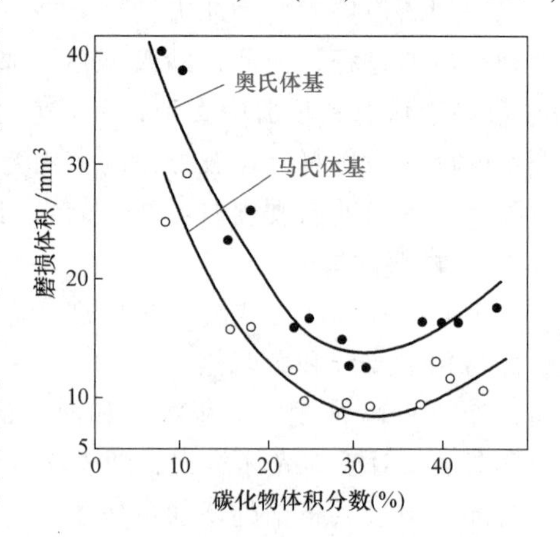

图 4-20　碳化物体积分数对磨损体积的影响

4.4　冲蚀磨损

4.4.1　冲蚀磨损及其规律

1. 冲蚀磨损

冲蚀磨损（Erosion 或 Erosive Wear）是指流体或固体粒子以一定速度和角度对材料表面进行冲击所造成的表面材料流失的现象。冲蚀磨损中，粒子（磨粒流）以一定冲蚀（击）速度对试样（靶材）表面的冲击是造成材料流失的主要原因，磨粒流与试样表面之间的夹角 α 称为冲蚀角度，简称冲角。粒子冲击表面时的速度称为冲蚀速度，如图 4-21 所示。

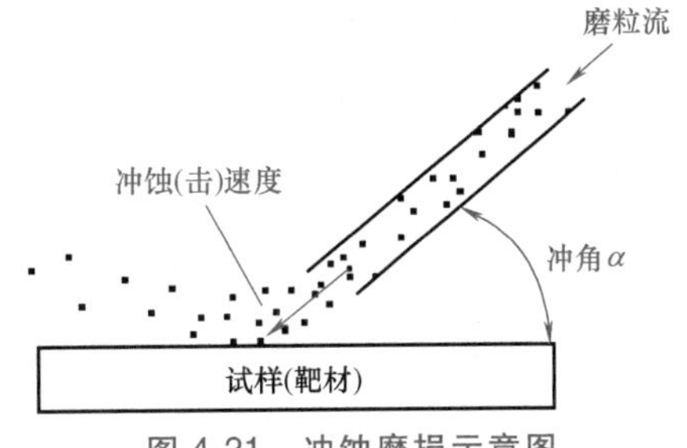

图 4-21　冲蚀磨损示意图

工业生产中存在大量的冲蚀磨损现象，如锅炉管道中煤粉和烟气灰尘等对管壁的冲蚀，砂粒对喷砂机喷嘴的冲蚀，管道中流体和物料对管壁的冲蚀，泥沙对水泵、水轮机过流元件和船舶螺旋桨叶片等的冲蚀，飞机的桨叶、外壳受雨滴和尘埃颗粒的冲蚀等。广义地说，大自然的风雨沙尘对建筑物和地形地貌产生的破坏作用也都是冲蚀磨损。

根据流体介质和粒子（固体粒子、液滴、气泡等）不同，冲蚀磨损可以分为气固冲蚀磨损、浆体冲蚀磨损、液滴冲蚀磨损和气蚀磨损等。由气体携带的固体粒子对表面造成的冲蚀磨损称为气固冲蚀磨损，砂粒对喷砂机喷嘴的冲蚀磨损就是气固冲蚀磨损。由液体携带着的固体粒子对表面造成的冲蚀磨损称为浆体冲蚀磨损，泥沙对水泵、水轮机过流元件和船舶螺旋桨叶片等的磨损属于浆体冲蚀磨损。液滴冲蚀由液体颗粒液滴对表面冲击造成的，飞行器在雨天飞行时受雨滴的冲蚀磨损。气蚀是液体中夹杂的气泡对表面的破坏作用，水泵和水轮机过流元件有时是以气蚀磨损为主。

材料的冲蚀磨损常用冲蚀（磨损）率来表示，它的定义是单位重量的磨料所造成的材料质量（或体积）损失，即：

$$\text{冲蚀磨损率}\ \varepsilon=\frac{\text{材料的冲蚀磨损量(mg 或 mm}^3)}{\text{磨料质量(g)}}$$

2. 冲蚀速度和角度的影响

因为冲蚀磨损与磨粒的动能有直接的关系，冲蚀速度对冲蚀磨损的影响非常大。许多研究表明，冲蚀磨损率与磨粒的速度 v 呈指数关系：

$$\varepsilon=Kv^n \tag{4-11}$$

式中，K 是常数；v 是磨粒的冲蚀速度；n 是速度指数，一般情况下 $n=2\sim3$，延性材料波动较小，$n=2.3\sim2.4$，脆性材料波动较大，$n=2.2\sim6.5$。

冲击速度与冲蚀磨损率如图 4-22 所示，比特（J. G. A. Bitter）认为存在一个速度门坎值，低于这个数值则不产生冲蚀磨损，只发生弹性变形。例如铁球冲蚀低碳钢的速度门坎值是 0.67m/s。蒂利（G. P. Tilly）还提出速度门坎值与磨粒大小有关。例如直径为 225μm 的石英冲蚀 $w(\mathrm{Cr})=11\%$ 钢的速度门坎值为 2.7m/s。

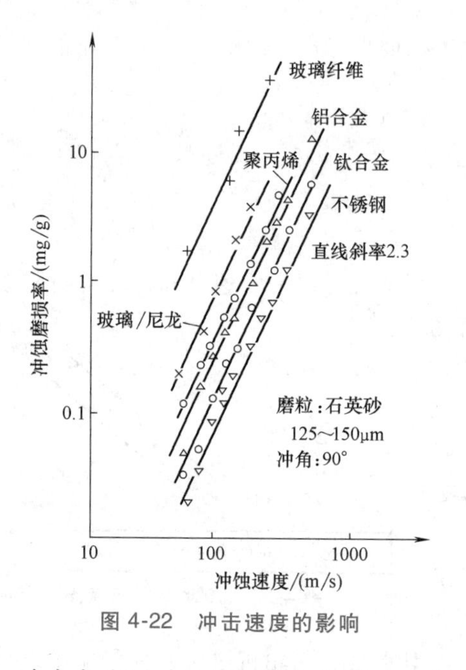

图 4-22　冲击速度的影响

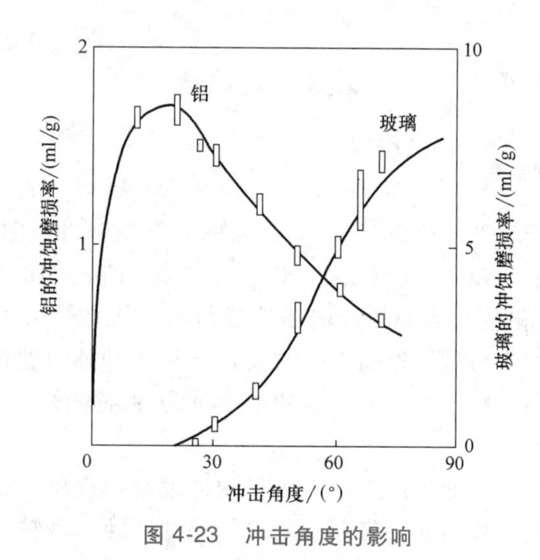

图 4-23　冲击角度的影响

冲击角度对冲蚀磨损有一定影响，并且对韧性材料的影响和脆性材料的影响不同，如图 4-23 所示。对于韧性材料，最大冲蚀磨损率出现在较低的冲击角度下，通常小于 60°，而对于脆性材料，最大冲蚀磨损率出现在 90°下。

冲击角度对靶材的冲蚀磨损机理有很大影响。小角度冲蚀时，磨损机理以微切削和犁沟为主，尖锐磨粒尤其如此。高角度冲蚀时，延性材料起初表现为凿坑和塑性挤出，经多次冲击，反复变形和疲劳，引起断裂与剥落。脆性材料在大尺寸磨粒和大冲击能量的垂直冲击下，以产生环形裂纹和脆性剥落为主，有时一次冲击就能使材料流失。但在小尺寸磨粒、冲击能量较小时，则可能呈现延性材料的特征。

3. 磨料和材料的影响

磨料是造成冲蚀磨损的重要原因，磨料性能对冲蚀磨损有重要影响。如图 4-24 所示，一般认为硬磨料会造成更大的磨损。但这种直线关系应该是有条件的，只有磨料硬度远大于材料硬度时才成立，软磨料的冲蚀磨损不决定于磨料的硬度。

在磨粒尺寸方面的研究表明，小尺寸磨料造成的冲蚀磨损较小，而较大尺寸的磨料（100μm 以上）一般也不会造成更大的磨损，如图 4-25 所示。

磨粒形状方面，一般认为尖锐磨粒容易产生切削作用，因此会造成更大的磨损。对于比较容易破碎的磨料，磨粒破碎会产生尖锐的棱角形磨粒，因此造成的磨损会大一些。形状和破碎的问题因为不好定量描述，因此只有一个定性的规律。

材料性能对冲蚀磨损应该是有重要影响的，但影响规律比较复杂。从耐磨的角度首先考虑的是硬度，图 4-26 所示为材料硬度对冲蚀磨损的影响。对于纯金属，材料的冲蚀磨损耐磨性与硬度成正比，对于淬火钢，提高硬度，对材料的冲蚀耐磨性并无益处。实际上材料抵抗冲蚀磨损的能力不仅取决于硬度，材料的韧性，特别是材料经反复塑性变形而不发生破坏的能力，在冲蚀磨损中起特别重要的作用。而提高硬度的热处理通常会使材料韧性降低，因此这种提高硬度的方法对提高冲蚀磨损耐磨性没有益处。

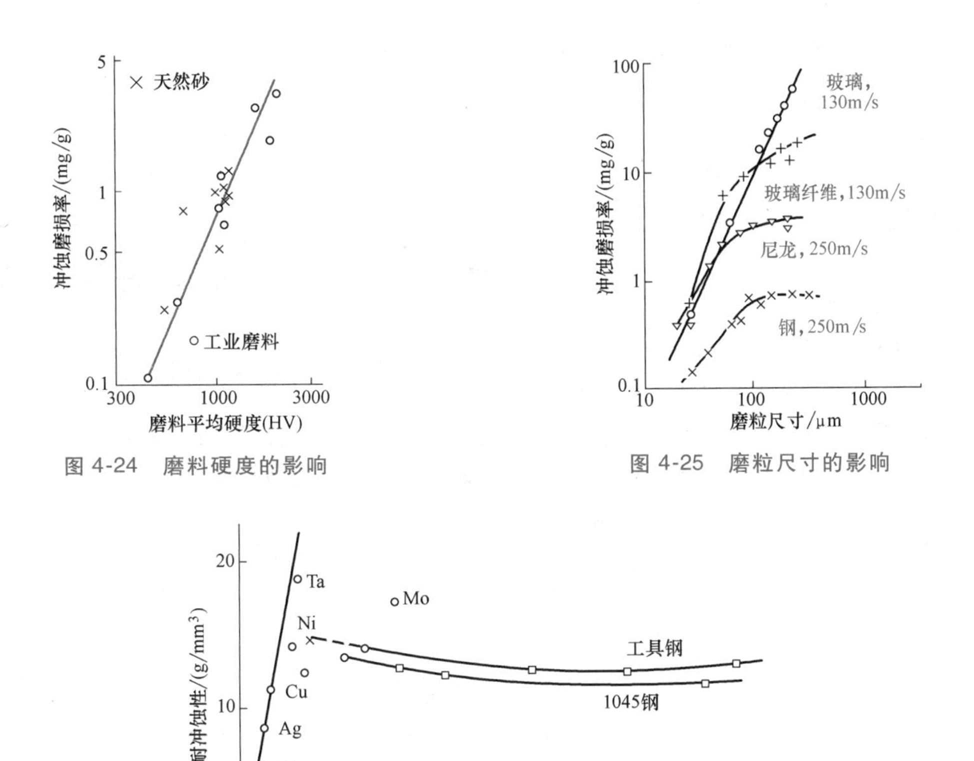

图 4-24 磨料硬度的影响

图 4-25 磨粒尺寸的影响

图 4-26 硬度对冲蚀磨损的影响

4.4.2 冲蚀磨损的机理研究

1. 微切削理论

芬尼（Finnie. I.）于 1958 年首先提出延性材料冲蚀磨损的微切削理论，其物理模型如图 4-27 所示。他认为磨粒就如微型刀具，当它划过靶材表面时，便把材料切除而产生磨损。该模型假设质量为 m 的磨粒，以一定速度 v、冲角 α 冲击靶材表面。由理论分析可得出靶材的磨损体积为

$$V=K\frac{mv^2}{p}f(\alpha) \tag{4-12}$$

$$f(\alpha)=\begin{cases}\sin2\alpha-3\sin^2\alpha & \alpha\leqslant18.5^\circ\\ \dfrac{\cos^2\alpha}{3} & \alpha>18.5^\circ\end{cases} \tag{4-13}$$

式中，m 为冲蚀磨粒的质量；v 为磨粒的冲蚀速度；V 为靶材的磨损体积；p 为靶材的屈服强度；α 为磨粒的冲角；K 为常数。

该理论计算式显示，材料的磨损体积与磨粒的质量和速度的平方（即磨粒的动能）成正比，与冲角 α 成一定的函数关系，较小冲角下磨损比较大，较大冲角下磨损较小。这些

规律与韧性材料的冲蚀磨损规律比较接近。它预测磨损与靶材的屈服强度成反比，这有一定的合理性，但没考虑材料韧性的影响。该理论预测 90°冲角下磨损为零，这显然是错误的。关键问题是它忽略了变形造成的磨损。

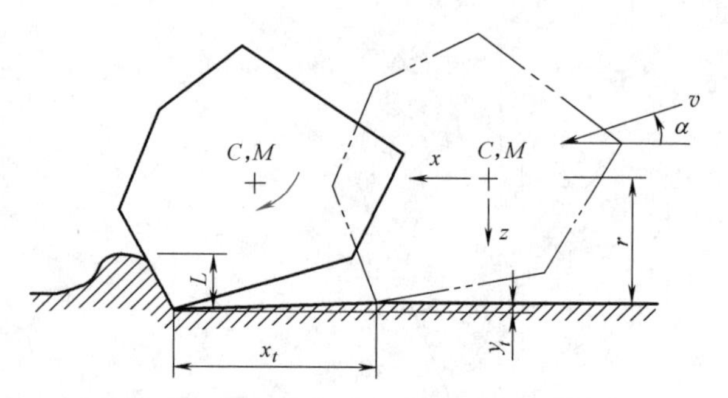

图 4-27　延性材料冲蚀磨损的微切削模型

2. 变形磨损理论

比特（J. G. A. Bitter）于 1963 年提出把冲蚀磨损分为变形磨损与切削磨损两部分。他认为 90°冲角下的冲蚀磨损和粒子冲击时靶材的变形有关，并在此基础上提出变形磨损理论。他从能量的观点出发，推导出变形磨损量 W_D 和切削磨损量 W_C 分别为

$$W_D = m(v\sin\alpha - K)^2/2\varepsilon \tag{4-14}$$

$$W_C = \begin{cases} W_{C1} = \dfrac{2mC(v\sin\alpha-K)^2}{(v\sin\alpha)^{1/2}} \times \left(v\sin\alpha - \dfrac{C(v\sin\alpha-K)^2}{(v\sin\alpha)^{1/2}}Q\right) & \alpha \leqslant \alpha_0 \\ W_{C2} = \dfrac{m}{2Q}\left[v^2\cos^2\alpha - K_1(v\sin\alpha-K)^{3/2}\right] & \alpha > \alpha_0 \end{cases} \tag{4-15}$$

式中，m 是冲击磨粒的质量；v 是磨粒的速度；α 是冲角；ε 是变形磨损系数；Q 是切削磨损系数；α_0 是 $W_{C1}=W_{C2}$ 时的冲角；C、K、K_1 是常数。

总磨损量 W 的表达式为：

$$W = W_D + W_C \tag{4-16}$$

这个理论的成功之处在于它提出了因变形而造成磨损的机理，这种机理后来得到了许多实验证实。但它使用了许多物理意义不明确的常数，使公式失去了原有的理论意义。

3. 冲蚀磨损的低周疲劳模型

作者于 1987 年提出一个冲蚀磨损的低周疲劳模型。该模型认为粒子冲击会在材料表面造成一定体积 V_d 的变形，假设这部分材料的平均变形量为 ε_p，而材料的临界变形量为 ε_c，如果平均变形量大于临界变形量，材料会在一次冲击中被完全去除；如果平均变形量小于临界变形量，材料只是挤出到前方或两侧形成变形挤出唇，如图 4-28 所示，这些挤出唇要经历更多的冲击和变形才会被去除。那么冲蚀磨损量 ΔV 可以表示为：

$$\Delta V = \delta(V_d, \varepsilon_p, \varepsilon_c) \tag{4-17}$$

即材料的磨损是变形体积、平均变形量和临界变形量的函数。硬度高，变形体积小，变形量小，可以减少磨损；同时，如果材料抵抗变形破坏的能力好，临界变形量大，可以经受很大变形而不产生破坏也可以减少磨损。对于抵抗冲蚀磨损来说，硬度和韧性都是具有重要作用的材料因素，并且后者的作用更加突出。

准确计算变形体积和变形量是比较复杂和比较困难的，但定性分析，变形体积（压坑体积）随冲击角度的增大而上升，变形量随冲击角度的增加而急剧下降，如图 4-28 所示。对于抵抗变形破坏能力很差的脆性材料，冲击变形大于其断裂应变时材料会脆性崩裂，高角度下变形体积大，磨损量大；对于韧性比较大的材料，在较低的冲击角度下冲击变形大，将会产生微切削磨损而使磨损量增大；而在更低角度下由于变形体积很小，磨损下降，于是在变形磨损和切削磨损的转化区会出现最大磨损。

4.4.3　浆体冲蚀磨损

1. 浆体中流体的三个重要作用

浆体冲蚀磨损与气固冲蚀磨损的最大区别在于携带颗粒的流体介质不同。与气体相比，液体的黏稠性要大得多，这种黏稠性使介质在浆体冲蚀磨损中发挥了重要作用，主要体现在三个方面，即铺展作用、阻尼作用和冲刷作用。

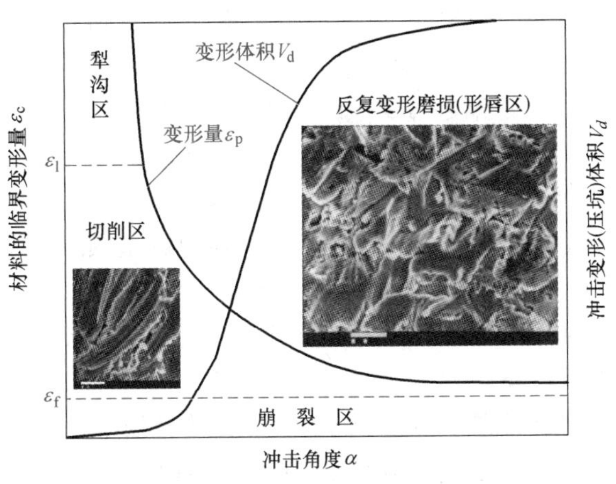

图 4-28　冲蚀磨损机理转化图

根据流体力学理论，一束流体冲击在材料表面，流体将沿着材料表面铺展，如图 4-29 所示。在浆体冲蚀磨损中，由于流体的黏性较大，磨粒的运动方向将向流体运动的方向偏斜。沿 v_1 方向偏斜的那部分磨粒的实际冲角将比名义冲角小，而沿 v_2 方向运动的那部分磨粒的实际冲角将比名义冲角大。据计算

$$d_1/d=(1+\cos\alpha)/2 \tag{4-18}$$

$$d_2/d=(1-\cos\alpha)/2 \tag{4-19}$$

因此，除 90°外，在各种冲角下总是沿 v_1 方向偏斜的磨粒居多，所以铺展作用的综合效应是使大多数磨粒的实际冲角减小。

由于流体的连续性，材料表面总覆盖着一层流体，浆体中的颗粒要冲击材料表面就必须穿过这层流体，流体层对冲击粒子有重要的黏性阻尼作用，它使颗粒的冲击速度下降，冲击力减小，这就是黏性流体的阻尼作用。

黏性液体的冲刷作用会比气体大得多，这种冲刷作用对磨损有重要影响。我们知道，压坑和反复变形是冲蚀磨损的主要机理，在浆体冲蚀磨损中，由于冲刷作用容易把变形挤出唇冲刷掉，因而会加速磨损。对于延性较高的材料这种作用尤其突出。

2. 浆体冲蚀磨损的三个主要特点

如图 4-30 所示，在冲击角度对延性金属的浆体冲蚀磨损影响曲线上通常会出现一个极大值 ε_{max} 和一个最小值 ε_{min}。这主要是由于浆体铺展作用引起的，小角度下铺展使实际冲

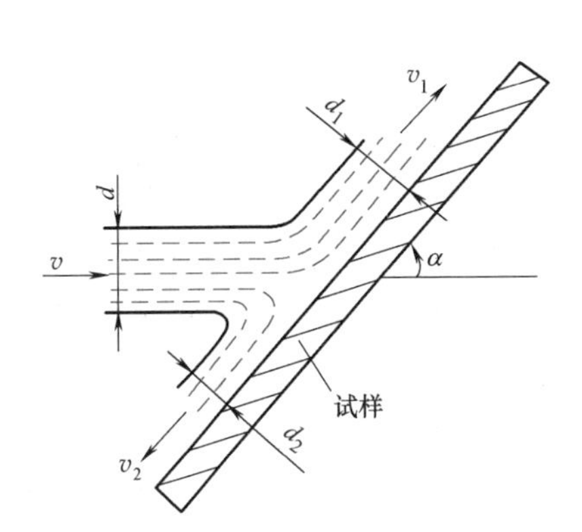

图 4-29　浆体冲击材料表面的铺展作用示意图

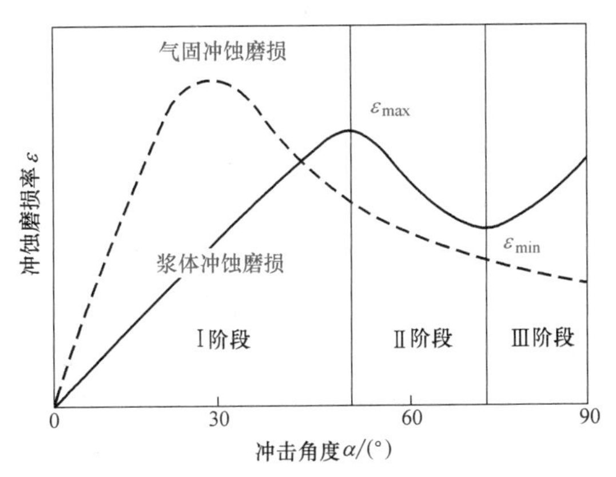

图 4-30　冲角对浆体冲蚀磨损的影响

击角度减小，出现最大冲蚀的名义角度增加；高角度下 v_2 方向的逆向流增加，实际冲击角度快速上升，并逐渐超过90°而使磨损率回升。

在浆体冲蚀磨损中，由于磨粒受到流体的黏性阻力，而使磨粒减速，这会影响到速度指数（公式（4-11））。实验表明，浆体冲蚀磨损的速度指数比气固冲蚀磨损要小，小角度（<75°）下速度指数 n 为1.87~2.12，较大的冲击角度下，n 为2.17~2.48。

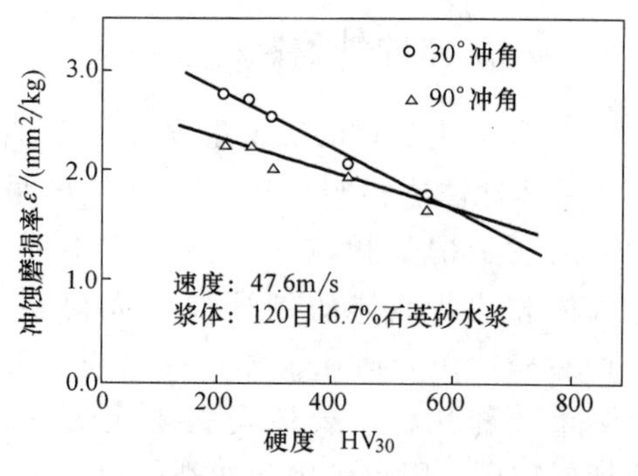

图 4-31　不同热处理 45 钢的浆体冲蚀磨损

研究表明，浆体冲蚀磨损与材料硬度有很大的关系，随着材料硬度的提高，冲蚀磨损率降低，如图 4-31 所示。浆体冲蚀磨损时，材料的延性所起的作用不像气固冲蚀磨损那样重要，这是由于浆体冲蚀磨损时，材料表面的变形挤出唇或凸起容易被浆体冲刷作用去掉。所以材料硬度的影响更大，而延性的作用相对较小。

4.4.4　气蚀和液滴冲蚀

1. 气蚀

液体流动时由于局部压力下降形成气泡（或空泡），随后液流夹带着这些气泡流经高压区时，气泡发生溃灭。由于不断溃灭的气泡产生的高压强以及溃灭时微射流的反复冲击作用，使材料表面产生破坏的现象称为气蚀（或空蚀）磨损。水轮机叶片、高速螺旋桨、阀门、管路、水冷发动机缸套、水工泄水建筑物等常遭受气蚀磨损。除水以外，其他液体也会造成气蚀磨损，如油泵或轴瓦中的润滑油选择使用不当就会造成气蚀，原子能电站中的液态金属以及飞行器中的液态氢等也可能造成气蚀。

气蚀磨损主要由气泡形成、气泡破裂、塑性变形、疲劳裂纹扩展和断裂等基本环节组成。由于是以塑性变形和裂纹扩展为核心，气蚀过程通常经历孕育、发展、稳定、破坏四个阶段，只有在经历一段孕育期的塑性变形积累后才开始出现裂纹，裂纹扩展断裂后才会出现显著的磨损。在裂纹扩展和断裂过程中，腐蚀性环境加速破坏过程。气蚀磨损的表面破坏形式初期主要是材料表面局部出现圆形或椭圆形深浅不同的凹坑和麻点，后期的表面形貌通常呈蜂窝状，并有显著的裂纹和剥落。

预防气蚀磨损的主要措施有三项。首先是抑制气泡形成，形成气泡的过程也称为空化，是气蚀的起因，通过改变液体的流动或界面状态来避免气泡形成是预防气蚀的有效手段。一方面应使在液体中运动的表面具有流线形，避免局部地方出现漩涡，因为漩涡流区压力低，容易产生气泡。另一方面减少液体中的含气量和液体流动中的扰动也可以阻止气泡的形成。其次是减少塑性变形，采用高弹性模量、高硬度的材料如 WC、TiN 之类的涂层材料在抗气蚀方面是有效的。但通过热处理来提高硬度，由于损失了材料的韧性，效果往往不太理想。第三项措施是降低环境的腐蚀性或提高材料的耐蚀性，在工作液体造成的气蚀方面可以通过加入抗腐蚀添加剂来减轻气蚀磨损，采用耐腐蚀性比较好的材料是工程上比较常用的方法。

2. 液滴冲蚀

液滴或连续射流冲击材料表面产生的磨损称为液滴冲蚀磨损。如气轮机末级叶片受蒸汽携带的水滴的冲蚀；高速飞行的飞机、火箭、飞行器等受到暴雨的冲蚀等。图 4-32 是铸造斯太利（Stellite）合金水滴冲蚀磨损的表面形貌。

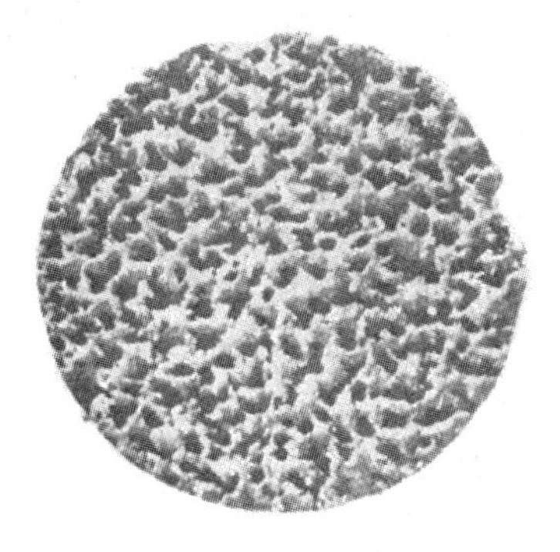

图 4-32　铸造斯太利（Stellite）合金水滴冲蚀磨损形貌

液滴冲蚀的破坏过程如图 4-33 所示。图 4-33a 受液滴冲击，材料表面产生凹坑或环形裂纹；图 4-33b 高速液流沿径向流动，与材料表面凸峰点相切而产生裂纹；图 4-33c 随后高速液流剪切另一凸峰点而产生裂纹；图 4-33d 由于冲击波引起的高能量微射流作用，使冲击区深的点坑加速破坏。

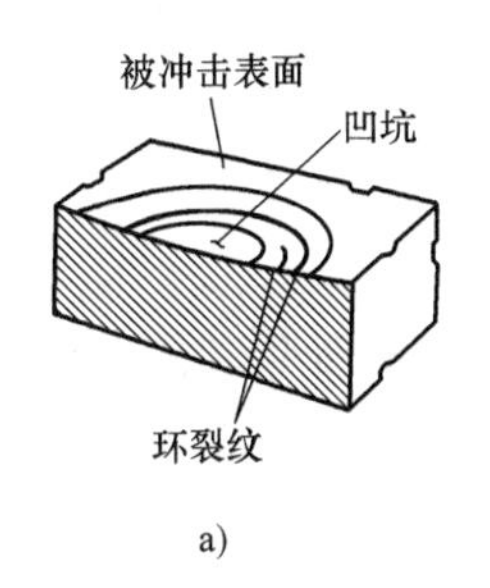

a)

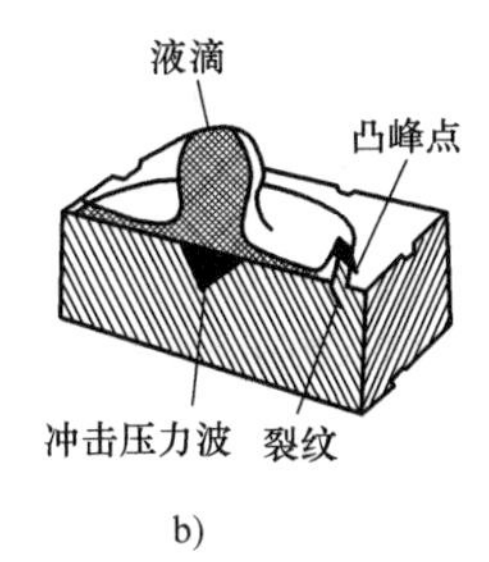

b)

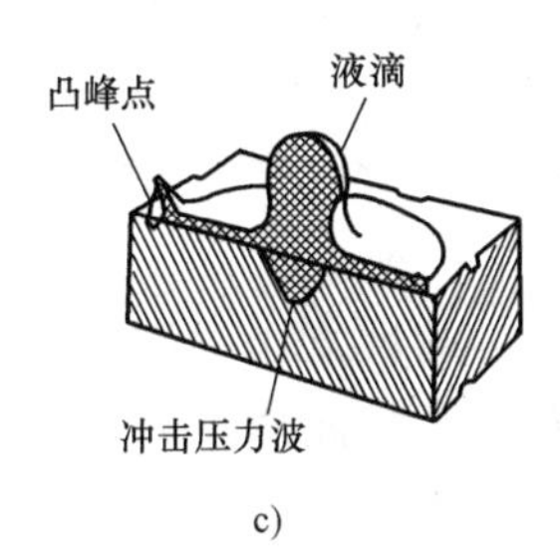

c)

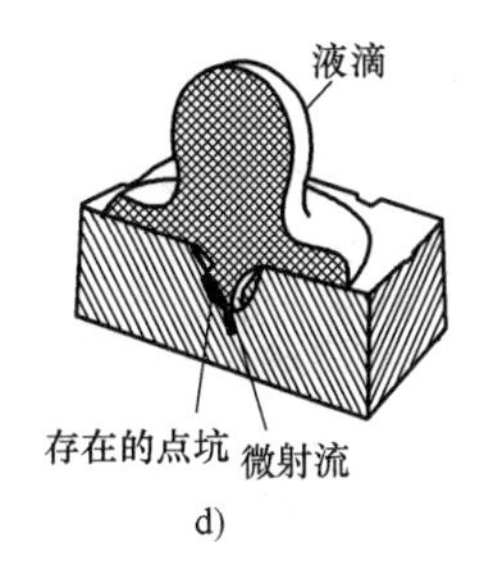

d)

图 4-33　液滴冲蚀的破坏过程

冲击速度和冲击角度是影响液滴冲蚀的重要参数，一般认为：

$$\varepsilon = k(v\cos\alpha - v_c)^n \tag{4-20}$$

式中，ε 是冲蚀磨损率；k 是比例系数；v 是冲击速度；v_c 是临界冲击速度；n 是速度指数。临界冲击速度和液滴直径 d 的大小有关；$v_c^2 d$ = 常数。

4.5　疲劳磨损、腐蚀磨损和微动磨损

4.5.1　疲劳磨损

1. 基本概念

齿轮、滚动轴承、凸轮、车轮等机器零件在滚动或滑动时，由于接触应力的反复作用而引起表面疲劳剥落的现象，称为接触疲劳磨损或简称疲劳磨损。疲劳磨损和整体疲劳破坏都和疲劳有关，但它们有很大区别。首先是局部和整体的区别，通常疲劳磨损发生在表面的局部接触区域，有可能在整体宏观应力远小于疲劳强度的情况下发生。其次是疲劳磨损不存在最低门限，材料的整体疲劳强度有极限，当循环应力小于疲劳极限时就不会发生疲劳破坏；而疲劳磨损是没有类似极限的，在非常低的宏观接触应力下就可能发生疲劳磨损。此外，疲劳裂纹萌生的位置不同，整体疲劳的疲劳裂纹通常从表面开始，而疲劳磨损的裂纹源有可能始于表面，也可能在表面下的亚表层开始。

疲劳磨损失效的主要形式是点蚀和剥落。点蚀就是在原来光滑的接触表面上产生深浅不

同的凹坑（也称麻点）。点蚀裂纹一般从表面开始，向内倾斜扩展，然后折向表面，裂纹以上的材料折断脱落下来即形成点蚀，因此点蚀坑的表面形貌常为“扇形”。点蚀一般是微观接触应力造成的。由于加工表面不可能绝对光滑，在机械零件使用初期，微观接触应力的分布通常是不均匀的，在跑合过程中就有可能形成初期点蚀。随着跑合过程的继续，微观接触应力的分布逐渐趋于均匀，初期点蚀不再继续发展。这种初期点蚀也叫非扩展性点蚀，属于使用中允许的疲劳磨损。如果点蚀坑不断扩大或连成一片，那就说明接触应力一直比较大，点蚀破坏在不断发展，这种点蚀就属于扩展性点蚀，必须采取措施予以阻止。

剥落是表面上产生较大面积的剥落坑。剥落裂纹一般从亚表层开始，沿与表面平行的方向扩展，最后形成深度较浅的片状剥落坑。剥落通常是由于宏观接触应力造成的，一旦出现就必须采取措施，否则会持续发展，直至零件失效。

由于疲劳磨损和接触应力的反复作用有关，并且孕育期长、重量损失微小，因此，疲劳磨损的评定指标一般不用磨损失重或体积迁移量表示，而是用在某一定接触应力下，接触元件的循环周次（即疲劳寿命）来表示。在达到临界循环次数之前，疲劳磨损不是很明显，这与黏着磨损或磨粒磨损有很大区别，后者的磨损从开始之时就在表面上产生渐进性破坏。

2. 疲劳磨损机理

疲劳磨损是由接触应力的反复作用而引起的，在接触应力的作用下材料不断变形，损伤积累到一定程度后就会在某个性能薄弱点萌生裂纹，裂纹扩展并与表面交汇就会造成点蚀或剥落。疲劳磨损过程一般分为两个阶段，第一个阶段是疲劳裂纹形成阶段，第二个阶段是疲劳裂纹扩展与剥落阶段。

疲劳裂纹的产生机理目前还不明确。一般认为疲劳裂纹的形成和塑性变形有关，而塑性变形主要是剪切应力造成的。根据 Hertz 理论可以得出，当一圆柱体在一平表面上滚动时最大剪切应力出现在表面下的亚表层中，当有滑动运动时表面深度会进一步减小，如图 4-34 所示。对于宏观应力，接触区宽度 $2b$ 比较大，有可能形成剥落裂纹的萌生源较深；对于微观应力，由于微凸体的半径本来就不大，接触区宽度就更小，裂纹源就更趋于表面，这种浅表层破坏有可能形成点蚀坑的裂纹源。

疲劳裂纹扩展假说最早由韦（S. Way）于 1935 年提出。他认为，润滑油由于接触压力而产生的高压油波，快速进入表面裂纹，对裂纹壁产生强大的液体冲击。同时上面的接触面又将裂纹口堵住，使裂纹内的油压进一步升高，于是裂纹便向纵深扩展。裂纹的缝隙越大，作用在裂纹壁上的压力也越大，裂纹与表面之间的小块金属如同悬臂梁一样受到弯曲作用，当其根部强度不足时，就会折断，在表面形成小坑，这就是“点蚀”，如图 4-35 所示。

韦的假设在解释无润滑条件下的疲劳磨损方面显然是不合理的，但它在说明润滑油对疲劳磨损的影响方面得到了一些实验现象的证实。采用高黏度润滑油，或改变润滑油的成分可以显著改善零件的疲劳磨损寿命。

3. 疲劳磨损的主要影响因素

载荷是影响疲劳磨损寿命的重要因素，一般认为载荷增加，疲劳磨损寿命下降。对于轴承，其疲劳磨损寿命与载荷的立方成反比，即：

$$NW^3 = \text{常数} \tag{4-21}$$

式中，N 为球轴承的疲劳磨损寿命，即循环次数；W 为外加载荷。

根据 Hertz 理论，在点接触条件下，接触应力和载荷的 1/3 次方成正比，这种疲劳磨损寿命与载荷之间的关系，体现了疲劳寿命与接触应力成正比的关系，对于许多应用都有重要参考意义。比如，对于齿轮要保证齿面接触应力小于许用接触应力值。

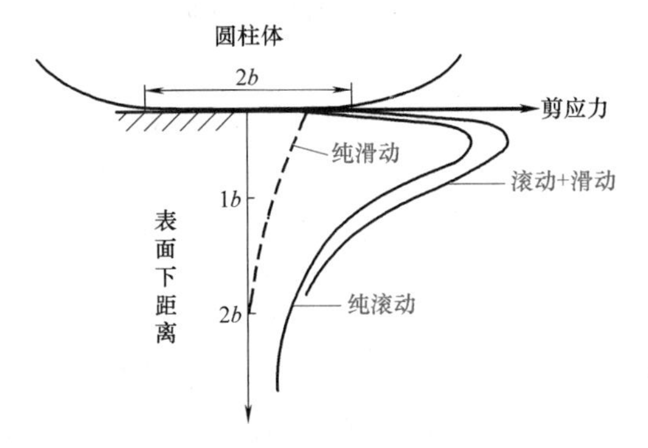

图 4-34 圆柱体在平面上运动的接触应力

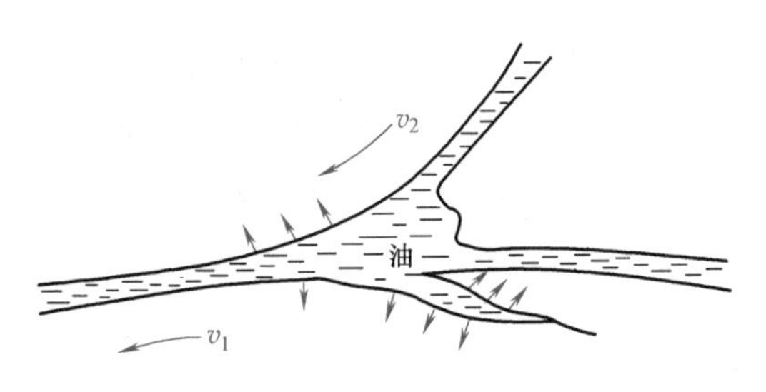

图 4-35 韦（S. Way）的疲劳裂纹扩展假说

疲劳磨损产生于接触元件表面，粗糙表面容易出现点蚀。表面粗糙度对疲劳磨损寿命有很大的影响。研究表明，精磨滚柱的寿命比车削的寿命高 11%，抛光滚柱的寿命比车削的寿命高 22%。还有研究表明，当试样表面粗糙度由 0.65μm 减小到 0.07μm 时，接触疲劳寿命甚至会提高 546%。

润滑介质对疲劳磨损的影响规律比较复杂。目前比较统一的认识是提高润滑剂的黏度有利于提高疲劳磨损寿命；选用合适的极压添加剂或能降低摩擦系数的减摩添加剂也有利于提高疲劳磨损寿命。根据韦的疲劳裂纹扩展假说，增大黏度可以抑制裂纹扩展。实际上润滑剂的作用比较复杂，润滑膜会改变表面受力状态，改变接触应力的分布，通过减小摩擦还可以降低接触应力，润滑剂形成的表面化学膜还可能会弥合疲劳裂纹。有关机理有待深入研究。

在材料因素方面，通常增加材料的硬度可以提高抗疲劳磨损能力，但若提高硬度会使脆性显著增加，则会降低疲劳磨损寿命。研究结果表明，材料的强度和韧性的匹配对疲劳磨损寿命有很大影响，具有高强韧性的奥氏体-贝氏体双相钢的接触疲劳寿命明显高于硬度高达 58-62HRC 的 20CrMnTi 钢。在材料的冶金质量上，非金属夹杂物和气体含量对疲劳磨损寿命有明显的影响，对滚动轴承的失效统计表明，由冶金质量引起的失效约占 65%。非金属夹杂物破坏了材料的连续性，容易形成应力集中，萌生疲劳裂纹。轴承钢的接触疲劳寿命与非金属夹杂物的种类、数量、形态、大小和分布有很大关系，其中，氧化物、氮化物和硅酸盐的影响最大。夹杂物数量越多、尺寸越大、分布越不均匀，危害越大。

4.5.2 腐蚀磨损

1. 概述

腐蚀环境下的磨损称为腐蚀磨损（Corrosive Wear），其特点是腐蚀和磨损同时对材料表面起作用。各种机械设备通常不仅受到磨损，还往往同时受到环境介质的腐蚀，腐蚀和磨损的交互作用，会加速设备和机件的破坏失效。例如，我国煤矿井下水的成分中含有 K^{+}、Ca^{2+}、Mg^{2+}、Cl^{-}、SO_4^{2-}、HCO_3^{-} 等离子，井下空气中也含有多种有害气体以及强制通风造成的富氧气氛等，恶劣的腐蚀环境加速了设备的磨损。

腐蚀磨损是广泛存在的，空气中的氧气会腐蚀金属，产生氧化物而影响磨损。钢铁摩擦副在干燥空气中于轻载和低速条件下运行时，磨损表面会形成很薄的主要成分为 FeO 的致密氧化物层，这种氧化物能隔离金属摩擦面，使之不易黏着，减少摩擦和磨损，但在高速重载下，氧化物转变为 Fe_2O_3，这种氧化物容易磨损和剥落，加速磨损。在含有少量水蒸气的空气中工作时，表面氧化物变为氢氧化物，使磨损变得更为严重。这种氧化性腐蚀磨损是许多设备都会遇到的问题。

腐蚀磨损的严重性在于腐蚀和磨损两者之间存在着交互作用。大量研究结果表明，腐蚀磨损造成的材料流失并不等于单纯腐蚀和单纯磨损两者的简单叠加。如威瑟（P. F. Weiser）等人用 CF-8 铸钢在硫酸砂浆中的试验结果表明，材料的腐蚀磨损速率是纯硫酸腐蚀和纯砂浆磨损速率两者代数和的 8~35 倍。凯姆（K. Y. Kim）等人发现，磨料的机械作用使腐蚀速度增大 2~4 个数量级。由此可见，腐蚀加速磨损，磨损促进腐蚀，两者的交互作用加剧了材料的破坏。而化学机械抛光（Chemical Mechanical Polishing，CMP）技术则是腐蚀磨损的典型正向应用。它通过具有一定腐蚀效果的抛光液作用于金属材料（如铜、钨等）表面，使表面产生质地疏松、强度较低的氧化物薄膜，此类薄膜在浆料磨粒和抛光垫的机械作用下，比较容易去除，抛光后表面粗糙度可小于 1nm，从而实现晶圆表面的超光滑制造。根据清华大学路新春等人的研究，腐蚀磨损在 CMP 过程中起非常重要的作用，可以实现金属材料的超快、超光滑去除。

2. 氧化磨损

根据物理化学原理，绝大多数金属在空气中都会发生氧化，金属有自发氧化的趋势。钢铁材料表面的氧化膜主要是 FeO、Fe_3O_4 和 Fe_2O_3，如图 4-36 所示。前两者含氧较少，结构比较致密，后者含氧较多，结构比较疏松。

氧化过程主要有两个环节组成，一是传质过程，氧要通过氧化层向内部扩散或者金属 Fe 通过氧化层向外扩散；二是化学反应过程，化学反应是否可以发生取决于温度和氧分压（氧含量），常温、常压下铁就可以发生氧化，生成 FeO 和 Fe_2O_3，并且反应速率比较快。但是氧气要进入铁的内部是困难的，在氧化亚铁中只有铁向外慢慢扩散才能维持反应的进行。传质过程是常温下钢铁氧化速度的控制过程，氧化膜增长呈对数规律，由于传质困难，在干燥的空气中钢铁材料的氧化过程很快就会停止下来，宏观上看基本上是不氧化的。

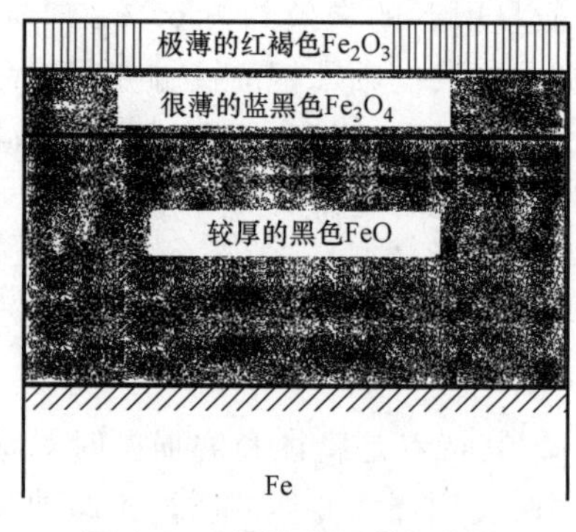

图 4-36　纯铁表面的氧化物

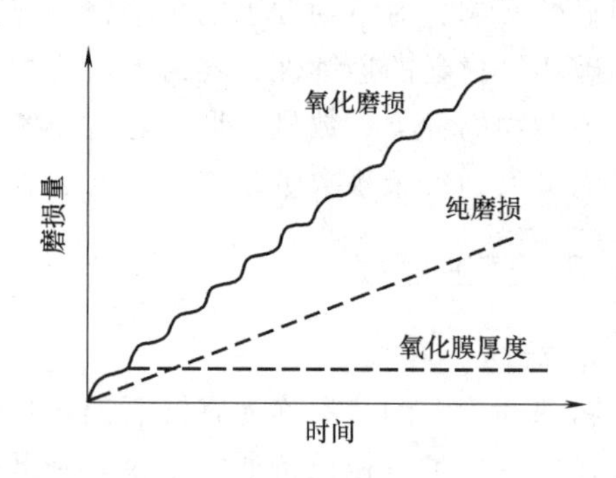

图 4-37　氧化磨损的加速作用

磨损过程对氧化的加速作用主要体现在两个方面，一是磨损会破坏氧化膜，使传质过程变得容易起来；更重要的是摩擦热会加速氧化过程，特别是促进 Fe_3O_4 的形成和氧化膜厚度显著增加。由于磨损的作用氧化速度会有很大提高。

极薄的氧化膜通常与基体结合牢固、硬度高、强韧性好，能改善材料的摩擦和降低磨损，在黏着磨损中的轻微磨损就属于这种情况。但在氧化速度较快，氧化膜厚度较大的时候，氧化膜在接触应力作用下容易产生脆性剥落，这就会加速磨损，如图 4-37 所示。重载高速或高温条件下，摩擦热加速氧化，很容易出现严重的氧化磨损。此外金属氧化物的硬度通常都比较高，硬而脆的氧化物在摩擦界面上相当于硬磨粒，也会加速磨损。

干摩擦状态下容易产生氧化磨损，施加适当的润滑油通过隔离氧气，降低温度，带走氧化物磨屑等多方面的作用可以减少表面氧化，降低氧化层厚度，提高抗氧化磨损能力。

3. 电化学腐蚀磨损

金属材料与电解质溶液接触，通过电极反应产生腐蚀。反应中，金属失去电子而被氧化，其反应过程称为阳极反应过程，反应产物是进入介质中的金属离子或覆盖在金属表面上的金属氧化物（或金属难溶盐）；介质中的物质从金属表面获得电子而被还原，其反应过程称为阴极反应过程。在阴极反应过程中，获得电子而被还原的物质习惯上称为去极化剂。在酸性很弱或中性溶液里，空气里的氧气溶解于金属表面水膜中而发生的电化学腐蚀，叫吸氧腐蚀。在酸性较强的溶液中发生电化学腐蚀时放出氢气，这种腐蚀称为析氢腐蚀，电化学腐蚀示意图如图 4-38 所示。

电化学腐蚀速度的控制过程一个是电极反应过程，另一个是液相传质过程。通过牺牲阳极使零件变为阴极可以减少零件的腐蚀，通过阳极钝化或抑制溶液中的导电离子传输也可以减缓电化学腐蚀。

金属材料在电介质溶液中的磨损行为称为电化学腐蚀磨损。电化学腐蚀磨损经常发生在各种液体泵、杂质泵、煤水泵、输煤管道、水轮机叶片、刮板机中部槽、溜子板、选煤机的排矸轮、筛板、筛网等设备和部件中。

电化学腐蚀磨损比氧化磨损更广泛，涉及的因素更多，磨损过程更加复杂，同时存在多种机理，而且各种机理、因素之间还存在着复杂的相互作用。图 4-39 体现了砂浆 pH 值对 Cr15Mo3 高铬铸铁的腐蚀磨损量的影响。从图中可见，随 pH 值的增加，腐蚀磨损量急剧减小，pH 值达到 5 以后，基本保持不变。我们知道，在中性砂浆中的电化学腐蚀磨损是以机械作用为主的浆体冲蚀磨损，而当 pH 值小于 5 时，腐蚀起到了非常重要的作用，由于腐蚀和磨损的共同作用，腐蚀磨损量增大了近 10 倍。

图 4-40 为冲蚀磨损加速材料腐蚀过程的示意图。砂浆对材料表面冲击时，砂粒对材料表面产生冲击，造成变形及切削犁沟，变形部位由于局部能量升高而优先被腐蚀。

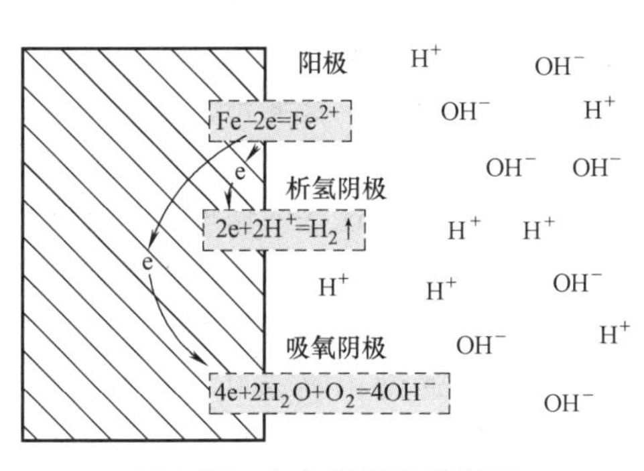

图 4-38　电化学腐蚀示意图

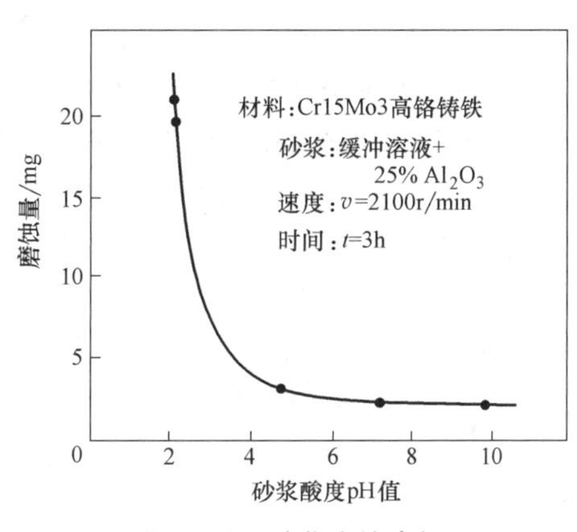

图 4-39　砂浆腐蚀磨损

磨损加速腐蚀的原因还有很多，如磨损破坏或减薄材料表面的钝化膜或清洁材料表面从而裸露出新鲜的金属；磨损使材料表面产生弹、塑性变形，增加位错、空位等缺陷，甚至产生裂纹，增加材料表面活性而降低耐蚀性；腐蚀介质扰动，使工件表面迅速补充新的腐蚀介质，加速了传质过程，进而加速腐蚀；磨损使材料表面产生切削、犁沟、变形和剥落，增加材料表面积和表面粗糙度，导致腐蚀加速；磨损使材料表面或表层产生内应力，在腐蚀条件下产生应力腐蚀等。

腐蚀加速磨损最直观的现象是材料表面因腐蚀产生的疏松、孔洞及腐蚀产物造成材料损伤，这些损伤了的材料易于被磨损除去而增加材料的流失量；腐蚀使金属材料表面粗糙，晶界或相界被腐蚀、基体或第二相被腐蚀会破坏材料的完整性和均匀性，降低材料的结合强度，易于被磨损除去而加速材料的流失；产生变形硬化的金属材料，表面硬化层因腐蚀可能被除去或减薄，裸露出未形变硬化或形变硬化程度较小、硬度较低的表面层，从而加速材料的磨损；某些金属材料在特定的腐蚀介质中还可能会产生脆性而加速磨损，如钛合金和高强钢的氢脆等。

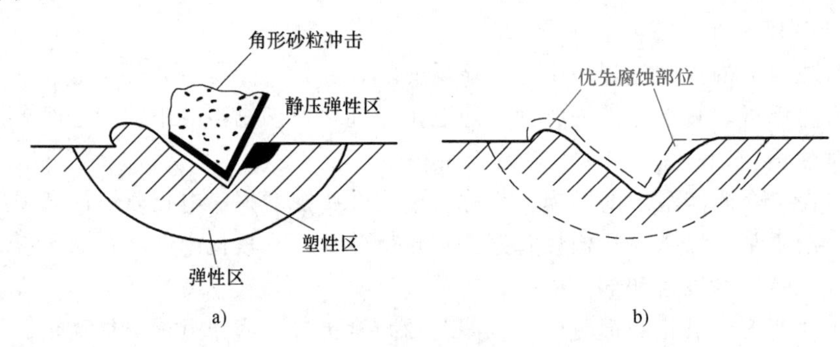

图 4-40　冲蚀磨损加速材料腐蚀过程示意图

a）粒子冲击产生变形及切削犁沟　b）变形区优先被腐蚀

4.5.3　微动磨损

1. 微动磨损及其特点

微动磨损（Fretting Wear）是指两表面之间由于存在很小振幅（微米级）的相对振动而产生的表面损伤。如果在微动磨损过程中，表面之间的化学反应起比较大的作用，则可称为微动腐蚀磨损（Fretting Corrosion）。直接与微动磨损相联系的疲劳损伤称为微动疲劳磨损（Fretting Fatique）。这三种损伤形式常是相互关联的，可以统称为微动损伤（Fretting Damage）。

微动损伤通常发生在紧密配合的轴颈处，汽轮机及压气机叶片配合处，发动机固定处，受振动影响的花键、键、螺栓、螺钉以及铆钉等连接件接合面，绳股及绳轮，联轴器，板弹簧及压缩弹簧的接触表面，安全阀及调节器的接触表面，凸轮机构及铰销机构，液压装置中的活塞，某些片式摩擦离合器内外摩擦片的接合面，电气触点等。这些微动现象的运动形式可根据球/平面简化接触模型，划分为四种基本模式如图 4-41 所示，平移式是最普遍的微动形式，其中的微动损伤现象的研究报道较多，后三种模式的研究报道相对较少。

微动磨损的表现形式为擦伤、金属黏附、凹坑或麻点（通常由粉末状的磨损、氧化、腐蚀产物所填满）、局部磨损条纹、沟槽或表面微裂纹。在受微动磨损的表面上，经常发生黏着、微切削或伴有氧化和腐蚀的微区疲劳损伤。随着受载条件、材料性质、环境介质等情

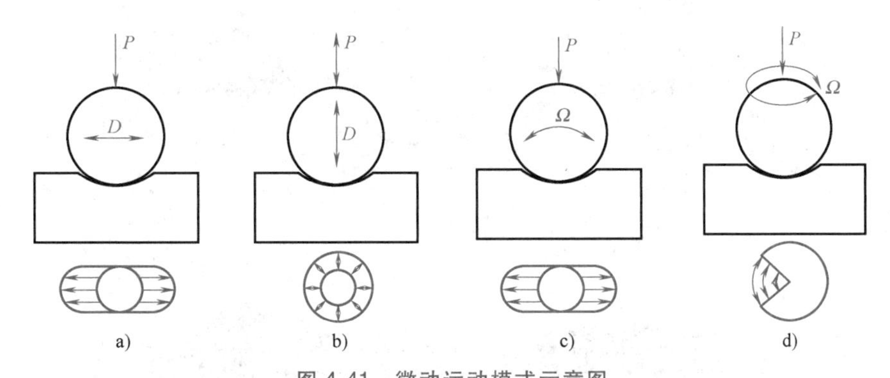

图 4-41　微动运动模式示意图

a）切向微动　b）径向微动　c）滚动微动　d）扭动微动

况变化，其中某种破坏形式可能起主导作用，其余则处于从属地位。当振动应力足够大时，微动磨损处会成为疲劳裂纹的核心，导致疲劳破坏。

微动磨损不仅改变零件的形状、恶化表面层质量，使尺寸精度降低、紧密配合件的配合变松，还会引起应力集中，形成微观裂纹，导致零件疲劳断裂。如果微动磨损产物难以从接触区排走，且腐蚀产物体积膨胀，使局部接触压力增大，则可能导致机件胶合，甚至咬死。在接触零件需要经常脱开的条件下（例如在安全阀和调节器中），这种情况尤为危险。接触器中由于微动磨损形成氧化物磨屑而导致信号畸变和电阻增高。假体生物材料之间的微动磨损，则可能使有害离子进入人体造成中毒。这些例子说明了微动磨损存在的普遍性以及研究微动磨损的重要性。

2. 微动磨损机理

微动磨损现象最早由 Eden 在 1911 年发现，经过大半个世纪的研究，特别是 20 世纪 50 年代以后的大量研究，普遍认为，机械和化学作用或它们的联合作用是引起微动破坏的主要因素。

通常材料的微动磨损随时间或循环次数的变化可分为四个阶段（图 4-42）。第一阶段（*OA* 段），微凸体间的黏着使材料在接触表面间相互转移，磨损量增加较快。第二阶段（*AB* 段），磨屑脱落、氧化并经进一步的加工硬化，变为可使表面产生磨料磨损的硬颗粒。第三阶段（*BC* 段），磨损量的增加逐渐变缓，开始向稳定磨损过渡。第四阶段（*CD* 段）为稳定状态，磨屑产生和排出速率达到平衡，基本不变。图 4-43 是这种微动磨损机理的示意图。

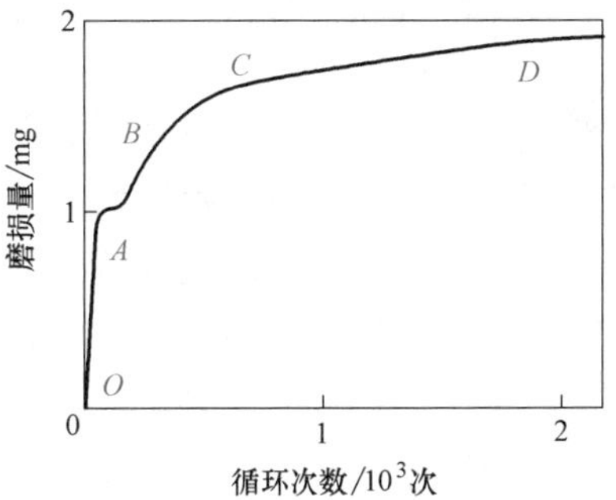

图 4-42　微动磨损与循环次数

一些研究者强调化学作用在微动磨损中的地位。他们指出，微动磨损初期，接触表面微凸体严重塑性变形和强化，使表层成为超弥散结构状态，加速了氧化反应，其后疲劳损坏继续在次表层积累，与此同时，由于氧和水吸附于氧化物上，在摩擦区内形成腐蚀活性介质。金属微动磨损所形成的高弥散氧化物起催化作用，以活化原子团和离子根的形式加速吸附氧和水，从而在两接触表面间形成一种电解质。最后是微动磨损的加速阶段，实际上是腐蚀、疲劳作用造成损伤区域的最终破坏，同时还由于金属表层反复变形，反复强化而失稳、脱落，使磨损速度增大。

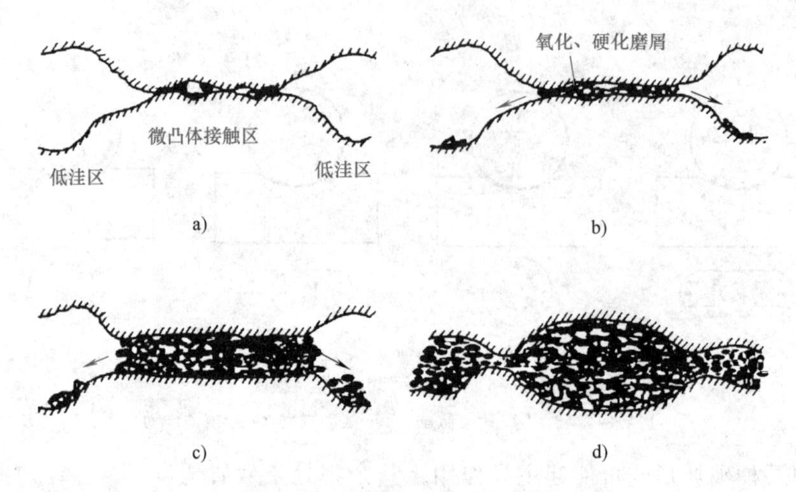

图 4-43 微动磨损机理示意图

a）微凸体间因黏着产生磨屑 b）磨屑氧化产生磨料磨损
c）微凸体磨平磨屑溢出 d）微凸体磨凹磨料磨损达到平衡

总之，微动磨损的机理比较复杂，微小振动和腐蚀是促进微动磨损的主要原因，而黏着磨损、腐蚀磨损、疲劳磨损和磨料磨损都可能存在，因此对具体问题和不同条件下的微动磨损必须具体分析。

3. 影响因素和预防措施

微动磨损的主要影响因素包括循环次数、滑动振幅、振动频率、法向载荷以及环境因素等。微动磨损随循环次数增加而发展的规律是比较确定的，但具体的发展规律却与材料性质、振幅和载荷有关。相对滑动振幅很小时，磨损率极低，当振幅为 50~150μm 时，微动磨损率会显著上升，有时可增加两个数量级以上。法向载荷比较小的时候，磨损以微动腐蚀为主，载荷增加，磨损上升；载荷比较大时，载荷会使微动振幅减小，这时增加载荷可使磨损下降。设计上可以用这种规律来降低微动腐蚀，但载荷增大会使接触区的应力集中增高，局部损伤的深度增大，出现微动疲劳损坏的概率增加。

环境因素中，微动磨损相当程度上取决于介质腐蚀活性，微动疲劳对环境化学活性很敏感。温度上升时，钢的微动磨损率急剧下降，微动磨损损伤在冬季比夏季大得多。由于较高温度时氧化膜的厚度增加，有效地防止了金属间的黏着和转移。当温度继续升高到一定值时，严重的氧化又会使磨损增加。界面上的润滑剂可以润滑摩擦面，减小摩擦系数，还能减缓磨屑的氧化和带走磨屑，适当的润滑剂可以有效减小硬磨屑的磨削作用，从而减少磨损。为了减小微动磨损，润滑剂应有良好的表面黏附性，抗高压、抗氧化能力及长期稳定性。在许多情况下，合成油比矿物油能大大减慢微动磨损进程。某些非金属膜（如磷化及阳极氧化膜）、固体润滑剂（铅、铟、石墨、二硫化钼）有时也用来预防微动磨损。润滑脂抗微动磨损能力强弱取决于它的机械安定性、稠度、皂含量和添加剂种类等，通常剪切强度高的润滑脂使微动损坏更突出。

材料因素中，一般来说，金属材料抗黏着磨损能力强，则抗微动磨损能力也较强。材料的硬度和强度对微动磨损的影响很大，硬度高的材料通常强度也比较高。因此，提高材料表面硬度在抵抗微动疲劳和抵抗硬磨屑引起的磨料磨损方面是有益的，可在一定程度上减少微动磨损。在某些情况下，电化学因素起重要作用，但有时机械因素的作用更重要，因此应在耐蚀性和疲劳强度上进行适当的配合。

微动磨损条件下物理化学过程非常复杂，没有通用的预防措施。应依据具体摩擦副所涉及的磨损机理和影响因素，采取适当的措施。可以采取的防护措施如优化结构设计、适当增大接触区法向压力、降低摩擦系数、合理选配摩擦副及润滑材料或提高接触材料的表面强度等。

金属和非金属插入物（垫层）具有改变接触、改变摩擦、吸收部分微动能量的作用。常用的插入物有软金属、橡胶、塑料、毛绒和纸等。例如，长途运输薄铝板或不锈钢板时，各层间夹入软纸，可以防止微动磨损，保持表面光洁度。

思　考　题

1. 试述黏着磨损的机理。
2. 试述黏附接点成长的机理。
3. 介绍四种不同程度的黏着磨损。
4. 试述黏着磨损的基本规律。
5. 磨料磨损和黏着磨损的关键区别是什么？
6. 磨料因素对磨料磨损有什么影响？
7. 什么是冲蚀磨损？其主要影响参数和典型材料特征的规律是什么？
8. 流体对冲蚀磨损的主要作用有哪些？
9. 什么叫疲劳磨损？与整体疲劳有何区别？
10. 什么叫腐蚀磨损？电化学腐蚀条件下磨损对腐蚀的主要促进作用有哪些？
11. 什么叫微动磨损？通常微动磨损发生在什么部位？

第5章

耐磨减摩材料与表面工程

5.1 耐磨减摩材料

5.1.1 高锰钢

1. 高锰钢简介

锰钢是含锰量比较高的一类钢。锰具有稳定奥氏体、强化铁素体、增加淬透性、提高耐磨性的功能，锰钢是钢铁耐磨材料中使用最多的一类钢。高锰钢和中锰钢是应用最为广泛的一类耐磨钢，它们具有一定的强度、较高的韧性和优异的加工硬化性能。高锰钢包括 Mn13、Mn17 和 Mn25 系列耐磨钢。其中 Mn13 系列耐磨钢是历史最久、应用最广的耐磨钢。

优异的加工硬化性能是高锰钢最主要的特征，高锰钢在强烈冲击磨损的条件下，会因为加工硬化而使硬度提高。许多工况下，高锰钢零件表面件加工硬化后的硬度达到 37～48HRC，甚至有的零件表面加工硬化后硬度高达 55HRC。正是因为加工硬化特性，高锰钢才表现出高的耐磨性，如果使用中不能使表面加工硬化，高锰钢就不会有突出的抗磨性。

高锰钢特别适用于冲击磨料磨损和高应力碾碎磨料磨损工况，常用于制造球磨机衬板、锤式破碎机锤头、颚式破碎机颚板、圆锥式破碎机轧臼壁和破碎壁、回旋式破碎机衬板、挖掘机斗齿、铁道道岔、拖拉机和坦克的履带板等抗冲击、抗磨损的零部件。

2. 高锰钢的化学成分

典型的 Mn13 系列高锰钢的化学成分见表 5-1。其主要成分是锰和碳，有时会加入硅、钼、铬、稀土元素等，同时还会有硫、磷等杂质。

表 5-1 高锰钢的化学成分

牌号	质量分数(%)						
	C	Mn	Si	Cr	Mo	S≤	P≤
ZG100Mn13	0.90～1.05	11.00～14.00	0.30～0.9	—	—	0.040	0.060
ZG120Mn13	1.05～1.35	11.00～14.00	0.30～0.9	—	—	0.040	0.060
ZG120Mn13Cr2	1.05～1.35	11.00～14.00	0.30～0.90	1.50～2.50	—	0.040	0.070
ZG120Mn13M01	0.75～1.35	11.00～14.00	0.30～0.9	—	0.90～1.20	0.040	0.070

在高锰钢的主要合金元素中，锰的主要作用是稳定奥氏体组织，保证钢的力学性能，提高钢的韧性。锰质量分数低于14%时，高锰钢的强度、塑性、冲击韧性随锰含量的增加而

提高。碳在高锰钢中的主要作用一方面是使钢获得适当的奥氏体组织，另一方面是强化固溶体，改善钢的耐磨性，但碳含量过高会降低钢的韧性。通常碳质量分数控制在 0.9% ~ 1.3%。高锰钢中要特别注意锰和碳的相互作用，即锰碳比。一般情况下，锰碳比（Mn/C）控制在 8~11，对于耐磨性要求高、冲击韧性要求略低、形状不太复杂的薄壁铸件，锰碳比可取下限；对冲击韧性要求高、耐磨性要求略低、形状复杂的厚壁铸件，锰碳比应取上限。

硅在高锰钢中能起固溶强化作用，同时它会降低碳在奥氏体中的溶解度，促使碳化物析出，使钢的耐磨性和韧性降低。因此钢中硅质量分数不宜太高，一般为 0.30%~1.00%。磷在高锰钢中是有害元素，它在奥氏体中的溶解度很小。当磷含量较高时，会以磷共晶的形式沿晶界析出，大幅度降低钢的力学性能及耐磨性。硫容易与锰结合，就形成硫化锰（MnS）进入炉渣中，由于高锰钢中锰含量高，因而钢中硫质量分数一般都低于标准规定的 0.04%。铬可以提高高锰钢的屈服强度和初始硬度，但塑性和冲击韧性会有所降低。钼可以提高高锰钢的屈服强度，同时不降低冲击韧性，高锰钢中加入钼还可以提高淬透性。

3. 提高高锰钢耐磨性的措施

1）充分加工硬化。高锰钢只有充分加工硬化才具有优良的耐磨性。很多情况下由于不能加工硬化，高锰钢未能表现出高的耐磨性。

2）高锰钢的合金化。加入碳化物、氮化物形成元素如铬、钼、钨、钛、钒等，也可以加入铜、硼、氮、稀土元素等。其主要作用是：改善加工硬化性能；提高屈服强度；形成细小弥散的碳化物、氮化物；提高高锰钢的耐磨性，但钢的韧性有所降低。

3）适当降低锰碳比。将高锰钢中锰的质量分数降至 10%、8%甚至 6%，或适当提高碳含量。它们比标准高锰钢有更高的加工硬化率，并使奥氏体的稳定性降低，在中、低冲击负荷条件下有更好的耐磨性，但韧性有所降低。

4）沉淀强化处理。将水韧处理后的高锰钢加热，温度超过 250℃以后，奥氏体将发生分解，析出弥散分布的碳化物相，钢的硬度提高，但韧性会有所降低，400~600℃时强化效果最好。高锰钢沉淀强化一般采用较高的含碳量，并加入钼、钒、钛等合金元素。

5.1.2 耐磨合金钢

1. 三类耐磨合金钢及其应用特点

耐磨合金钢按合金元素含量的多少分为三类：第一类为耐磨低合金钢，合金元素总质量分数不超过 5%；第二类为耐磨中合金钢，合金元素总质量分数为 5%~10%；第三类为耐磨高合金钢，合金元素总质量分数超过 10%。

耐磨低合金钢具有良好的硬度、韧性与综合性能，通过改变化学成分与热处理工艺可以得到不同的性能，具有良好的耐磨性；合金元素加入量少，成本低；主要用于制作矿山机械、水泥机械、电力机械、化工机械、农业机械、工程机械、水轮机、泥浆泵等的耐磨零部件。刮板输送机中部槽常用的 16Mn，采煤机截齿及齿座常用的 35SiMn 就都是耐磨低合金钢。

耐磨中合金钢是适用于中小冲击磨料磨损工况条件下工作的一类材料。钢的强韧性较好，屈服强度高，硬度较高，抗断裂、不变形、耐磨损。$w(\mathrm{Mn})=4\%\sim7\%$的中锰钢就是一种典型的耐磨中合金钢，在水泥厂、发电厂、铁矿、金矿、铜矿、石墨矿的设备中，用来制作球磨机衬板、锤式破碎机锤头、反击式破碎机板锤、掘进机盘形滚刀刀圈等。国外还有许多铬系（或铬镍钼系）的耐磨中合金钢，由于我国铬资源不够丰富，应用不是很普遍。

耐磨高合金钢主要用于磨料磨损、高速摩擦磨损、腐蚀磨损、高温磨损等工况，用于大型球磨机衬板、高速线材轧机、火电厂锅炉喷嘴、水泥厂回转窑炉出料管等。其合金含量高，应用成本高。

2. 耐磨合金钢中合金元素的作用

耐磨合金钢中常用的合金元素主要有锰、硅、铬、钼、镍、硼、稀土元素等。

(1) 廉价元素锰和硅　锰在钢中一部分溶于固溶体，另一部分形成合金渗碳体。锰的主要优点：能显著提高钢的淬透性，还可以降低钢的临界点（A_1 和 A_3），扩大 γ 相，使淬火组织中的残余奥氏体增多。锰的不利影响是会增加钢的过热敏感性，易使钢的晶粒粗化；增加钢的回火脆性。硅在钢中只溶于固溶体，不形成碳化物，使铁素体固溶强化，并能提高钢的回火软化抗力，推迟第一类回火脆性。硅含量过高会降低钢的塑性和韧性，提高韧-脆性转变温度，增大钢的脱碳倾向。

(2) 常用元素铬镍钼　铬在钢中既能溶于固溶体，又能形成碳化物。铬能使固溶体强化并提高钢的淬透性和回火稳定性。其主要缺点是会增加钢的回火脆性。镍只溶于固溶体，不形成碳化物，能提高钢的淬透性，特别是与铬、钼等合金元素共同加入钢中时，其作用更强。镍在产生固溶强化的同时，还能提高钢的塑性与韧性。镍不仅能提高钢的常温塑性和韧性，还能改善钢的低温韧性，降低钢的韧-脆性转变温度。钼在钢中既可溶于固溶体也能形成碳化物，固溶于钢中能显著提高钢的淬透性及回火稳定性，改善钢的韧性，并能降低或抑制回火脆性。钼还能显著提高钢的高温强度。

(3) 特殊元素硼和钛、钒、铌　微量硼能提高钢的淬透性，但硼含量过高在晶界形成硼化物使钢的脆性增大。在适当合金元素（锰、钼等）配合下，空冷可获得贝氏体组织，使钢具有较高的韧性与耐磨性。钢中加入微量的钛、钒、铌等合金元素能形成碳化物和氮化物，可细化组织，改善韧性，适当增加耐磨性。

(4) 稀土元素　我国稀土元素资源丰富，它在钢中起脱氧、去硫、净化钢液、改善夹杂物的形态和分布、细化晶粒、改善铸造组织的作用，可以提高钢的常温及低温韧性。

5.1.3　耐磨铸铁

工程上将耐磨铸铁分为耐磨白口铸铁和耐磨球墨铸铁两大类。根据耐磨白口铸铁中主要合金元素的种类与添加量的多少，又可将其分为普通白口铸铁、镍硬铸铁和铬系白口铸铁等。耐磨球墨铸铁则包括马氏体球墨铸铁、贝氏体球墨铸铁和中锰球墨铸铁。

1. 耐磨白口铸铁

耐磨白口铸铁通常分为三类：普通白口铸铁、镍硬白口铸铁和高铬白口铸铁。目前高铬白口铸铁在国内外已得到广泛应用，主要用于受低应力擦伤磨损、高应力碾压磨损和某些冲击负荷较小的凿削磨损的零件。

1) 普通白口铸铁。其碳的质量分数为 2.2%~3.6%，碳含量增加，白口铁的硬度增加。低碳白口铸铁（碳的质量分数约 2.5%）的硬度约为 375HBW，而碳含量（碳的质量分数在 3.5%以上）高时，硬度将增至 600HBW。提高碳含量将使铸铁的脆性增加，并且铸件凝固时易形成石墨，特别是硅含量高时更明显，所以高碳白口铸铁必须低硅。普通白口铸铁中一般不含或只含少量合金元素，其组织中不含石墨，仅由珠光体和渗碳体组成。普通白口铸铁的共晶组织是莱氏体，渗碳体作为脆性相，在铸铁中是连续的，这决定了普通白口铸铁韧性差而脆性大的特点。普通白口铸铁的耐磨性并不是很好，但因其价格低廉、生产简便，目前还应用在某些工况。普通白口铸铁一般作为普通的耐磨零件，如面粉机磨辊、球磨机磨段和清理设备中的铁丸及星铁等。

2）镍硬白口铸铁。一般是指 $w(\mathrm{Ni})=3\%\sim5\%$ 和 $w(\mathrm{Cr})=1.5\%\sim3.0\%$，基体组织为马氏体的白口合金铸铁，它的铸态组织是马氏体+（Fe，Cr)$_3$C 碳化物+奥氏体。它可以在冲天炉中熔炼，淬透性好，较厚截面的铸件，铸态也能得到马氏体组织，硬度高，耐磨性好。其主要缺点是硬度不是很高（840~1100HV），而且碳化物呈连续网状，对韧性不利。在铬含量更高的镍硬铸铁中，尽管碳化物开始不连续，韧性得到改善，但因铬、镍合金含量高，应用也受到一定限制。镍硬合金铸铁一般是铸态使用，主要用于制作泥浆泵零件、碾磨机衬板、磨煤机磨环等。

3）高铬白口铸铁。铬质量分数为12%~30%的白口铸铁，简称高铬铸铁，它是优异的耐磨材料之一，具有良好的抗磨损能力。主要优点如下：①高铬铸铁的显微组织一般是马氏体、少量残余奥氏体和 M_7C_3 型碳化物。M_7C_3 型碳化物的硬度高达1200~1800HV，因而提高了耐磨性；②高铬铸铁中的 M_7C_3 型碳化物呈孤立的块状分布，因而比碳化物呈网状连续分布的普通白口铸铁和镍硬铸铁的韧性要高；③高铬白口铸铁由于含铬量高，淬透性好，对于厚大截面的铸件还可以加入钼、铜、镍等合金元素以进一步提高其淬透性；④高铬铸铁淬火后在450~500℃以下回火，硬度基本保持不变，具有较高的回火稳定性，适用于耐高温磨损的零件；⑤高铬铸铁中有一部分铬会溶于基体，提高基体的电极电位并增强钝化倾向，$w(\mathrm{Cr})=28\%$ 的高铬铸铁在酸性介质中有较高的耐蚀耐磨损能力，如果再加入铜，铸铁的耐蚀耐磨损性能会有更大的提高；⑥高铬铸铁还具有良好的抗高温氧化性能；⑦高铬铸铁可以根据需要，通过控制化学成分、冷却条件和热处理工艺获得所需要的基体组织（例如奥氏体、马氏体、珠光体或一定的混合组织等），进而改变其性能。

高铬铸铁的主要缺点有三个方面：①由于合金元素含量高，同时要电炉熔炼，成本较高；②由于硬度高，机械加工前一般都要进行退火热处理；③高铬铸铁的韧性虽然比普通白口铸铁和镍硬铸铁高，但比高锰钢和低合金钢低得多，不能用于受强烈冲击负荷的零件。

2. 耐磨球墨铸铁

常用耐磨球墨铸铁可以分为马氏体球墨铸铁、贝氏体球墨铸铁和中锰球墨铸铁三类，其典型的化学成分见表5-2。

表5-2 耐磨球墨铸铁的化学组成 （单位：%）

种类	w(C)	w(Si)	w(Mn)	w(S)	w(P)	w(Mg)	w(RE)	B
马氏体球墨铸铁	3.4~3.9	2.2~2.5	0.8~1.2	≤0.03	≤0.05	0.03~0.05	0.03~0.04	
贝氏体球墨铸铁	3.4~3.8	2.5~3.5	2.0~3.5	≤0.05	≤0.1	0.03~0.05	0.03~0.05	适量
中锰球墨铸铁	3.3~3.8	3.3~5.0	5.0~9.5	≤0.02	≤0.15	0.02~0.06	0.02~0.06	

马氏体耐磨球墨铸铁的组织形式为马氏体+球状石墨+残余奥氏体，硬度可达52HRC。主要用于磨料磨损工况，常用作为中小型球磨机磨球和中小型水泥球磨机衬板，物美价廉，取得了较好的应用效果。

贝氏体耐磨球墨铸铁中，合金元素锰在于推迟奥氏体向珠光体的转变，抑制珠光体的形成，从而为得到更多的贝氏体创造条件，并且它使高温相变区和中温相变区分离，显著降低马氏体转变温度；合金元素硅对锰的碳化物的形成有较好的抑制作用。加入少量的硼元素，可以更好地获得贝氏体基体。贝氏体耐磨球墨铸铁因硬度高、韧性和抗冲击疲劳性能较好，常用作球磨机磨球和中小型球磨机衬板。

中锰球墨铸铁主要有两类：一类是以奥氏体为基体的中锰球墨铸铁，其组织为奥氏体 5%~25%碳化物+球状石墨。这类中锰球墨铸铁的韧性较好，但硬度和耐磨性较低。另一类是以针状组织（马氏体+贝氏体）为基的中锰球墨铸铁，其组织为针状组织 5%~25%碳化物+少量残余奥氏体+球状石墨。这类中锰球墨铸铁的硬度与耐磨性较高，但韧性较差。中锰球墨铸铁生产工艺和设备简单，成本低廉，具有一定的强度和韧性、较高的硬度与耐磨性，在冶金、矿山、农机及电力系统已得到广泛应用。中锰球墨铸铁主要用于冲击载荷较小的磨损件，如农机用的耙片、犁烨，球磨机衬板、磨球，选煤机的旋流器及破碎机颚板等，其耐磨性优于高锰钢和其他常用的耐磨材料。

5.1.4 陶瓷材料

1. 陶瓷材料的特点

陶瓷材料是通过黏结剂把一些高硬度化合物黏结在一起，通过成形和烧结形成的混合物。黏结剂有时也称为玻璃相或黏结相，它一般占陶瓷材料的 5%~30%，普通陶瓷中也有含量超过 70%的。高硬度化合物一般称为陶瓷相。陶瓷相是陶瓷材料的重要部分，它一般是由具有离子键或共价键结合的非金属无机化合物组成的，它一般占陶瓷材料的 30%~95%，现代工程陶瓷的陶瓷相含量较高。除玻璃相和陶瓷相以外，陶瓷材料中通常还有一定量的孔隙（气相），它是在陶瓷加工制作过程中形成的，孔隙率增加会显著降低陶瓷材料的性能。

陶瓷材料的最大特点是硬度高，一般为 1000~5000HV，而淬火钢的硬度只有 500~800HV，除金刚石外，陶瓷材料是各类材料中硬度最高的。因为有很高的硬度，所以陶瓷的耐磨性很高。陶瓷的弹性模量很高，因而其具有很高的刚度，比金属高几倍，比聚合物高几个数量级。

陶瓷材料的第二大特点是耐高温性好。由于陶瓷材料主要成分是离子键或共价键结合的无机非金属化合物，所以其熔点高，具有较高的高温强度和高温硬度。多数金属材料在温度超过 1000℃时强度和硬度均很低，而陶瓷材料仍能保持较高的强度和硬度。同时，陶瓷材料抗高温蠕变的能力强，热胀系数及导热性比金属低，是一种重要的耐高温材料。

由于无机非金属化合物的化学稳定性好，陶瓷材料在多数工况下的耐蚀能力强，这也是陶瓷材料的一个优点。陶瓷的理论强度很高、抗压强度很高，但由于陶瓷内存在大量气孔，实际抗拉强度很低。此外，陶瓷材料是典型的脆性材料，在室温下几乎没有塑性，韧性和断裂韧性很低，这是陶瓷材料的致命弱点。

2. 常用陶瓷材料

按照成分和用途，陶瓷材料一般分为：①普通陶瓷（传统陶瓷）：主要以硅酸盐为原料，经加工、成形和烧结制成的无机固体材料，也叫硅酸盐陶瓷；②特种陶瓷（现代陶瓷）：主要由氧化物、氮化物、碳化物等烧结制成的陶瓷，如压电陶瓷、高温陶瓷等，特种陶瓷还可以分为氧化物陶瓷和非氧化物陶瓷；③金属陶瓷：由金属与碳化物或其他化合物组成的粉末冶金材料，如硬质合金等。

（1）氧化物陶瓷　氧化物陶瓷中应用最多的是氧化铝陶瓷。氧化铝陶瓷是以 Al_2O_3 为主要成分的陶瓷，其熔点高（一般超过 2000℃），具有高的室温强度和高温强度，高的硬度和耐磨性，高的化学稳定性和电绝缘性，良好的耐高温性能，能在 1600℃ 高温下长期使用。其主要缺点是脆性大，不能受冲击载荷。氧化铝陶瓷主要用作高温炉零件、测温热电偶套管、内燃机火花塞等，在抗磨损方面主要用作高速切削刀具、量具、拉丝模及耐磨泵衬里等。

（2）非氧化物陶瓷　非氧化物陶瓷主要是碳化物、硼化物、氮化物和硅化物。它们的特点是硬度高、耐磨性好、耐热性强。碳化物和硼化物的抗氧化温度为 900～1000℃，氮化物的略低，硅化物的抗氧化温度为 1300～1700℃。其中氮化硅陶瓷硬度高，耐磨性好，摩擦系数小（只有 0.1～0.2），自润滑性好，主要用于耐磨、耐蚀、耐高温和绝缘零件，例如金属切削刀具、燃气轮机转子叶片、在腐蚀介质中工作的泵和阀的密封环等。氮化硼的结构与石墨相似，六方氮化硼具有良好的耐热性、绝缘性、化学稳定性和自润滑性，六方氮化硼主要用作热电偶套管、高温容器、高温轴承和玻璃制品的成形模具等。六方氮化硼用碱或碱土金属作触媒剂，高温高压下可以转变为立方氯化硼。立方氮化硼硬度极高，与金刚石接近，是金刚石的代用品，立方氮化硼主要用作磨料、金属切削工具和金刚石的代用品。

（3）金属陶瓷　金属陶瓷由金属和陶瓷组成的非均质复合材料。陶瓷化合物的硬度高、耐热性好、耐蚀性强，但脆性大、热稳定性差，而金属的韧性高、热稳定性好，但耐热性不高，易氧化。把金属与陶瓷结合起来，可以获得硬度高、热硬性好、耐磨、耐蚀又具有一定强度与韧性的材料，这就是金属陶瓷。金属陶瓷中的陶瓷相一般是氧化物（Al_2O_3、ZrO_2 等)、碳化物（TiC、WC 等)、氮化物（TiN 等）和硼化物（TiB、CrB_2 等)，金属相主要是钛、镍、铬及其合金。目前广泛应用的金属陶瓷主要是以氧化物和碳化物为基体的金属陶瓷。氧化物基金属陶瓷中应用最多的是氧化铝金属陶瓷。黏结剂主要是铬、镍、铁、钴等，主要用作工具材料。它的硬度高、热硬性好、抗氧化，但脆性大，易折断。碳化物基金属陶瓷是将难熔的碳化物（如 TiC，WC 等）与黏结剂（Ni、Co 等）混合、成形、烧结而成。其中应用最多的是硬质合金和钢构硬质合金。硬质合金以 WC、TiC、TaC 等为主体，常以 Co 为黏结剂制成。硬质合金的硬度高（87～91HRA)、热硬性好、并有一定的强度和韧性，适于作切削工具；钢构硬质合金以各种合金钢或高速钢粉末为黏结剂，以 TiC、WC 等为硬质相，含量较少（约 30%)，用一般的粉末冶金方法制成。钢构硬质合金的热硬性和耐磨性较硬质合金低，但比高速钢高，而韧性和强度则比硬质合金高得多，且可以像钢一样进行冷热加工和热处理，适用于制作各种形状复杂的工具，如麻花钻、模具等。

5.1.5　耐磨高分子材料

高分子材料具有较低的密度、优良的力学性能和减摩、耐磨、自润滑性能，可以提高摩擦零部件的可靠性和耐久性，为改进机械产品的设计结构提供关键的配套材料。高分子材料的品种繁多，其中超高分子量聚乙烯（UHMWPE)、聚四氟乙烯（PTFE)、尼龙（PA)、聚氨酯等具有优良的耐磨性能。

1. 超高分子量聚乙烯

超高分子量聚乙烯，英文名为 Ultra-High Molecular Weigh Polyethylene（简称 UHMWPE)，是一种具有线型结构、综合性能优异的热塑性工程塑料。它的分子结构和普通聚乙烯完全相同，但普通聚乙烯的相对分子量较低，约为（5~30）×10^4，而超高分子量聚乙烯则具有很大的相对分子量（10^6 以上）。它有优异的耐磨性、自润滑性和耐冲击性。超高分子量聚乙烯可用于通用机械、农业机械、纺织机械、汽车、采矿、造纸、化工、食品等行业，用于制作不黏、耐磨、低噪声和自润滑部件，如齿轮、导轨、泵、加料螺杆、滚筒、阀、衬垫、密封圈、轴套等。还可用于制作特种薄膜、大型容器、大型异形管材和板材，以及货物装卸溜槽、漏斗、货仓衬里等。

2. 聚四氟乙烯

聚四氟乙烯是氟塑料的重要品种，其英文名为 Polytetrafluoroethylene（简称 PTFE），是单体四氟乙烯的均聚物。聚四氟乙烯是白色蜡状热塑性树脂，熔点为 327℃，具有高度的结晶性，良好的耐热性。其具有极佳的耐蚀性，能够耐王水腐蚀，所以有“塑料王”之称。聚四氟乙烯电绝缘性好、吸湿性极低、耐大气老化性好；表面能极小、有极好的不粘性。

聚四氟乙烯大分子间的相互引力小，表面分子对其他分子的吸引力也很小，因此具有非常小的摩擦系数，表现为具有极其优异的润滑性。聚四氟乙烯的摩擦系数随滑动速率的增大而增大，当线速度达到 0.5~1.0m/s 时趋于稳定，而且静摩擦系数小于动摩擦系数，用于制造轴承，可以使起动阻力小，起动运转平稳。聚四氟乙烯摩擦系数随载荷增加而减小，到 8×10^5Pa 以上时趋于恒定。在高速、高载荷的条件下，聚四氟乙烯的摩擦系数可低于 0.01。另外，聚四氟乙烯的摩擦系数不随温度变化，从超低温至其熔点，摩擦系数几乎保持不变，只有在表面温度高于熔点时，摩擦系数才急剧增大。

聚四氟乙烯由于大分子间相互引力小，因而硬度低，易被其他材料磨损。适当选择配对副零件表面粗糙度能在相当程度上降低聚四氟乙烯的磨损量。一般认为，当表面粗糙度值 Ra 为 0.1~0.4μm 时，聚四氟乙烯的磨损量最小。

3. 尼龙

尼龙（Nylon）是聚酰胺类高分子材料的俗称，英文名为 Polyamide（简称 PA）。尼龙具有很高的力学强度和韧性，耐磨、耐油、耐弱酸、弱碱和一般有机溶剂。

尼龙的特点是耐磨性和自润滑性能良好，是一种自润滑材料，可以做齿轮等零件。尼龙无油润滑的摩擦系数通常为 0.1~0.3，约为酚醛塑料的 1/4、巴氏合金的 1/3。尼龙的结晶度增大，摩擦系数变小，耐磨性提高，为了提高结晶度可以进行热处理。尼龙中适当添加二硫化钼、石墨等无机填料，或聚乙烯、聚四氟乙烯粉末，可进一步降低摩擦系数和提高耐磨损性。此外，尼龙中添加二硫化钼和石墨等固体润滑剂，不仅起润滑剂作用，在结晶时还可以起到晶核作用，得到结晶细密的良好制品。尼龙对钢的摩擦系数在油润滑下有明显降低，但在水润滑下反而比干燥时更高。

4. 聚氨酯弹性体

聚氨酯弹性体（Polyurethane Elastomer，PUE）又称聚氨酯橡胶（PUR），属于特种合成橡胶，聚氨酯弹性体具有优异的耐磨性和韧性，以“耐磨橡胶”著称。在所有的弹性体中，聚氨酯弹性体的耐磨性能最好。

聚氨酯弹性体是一种内聚能较强的材料，耐磨性能优异，与天然橡胶相比，其耐磨性高 2~10 倍，比丁苯橡胶高 1~3 倍。同时，它还具有较高的力学强度和抗撕裂强度，加之它具备优异的减振缓冲性能，使它具有“以柔克刚”的特点。虽然它没有钢铁的高硬度，甚至不及某些塑料的硬度高，但在某些耐磨应用中，却有优于钢铁的出色表现。

5.2　热喷涂技术

5.2.1　热喷涂原理

1910年，瑞士M. V. Schoop博士将低熔点金属的熔体喷射在工件表面形成涂层，由此诞生了热喷涂技术。热喷涂是一种利用热源将金属或非金属材料加热到熔化或半熔化状态，用高速气流将其吹成微小颗粒并喷射到机械零件表面，形成覆盖层，以提高机械零件耐蚀、耐磨、耐热等性能的表面工程技术。热喷涂有很多优点，比如基体材料和零件的形状尺寸一般不受限制，涂层种类多，基体材料在喷涂过程中不变化，涂层厚度变化范围较大等。热喷涂材料可以是金属、合金、陶瓷、塑料、复合材料等。热喷涂的分类方法很多，常以热源形式区分，可分为火焰喷涂、电弧喷涂、等离子喷涂和特种喷涂四大类。

尽管热喷涂的具体方法很多，但喷涂过程、涂层形成原理和涂层结构基本相同。图5-1为线材火焰喷涂的基本原理，通过气阀将乙炔、氧气和压缩空气引入喷枪，乙炔和氧气混合后在喷嘴出口处燃烧产生火焰。喷枪内的驱动机构连续地将线材通过喷嘴送入火焰，在火焰中线材被加热熔化，压缩空气使熔化的线材脱离并雾化成微细颗粒，在火焰及气流的推动下，微细颗粒喷射到经预先处理的基材表面形成涂层。

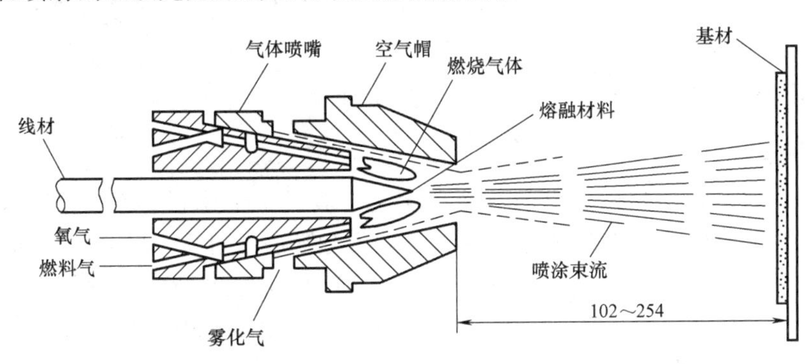

图5-1　线材火焰喷涂的基本原理

喷涂材料进入热源到形成涂层，喷涂工艺过程一般分为四个阶段：①加热熔化阶段：线材或粉末进入热源高温区域，行进过程中被加热熔化或软化。②雾化喷射阶段：线材熔化形成的熔滴在外加压缩气流或热源自身射流作用下脱离线材，并雾化成微细熔滴向前喷射。③飞行阶段：在飞行过程中，颗粒首先被加速形成粒子流，并有可能继续被加热；飞离加热加速区后，粒子开始降温和减速，随着飞行距离增加，粒子温度逐渐下降，运动速度逐渐减小；在颗粒飞行到达零件表面时应使颗粒有较大的冲击速度，同时还要在温度上保证颗粒处于熔融状态。④堆积成层阶段：飞行粒子撞击到零件表面，凝固、堆积并形成涂层。

堆积成层阶段是热喷涂工艺过程的关键阶段，堆积成层阶段又可细分为四个过程，如图5-2所示。①冲击过程：颗粒以一定的速度冲击到零件表面，冲击速度是喷涂的关键要素，速度太低可能使涂层结合不良，速度太高可能造成颗粒反弹和飞溅。②碰撞过程：碰撞过程是颗粒最容易反弹和飞溅的时刻，这时要注意保证颗粒的温度，温度低，颗粒不易变形则容易反弹，温度高，颗粒内聚力太小则容易飞溅。③变形过程：在不发生飞溅的情况下，希望颗粒有较大变形、摊铺成片，这样才能使涂层的结合力大。④凝固-收缩过程：凝固-收缩速度快有利于变形颗粒的咬锁，但快速凝固-收缩也会增大热应力，因此要保证合适的凝固-收缩速度。

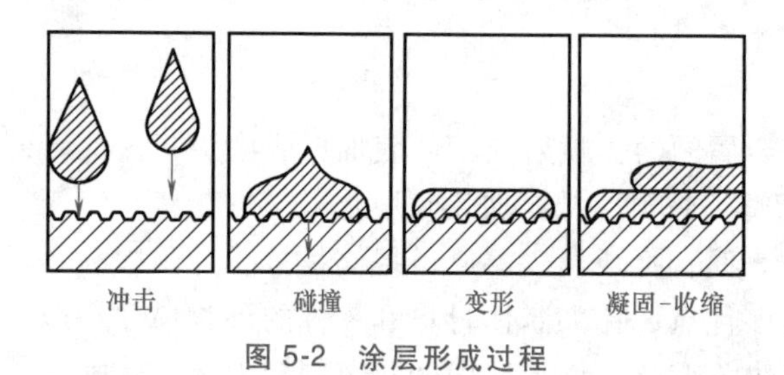

图 5-2　涂层形成过程

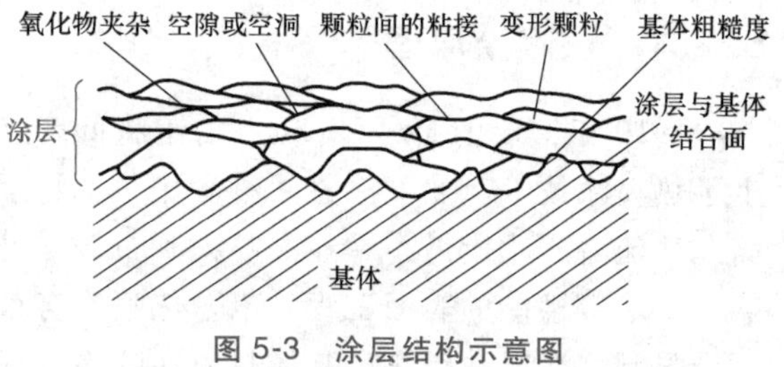

图 5-3　涂层结构示意图

热喷涂涂层在结构上是由无数变形粒子互相交错呈波浪式堆叠在一起而形成的层状组织结构，如图 5-3 所示。喷涂过程中，熔融的颗粒会与周围介质发生一定的化学反应，因此涂层中会出现氧化物夹杂。颗粒之间有时会有一定的空隙，部分颗粒在堆叠时会反弹变形，形成孔隙或空洞。因此，喷涂层是由变形颗粒、氧化物夹杂和气孔所组成的。涂层中氧化夹杂的含量及涂层密度取决于热源、材料及喷涂条件。采用等离子弧高温热源、超声速喷涂以及保护气氛等可减少甚至消除涂层中的氧化物夹杂和气孔。涂层与基体的结合方式有机械结合、物理结合和冶金结合等，但主要是通过变形颗粒与凹凸不平表面的相互嵌合而产生机械结合。

5.2.2　热喷涂方法

1. 火焰喷涂

火焰喷涂是利用气体燃烧放出的热熔化涂层材料。一般来说，在 2760℃ 以下不升华、能熔化的材料均可使用火焰喷涂获得涂层，但实际上熔点超过 2500℃ 的材料很难用火焰进行喷涂。目前广泛采用的氧-乙炔火焰线材（图 5-1）和粉末火焰喷涂。火焰喷涂的优点是设备简单、工艺灵活，缺点是要对工件进行预热，在喷涂过程中，喷涂材料会出现加热不均，涂层孔隙率高，结合性差。

2. 电弧喷涂

电弧喷涂是将两被喷涂的金属丝作为自耗性电极，利用丝材端部产生的电弧作为热源来熔化金属，用压缩气流雾化熔滴并喷射在基材表面形成涂层，如图 5-4 所示。电弧喷涂的优点是：①热效率高，热能利用率为 60%~70%；②生产率高，对于喷涂同样的金属线材，电弧喷涂的喷涂速度是火焰喷涂的 3 倍以上；③涂层结合强度高；④可方便地制备假合金涂层。电弧喷涂的缺点是：①只能喷涂导电材料；②在线材的熔断处可能产生积垢，使喷涂颗粒大小悬殊，涂层质地不均；③电弧热源温度高，造成元素的烧损量比火焰喷涂大，导致涂层硬度降低。

3. 等离子喷涂

等离子喷涂是以电弧放电产生等离子体作为高温热源，将喷涂粉末加热至熔融状态，在等离子射流加速下获得很高速度，喷射到基材表面形成涂层。等离子喷涂的主要特点是：①零件无变形，不改变基体金属的热处理性质，适宜对一些高强度钢材以及薄壁零件、细长零件实施喷涂；②涂层的种类多，等离子焰流温度高，可以将各种喷涂材料加热到熔融状态；③工艺稳定，涂层质量高，在等离子喷涂中，熔融状态粒子的飞行速度可达 180~480m/s，比氧-乙炔焰粉末喷涂时的粒子飞行速度（45~120m/s）高 4 倍，等离子喷涂层与基体的结合强度通常为 40~70MPa，而氧-乙炔焰粉末喷涂一般为 5~10MPa。

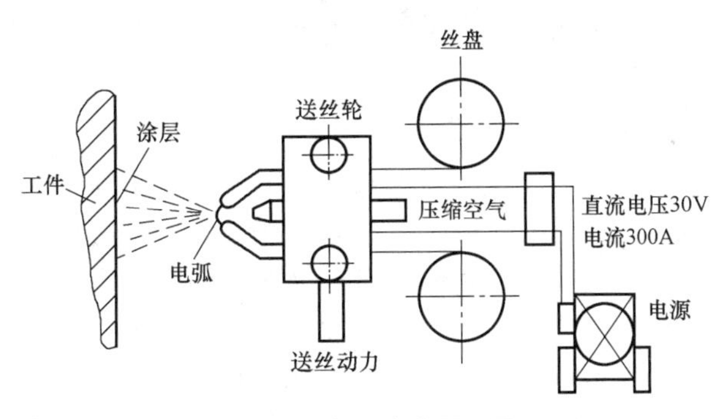

图 5-4 电弧喷涂原理图

4. 爆炸喷涂

爆炸喷涂是以突然爆发的热能熔化喷涂材料并使熔粒加速的热喷涂方法。目前世界上应用最成功的燃气重复爆炸喷涂是美国联合碳化物公司的专利技术，它将一定比例的氧气和乙炔混合后送入喷枪内，然后用氮气将喷涂粉末从另一入口送入，通过火花点火引爆，释放出热能使喷枪内温度突然上升到 3300℃ 以上，并形成冲击波。热能将喷涂粉末熔融，冲击波使熔粒加速到 2 倍声速，喷射到基材表面形成涂层。爆炸喷涂的特点是涂层的结合强度高，喷涂陶瓷时结合强度可以达到 70MPa，喷涂金属陶瓷时结合强度可以达到 175MPa。喷涂时，粉末颗粒撞击到工件表面后急冷，在涂层中可以形成超细组织或非晶态组织，因此涂层的耐磨性也较高。此外，爆炸喷涂获得的涂层比较致密，孔隙率可以降到 2%以下。

5.2.3 热喷涂应用

1. 喷涂方法的选择

不同的热喷涂工艺有不同的技术特点，表 5-3 是常见热喷涂方法的特点比较。选择热喷涂方法时，应依据机械零件的大小、形状、材料、批量、施工条件、服役条件，特别是对涂层性能的要求等来选择喷涂工艺。

表 5-3 常见热喷涂技术的特点

	等离子喷涂	火焰喷涂	电弧喷涂	爆炸喷涂
熔粒速度/(m/s)	400	150	200	1500
温度/K	12000	3000	5000	4000
典型涂层孔隙率(%)	1~10	10~15	10~15	1~2
典型结合强度/MPa	30~70	5~10	10~20	80~100
优点	孔隙率低,结合性好,多用途,基材温度低,污染低	设备简单，工艺灵活	成本低,效率高,污染低,基材温度低	孔隙率非常低,结合性好,基材温度低
缺点	成本较高	孔隙率高,结合性差,工件要预热	只适用导电喷涂材料,通常孔隙率较高	成本高,效率低

热喷涂工艺选择的基本原则包括：①对于承载较低的耐磨涂层和以提高机械零件耐蚀性为主的耐蚀涂层，当喷涂材料的熔点不超过 2500℃ 时，可采用设备简单、成本较低的火焰喷涂；②工程量大的耐蚀、耐磨金属涂层，宜采用电弧喷涂；③对于涂层性能要求较高的机械零件，特别是喷涂高熔点陶瓷材料时，宜采用等离子喷涂；④要求结合力高、孔隙率低的

金属或合金涂层可采用等离子喷涂，要求结合强度特别高、孔隙率特别低的金属和陶瓷涂层可采用等离子或爆炸喷涂。

2. 喷涂材料的选择

（1）耐磨涂层　机械的工作环境和服役条件不同，其磨损机理也不尽相同，应有针对性地选择合适的涂层。在机械零件表面喷涂铁基合金、镍基合金、钴基合金或喷涂陶瓷，将增大或改变摩擦副间的物理、化学及晶体结构的差异和性质，从而提高机械的抗黏着磨损性能；在这些喷涂材料中加入 WC、Al_3O_2、Cr_2O_3、ZnO_2 等陶瓷颗粒获得复合涂层，可显著提高其抗磨料磨损性能。在边界润滑条件下，钼涂层具有优异的耐黏着磨损性能；喷涂自熔合金、氧化物或碳化物金属陶瓷、某些铁基、镍基、钴基材料可提高机械零件的抗微动磨损性能；喷涂某些钴基自熔合金、镍基自熔合金以及陶瓷材料可以提高耐热磨损性能；喷涂镍基自熔合金、自熔合金加入铜粉，不锈钢粉，超细 Al_3O_2、Cr_2O_3 或 WC 复合粉末可提高机械零件的耐冲蚀磨损和耐气蚀磨损能力。

（2）耐蚀涂层　Zn、Al、Zn-Al 合金涂层对钢铁具有良好的防护作用。对处于室外工业气氛中的钢件，若气氛呈碱性，则可采用 Zn 涂层；若气氛中硫或硫化物含量高，则可采用 Al 涂层，如对桥梁、输电线、钢结构件、高速公路护栏、照明高杆等喷涂 Zn 或 Al 涂层进行长效防腐。处于盐气雾中的钢件，如海岸附近金属构件、甲板、发射天线、海上吊桥等均可喷涂 Al、Zn 或其合金进行长效防腐。长期处于盐水中的钢件，如船体、金属河桩及桥墩等可喷涂 Al 进行长期防腐。耐饮用水腐蚀的涂层可用 Zn，涂层无需封孔，如淡水储器、输送器等。耐热淡水的涂层可用 Al，但涂层需封孔，如热交换器、蒸汽净化设备及处于蒸汽中的钢件。

（3）恢复尺寸涂层　热喷涂用于修复因磨损、加工不当造成尺寸超差的工件，涂层要与基体有相同或更好的性能。齿轮、轴颈、键槽、机床导轨等，多用铁基合金、镍基合金、铜基合金修复；钢轨磨损部位通常用与钢轨热胀系数相近的铁基合金修复。

5.3 电沉积技术

5.3.1 电沉积原理和方法

1. 化学镀

电沉积技术的基本原理就是在一定的溶液中，通过一定方法使溶液中的金属离子获得电子而还原，例如镍的还原过程为：$Ni^{2+}+2e^{-}=Ni$，还原后的金属原子沉积到零件表面就形成了沉积层。

金属离子的还原反应如果在催化或活化条件下可以自动进行，那么这种电沉积过程就叫化学镀。某些金属表面，例如钢铁表面，对铁、钴、镍等离子的还原反应有催化作用，这些表面就比较适合化学镀。如果被镀的金属本身就是反应的催化剂，如镍、钴、铑、钯，则化学镀就具有自催化作用，也称为自催化化学镀。对于不具有自催化表面的制件，如塑料、玻璃、陶瓷等非金属，通常需经过特殊的预处理，使其表面活化而具有催化作用才能进行化学镀。化学镀的优点是：不需要外加直流电源设备；镀层致密，孔隙少；对几何形状复杂的镀件，也能获得厚度均匀的镀层；可在金属、非金属、半导体等不同基材上镀覆。化学镀的缺点是：所用的溶液稳定性较差，且溶液的维护、调整和再生都比较麻烦，材料成本较高。

2. 电镀的原理

用通电的方法加速金属还原过程并形成镀层的电沉积技术就是电镀。电镀一般要在含有电镀溶液的电镀槽里进行，使用两个电极，其中一个电极叫阳极，阳极上不断发生氧化反应，提供自由电子；另一个电极叫阴极，就是要进行电镀的金属零件，电镀液中的金属阳离子在阴极上接受电子，发生还原反应，生成金属原子并在零件表面沉积，形成镀层。

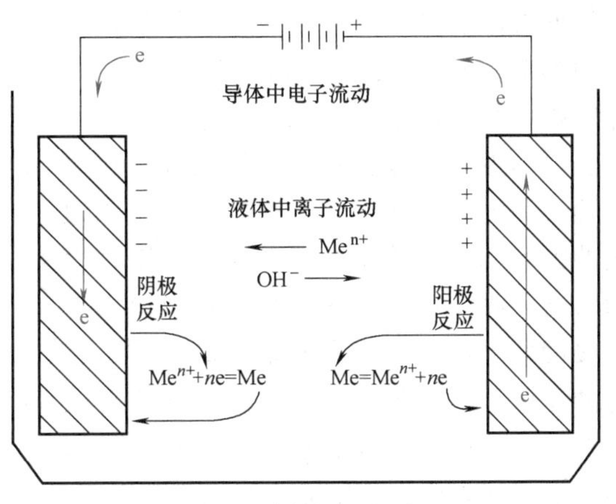

图 5-5　电镀原理示意图

如图 5-5 所示，电镀的电流流动过程主要通过电子传导、离子（流动）传质和电极反应三个串联过程来完成。将直流电源的两极分别用导线连接到镀槽的阴极和阳极上时，阳极上的电子就会流向电源正极，电源负极的电子就会流向阴极，这就是电子传导过程。电子传导过程非常快，对电镀速度的影响很小。

电极上的电子会在电解液中会产生电场。电镀液中的阴、阳离子受到电场作用，会发生有规则的移动，阴离子移向阳极，阳离子移向阴极，这种现象叫电迁移。除电迁移外，离子移动还可以通过对流和扩散进行。离子在镀槽里移动的过程叫离子传质过程。离子传质过程对电镀速度和质量有重要影响。

电极反应有阳极反应和阴极反应两个子过程。阳极上由于电子流失，电动势升高，会发生阳极氧化反应，金属原子氧化为金属离子进入溶液并放出自由电子，即

$$Me=Me^{n+}+ne^-$$

阴极上由于电子流入，电动势下降，阴极附近的金属离子会在阴极上与自由电子结合，发生还原反应而沉积在阴极上，即

$$Me^{n+}+ne^-=Me$$

电极反应过程也叫电化学过程，是影响电镀质量和速度的最重要过程。

实际上，阴极还可能发生 $2H^++2e^-=H_2$ 的析氢反应，容易引起氢脆；阳极上也可能发生 $2H_2O+4e^-=4OH^-+O_2$ 的析氧反应，这些都是不利于电镀的，应予以避免。此外，一般的电镀液并不是简单盐的电解液，而是含有络合物的电解液。在阴极上的还原反应并不是简单金属离子的放电，而是络离子的电化学还原。这需要一系列步骤才能完成：首先，电解液中的络离子在电极表面要转化成能在电极上直接放电的表面络合物，这是一个反应前转化的前置步骤；然后表面络合物才能在电极上放电，发生金属离子还原反应，这称为电化学步骤；最后金属原子在表面上结晶，生成新的固相沉积层，完成反应后的转化过程。

影响电镀层质量的因素很多，最重要的包括：①镀液的影响，包括镀液 pH 值、主盐浓度、络合物配离子、附加盐等；②电流参数如电流密度、电流波形等；③添加剂、电镀温度、搅拌强度、基体金属、镀前处理等。

3. 电刷镀

电刷镀又叫选择电镀、无槽镀、涂镀、笔镀、擦镀等。它是电镀的一种特殊方式，不用镀槽，只需在不断供给电解液的条件下，用一支镀笔在工件表面擦拭即可获得电镀层。电刷镀的基本原理如图 5-6 所示。电刷镀采用专用的直流电源设备，电源的正极接镀笔，作为刷镀时的阳极，电源的负极接工件，作为刷镀时的阴极。镀笔通常采用高纯细石墨块作为阳极板材料，石墨块外面包裹上棉花和耐磨的涤棉套。刷镀时使浸满镀液的镀笔以一定的相对运动速度在工件表面移动，并保持适当的压力。在镀笔与工件接触的部位，镀液中的金属离子在电场力的作用下扩散到工件表面，并在工件表面获得电子被还原成金属原子，这些金属原子在工件表面沉积结晶，形成镀层。

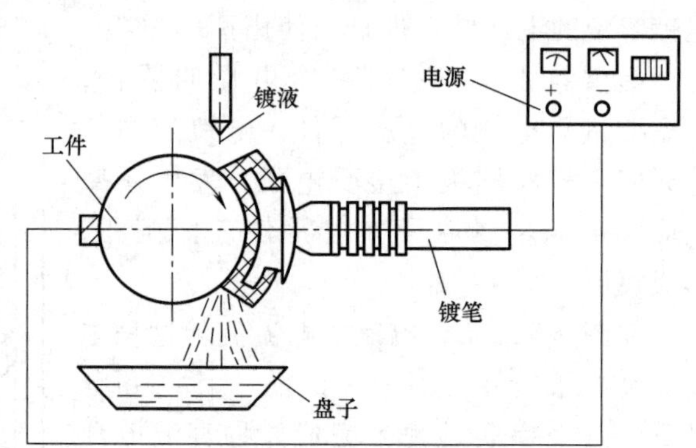

图 5-6　电刷镀的基本原理

电刷镀技术的特点是设备轻便、工艺灵活、沉积速度快、镀层种类多、镀层结合强度高、适应范围广，对环境污染小，省水省电等，是机械零件修复和强化的有力手段，尤其适用于大型机械零件的不解体现场修理或野外抢修。

电刷镀工艺过程可以分为前处理和涂镀两个阶段。前处理阶段又包括打磨、电净和活化三个步骤。打磨主要是去除厚大氧化皮和严重污染物。电净是要对工件表面进行电化学除油。电净时通常采用阴极除油，把工件接电源负极，镀笔接电源正极，利用工件表面（阴极）析出的大量氢气把油膜撕裂，由于电净溶液对油的乳化和皂化作用，以及镀笔对工件表面的擦拭作用，可取得良好的除油效果。活化是对工件表面进行电解刻蚀和化学腐蚀。活化时，工件接电源正极，镀笔接电源负极，利用电化学刻蚀作用和化学腐蚀作用除去工件表面的锈蚀、氧化膜或疲劳层，使工件显露新鲜表面，以提高镀层与基体的结合强度。有色金属仅用弱活化液活化后即可涂镀。

涂镀是制备镀层的主要阶段。电刷镀层通常由过渡层、尺寸层和表面层组成，各层都要根据各自的特点来选择镀液。过渡层有时也叫打底层，主要作用是提高镀层和零件的结合强度，对于许多碳钢表面可以使用特殊镍镀液。尺寸层通常用于恢复尺寸，要求尺寸层的沉积速度快，如果需要较厚的尺寸还要求尺寸镀层的内应力小，不易产生裂纹，通常使用快速镍或铜镀液来恢复尺寸。表面层是零件的工作层，要根据零件的耐磨、耐蚀或其他专门要求来选择渡液。

常用电刷镀溶液及其特点见表 5-4。

表 5-4　常用电刷镀溶液及其特点

类别	特点及用途
电净溶液	对工件表面进行电化学除油，电净时，采用阴极除油，把工件接电源负极，镀笔接电源正极，利用工件表面（阴极）析出的大量氢气把油膜撕裂，由于电净溶液对油的乳化和皂化作用，以及镀笔对工件表面的擦拭作用，可取得良好的除油效果

（续）

类别	特点及用途
活化溶液	对工件表面进行电解刻蚀和化学腐蚀。活化时，工件接电源正极，镀笔接电源负极，利用电化学刻蚀作用和化学腐蚀作用除去工件表面的锈蚀、氧化膜或疲劳层，使工件显露新鲜表面，以利提高镀层与基体的结合强度。通常有色金属仅用弱活化液活化后即可刷镀
特殊镍镀液	特殊镍镀液可在不锈钢、铬、镍、钢、铁、合金钢、铸钢、铸铁、铜、铝以及其他高熔点金属基体表面获得结合良好的镀层，但沉积速度慢，所以一般用特殊镍镀液沉积过渡层，厚度2~5μm。特殊镍镀层致密、孔隙率小、硬度高、耐磨性好，可作为防腐和耐磨镀层
快速镍镀液	电刷镀技术中应用最广泛的镀液之一。镀层具有多孔倾向和良好的耐磨性，在钢、铁、铝、铜和不锈钢等金属表面都有较好的结合力。镀液主要用于恢复尺寸和作为耐磨层，是一种质优价廉的镀液
铜镀液	铜镀层呈粉红色，具有延展性好、机械加工性能好、易抛光等特点，同时具有良好的导电性。铜镀液沉积速度快，常用作快速恢复尺寸镀层，也可作为过渡镀层，防渗氮层或装饰镀层
镍-钨合金镀液	主要用于沉积耐磨的表面层，镀层硬度高、致密、少孔隙，在较高的温度下仍具有一定的硬度。镍-钨合金镀层应力较大，当镀层厚度大于0.03mm时会产生裂纹
银电刷镀液	银镀层广泛应用于仪器、仪表、电子、电力工业中，以提高零件或导线的导电性；银镀层可作为反光镀层，如餐具和工艺品的装饰镀层。银镀层的结合力好，在汽轮发电机、供电系统和工艺品装饰中应用广泛
铟电刷镀液	铟在干燥大气中很稳定，不易失去光泽。铟是一种具有良好自润滑性的金属，对润滑油氧化时生成的有机酸具有良好的抵抗能力。铟镀层可作为减磨层提高工件抗黏附磨损的能力；铟镀层具有良好的抗盐水腐蚀能力，用在舰船、收音机和沿海设施上；在铅的表面刷镀铟经扩散后，是优良的轴承合金，具有良好的耐蚀性和耐磨性
锌电刷镀液	锌的电极电位比碳钢、铁和低合金钢低，锌镀层与钢铁基体形成原电池时，镀层作为阳极，从而使钢铁基体得到保护，可用于防止钢铁件的大气腐蚀。锌镀层经钝化处理后，能生成一层光亮的彩色膜，可显著提高锌镀层的防护性能

5.3.2　电沉积镀层

1. 化学镀镀层

常用的化学镀镀层是化学镀镍层。化学镀镍的基本原理是用次磷酸盐、硼氢化钠和二甲基胺硼烷等作为还原剂，将镍盐还原成镍。用次磷酸盐作还原剂的化学镀镍溶液中镀得的镀层含有4%~15%的磷（质量分数），实际上是一种镍磷合金。以硼氢化物或胺基硼烷作还原剂得到的镀层是纯镍层，镍质量分数可达99.5%以上。刚沉积出来的化学镀镍层是无定形的，呈非晶型薄片状结构。化学镀镍层的硬度一般为300~500HV，比电镀镍层的硬度160~180HV要高得多，而且更耐磨。采用合适的热处理工艺可大大提高化学镀镍层的硬度，例如400℃加热1h后，硬度的最高值可达1000HV。当镀层具有最大硬度时，脆性也增大，因而不适宜在高载荷或冲击的条件下使用。选择适当的热处理条件，可使镀层既有一定的硬度又有较好的延展性。由于镍磷合金镀层化学稳定性好，可以耐各种介质的腐蚀。

化学镀镍层的结晶细小，孔隙率小，硬度高，镀层均匀，可焊性好，镀液的深镀能力好，化学稳定性高，广泛用于电子、航空航天、机械、精密仪器、日用五金、电器和化学工业中。化学镀镍在原子能工业，如生产核燃料系统中的零件和容器以及火箭、导弹、喷气式发动机的零部件上已广泛采用。化工设备中压缩机等的零部件为防腐蚀、抗磨，而用化学镀镍层很有利。化学镀镍层还能改善铝、铜、不锈钢材料的焊接性能，减少转动部分的磨耗，减少不锈钢与钛合金的应力腐蚀。对镀层尺寸要求精确的精密零件和几何形状复杂零件的深孔、不通孔、腔体的内表面，用化学镀镍能得到与外表面同样厚度的镀层。对要求高硬度、耐磨的零件，可用化学镀镍代替镀硬铬。

现代工业及科技的发展促进了化学镀镍技术的发展，镀层也在最初镍镀层基础上开发出多种镍基合金镀层。包括：①Ni-P 合金层：含磷量较低（质量分数为 2%~5%）的化学镀镍层具有很高的硬度，优良的耐磨性；含磷量中等（质量分数为 6%~9%）的镀层硬度高于含磷量较高的合金镀层，孔隙率小于低磷合金镀层，外观通常很光亮；高磷合金镀层（磷质量分数大于 10%）具有优良的耐蚀性，可用于石油化工等行业，解决设备的腐蚀防护问题。②Ni-B 合金层：化学镀 Ni-B 合金的共晶温度为 1080℃，镀层硬度为 700~800HV，热处理后，其硬度可高达 1200~1300HV，其耐磨性超过硬铬。③Ni-Cu-P 合金镀层：Ni-Cu-P 合金镀层为非晶态无定型结构，铜的加入使镀层硬度有所降低，而韧性得到改善，合金的热稳定性比普通化学镀 Ni-P 合金好；当铜含量较高时，合金的导电性明显改善；Ni-Cu-P 镀层的耐蚀性也非常好，可以作为电磁波屏蔽层和高耐蚀表面保护层。④Ni-Mo-P 和 Ni-W-P 合金镀层：由于 Mo 或 W 等高熔点金属的加入，使合金镀层成为理想的薄膜电阻材料，Ni-W-P 合金具有很好的耐蚀性和非磁性，可作为耐蚀保护层或磁性底层。

2. 电镀单金属镀层

单金属电镀是指镀液中只有一种金属离子，镀后形成单一金属镀层的方法，常用单金属电镀主要有镀锌、镀铜、镀镍、镀铬、镀锡和镀镉等。

（1）电镀锌　对于钢铁基体，锌镀层属于阳极性镀层，主要用于防止钢铁的腐蚀。电镀锌工艺分为氰化物镀锌和无氰镀锌两类。氰化物镀锌的特点是溶液均镀能力好，镀层光滑细致，应用较广。但氰化物属剧毒物，氰化物镀锌已很少见。无氰镀液有碱性锌酸盐镀液、铵盐镀液、硫酸盐镀液及无铵氯化物镀液等。

（2）电镀铜　铜镀层是一种重要的预镀层，用于提高镀层的结合强度，可提高钢铁件的耐蚀性和塑料的抗热冲击性能等。常见的电镀铜工艺分氰化物镀铜和硫酸盐镀铜两种。氰化物镀铜应用极广，其溶液均镀能力好，沉积速度较快，废水处理技术成熟。由于氰化物有剧毒，目前倾向于使用无氰镀铜新工艺。硫酸盐镀铜镀液成分简单，溶液稳定，不产生有害气体，采用合适的光亮剂可得到全光亮镀层。但使用高铜低酸溶液均镀能力较差，在钢铁基体和锌压铸件上用硫酸盐溶液镀铜要进行预镀。另外，电镀铜还有焦磷酸盐镀铜和氟硼酸盐镀铜等。

（3）电镀镍　相对于铁基体镍镀层属阴极性镀层，防护性能与孔隙率关系密切，而镍镀层往往多孔。因此，在钢铁零件上常采用铜-镍-铬防护层。常用镀液有瓦特型镀镍、氯化物镀镍和全硫酸盐镀镍。

（4）电镀铬　铬镀层具有很高的硬度和耐磨性，常用于零件修复或易磨损件的电镀。电镀铬分为普通镀铬和镀硬铬，普通镀铬镀层光亮，抛光性能较好，溶液对设备的腐蚀性较小，受铁杂质的影响也较小，溶液易维护，应用最广；镀硬铬是在各种基体材料上镀较厚的铬层，镀层厚度一般在 20μm 以上，镀层较厚，能发挥镀铬层硬度高、耐磨的优势，没有穿透腐蚀的问题。

3. 电镀合金镀层

合金电镀是指在一个镀槽中，同时沉积含有两种或两种以上金属元素的电镀方法。目前研究过的电镀合金体系已超过230种，在工业上获得应用的大约有30种，如黄铜、白铜、Zn-Sn、Pb-Sn、Zn-Cd、Ni-Co、Ni-Sn和Cu-Sn-Zn合金等。

（1）电镀锌合金　电镀锌合金主要有Zn-Ni、Zn-Co、Zn-Fe和Zn-Sn等合金，锌合金镀层耐蚀性优于锌镀层，电镀Zn-Ni合金对于钢铁具有优异的保护作用，是最理想的高抗蚀性镀层；Zn-Co合金镀层具有较高的耐蚀性，镀层钝化处理后，在海洋大气和SO_2气体中的耐蚀性大大提高；含25%Zn的Zn-Sn合金镀层对钢铁具有良好的阳极保护作用，具有抗SO_2和高温环境浸蚀的能力，是优良的代铬镀层。

（2）电镀锡合金　Sn-Ni合金镀层致密，外观似亮银，在盐水中具有较高的耐蚀性；Sn-Sb合金镀层的韧性、耐蚀性、可焊性及抗氧化性能良好，电子工业中可代替银镀层；含有33%～35% Ni（质量分数）的Sn-Ni合金镀层的硬度、耐磨性较高，其表面容易钝化，具有耐强酸和大气腐蚀的能力，甚至在相当浓度的SO_2、H_2S气氛中也具有优良的耐蚀性。

（3）电镀镍合金　电镀镍合金可以用于制备磁性合金薄膜，对复杂形状的工件较易涂覆和调节厚度。Ni-Fe合金镀层可以作为计算机储存装置的铁磁性薄板；含80%Ni的Ni-Fe为基础的三元合金磁性薄膜已用于信息储存装置；Ni-Zn合金镀层和Ni-Mo合金镀层称为黑镍，主要用于光学仪器内部元件的消光和其他黑色精饰。

（4）电镀贵金属合金　电镀贵金属合金的研究与应用主要围绕装饰性、功能性和经济性三个方面的要求。在装饰性贵金属合金方面，有18K或14K金的Au-Co、Au-Ni和Au-Ni-Co等合金镀层；在功能性贵金属合金镀层方面，在不锈钢表面电镀Au-Ag、Au-Cu、Au-Pd等合金，提高了不锈钢的可焊性，含40%Pd的Ag-Pd合金镀层具有稳定的低接触电阻，Ag-Sn合金镀层具有硬度高、耐磨性高和耐蚀性好等特点；从节约贵金属的经济性角度出发，开发了许多种低K合金电镀，如含44% Au的Au-Cu-Cd三元合金，镀层光亮、均匀。

4. 复合镀层

通过金属电沉积的方法，将一种或数种不溶性的固体颗粒，均匀夹杂到金属层中所形成的特殊镀层叫复合镀层，其中复合电镀应用最广。按基质金属不同，复合镀层可分为Ni基、Co基、Ag基等；按固体颗粒可分为无机的、有机的和金属的。无机的如金刚石、石墨、各种金属氧化物（Al_2O_3，ZrO_2）、碳化物（SiC，WC）、硼化物颗粒等，有机的如聚四氟乙烯、氟化石墨、尼龙等，金属的如镍粉、铬粉、钨粉等。复合电镀可以在普通电镀设备、镀液、阳极的基础上加以改进，提高镀液中固体颗粒的悬浮性。

工艺上复合电镀的特点为：①复合电镀可以不加热，对基体金属或合金的原始组织、性能不产生影响，工件也不会发生变形；有机物和一些遇热易分解的物质颗粒或纤维，也可以作为不溶性固体颗粒分散到镀层基质中，形成各种类型的复合镀层。②同一基质金属或合金中可沉积一种或数种性质各异的固体颗粒，从而获得多种类型的复合镀层；改变电解液中固体颗粒含量和基质与颗粒的共沉积条件，可使镀层中颗粒含量在0到50%范围内连续变化，并使镀层的性质发生相应的变化。③适当设计阳极、夹具和施镀参数，可以在复杂形状基体上获得均匀的复合镀层，还可在零件局部位置镀覆复合镀层。

复合电镀层综合了其组成相的优点，因此通常具有多功能特性。以耐磨镀层为例，复合镀层还可以具有高硬度、高耐磨性和良好的自润滑性、耐热性、耐蚀性等功能特性。当复合镀层中含有硬质微粒时，材料的硬度和耐磨性均有所提高。一方面硬质微粒具有承载、阻碍磨料对基质的磨损等抗磨作用，有时还具有减轻摩擦副间黏着的作用。复合镀层的耐磨性能除受镀层材料的影响外，还受微粒的尺寸、形状、体积含量及基质的磨损特性、晶体结构、摩擦副间的互溶度、硬度等因素的影响。图 5-7 是几种复合镀层的耐磨性能。

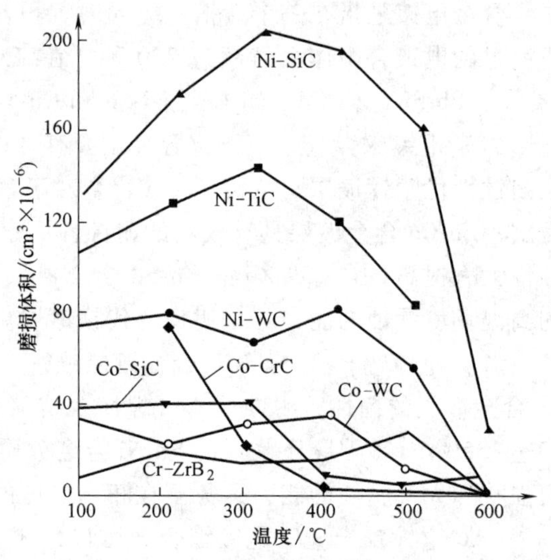

图 5-7　几种复合镀层的磨损

根据功能，常见的复合镀层可以分为以下几类：①用 SiC、Al_2O_3、ZrO_2、WC 等固体颗粒与镍、铜、钴、铬等基质金属形成的复合镀层，具有较高的耐磨性，称为耐磨镀层；②在铜、镍、铁、铅等基质金属添加具有润滑特性的 MoS_2、石墨、聚四氟乙烯等固体颗粒，形成的镀层具有较好润滑特性和较低摩擦系数，称为减摩镀层；③降低内应力（铁基质添加 B_4C）和改善耐蠕变性（铅基质添加 TiO_2、$BaSO_4$）的镀层；④钴基复合镀层如 Co-Cr_3C_2、Co-ZrB_2、Co-SiC、Co-WC 等均具有较优良的高温耐磨性能，在大气干燥、温度高达 300~800℃的条件下，它们仍能保持优良的耐磨性和高温抗氧化能力，为耐高温镀层；⑤复合镀层通常在抵抗强腐蚀性介质腐蚀方面不如一般金属镀层，但一些复合镀层（如 Ni-SiO_2）在耐高温腐蚀方面却有很大的优越性，具有优越的高温抗氧化能力；⑥其他功能性复合镀层，如具有光电转化效应的镀层（Ni-TiO_2、Ni-CdS），具有电接触功能的镀层（Ag-La_2O_3、Au-SiC）等。

5.4　镀膜技术

5.4.1　物理气相沉积技术

物理气相沉积（Physical Vapor Deposition，PVD）技术是指在真空条件下，使用物理的方法，将材料源表面气化成气态原子、分子或部分电离成离子，并通过低压气体（或等离子体过程）在基材表面沉积所需薄膜的技术。物理气相沉积技术可镀制各种金属、合金、氧化物、氮化物、碳化物等镀层，也能镀制金属与化合物的多层复合层；镀层附着力较强；工艺温度较低，工件一般没有受热变形或材料变质等问题。物理气相沉积技术主要包括真空蒸发镀膜、离子镀膜和溅射镀膜技术。

1. 真空蒸发镀膜

真空蒸发镀膜是在真空环境中把镀膜材料加热熔化后蒸发（或升华），使其大量原子、分子、原子团离开熔体表面，凝结在衬底（被镀件）表面形成镀膜。真空蒸发制成的镀膜具有材料纯、多样性、质量高的特点，在光元件、微电子元件、磁性元件、装饰、防腐蚀等方面得到了广泛应用。

真空蒸发镀膜的原理如图 5-8 所示，将被沉积的材料置于装有加热系统的坩埚中，被镀基体置于蒸发源前面。当真空度达到 0.13Pa 时，加热坩埚使材料蒸发，所产生的蒸气凝聚沉积在物体上，形成了一层薄膜。镀膜过程中，蒸发源要以一定的比例供给蒸气，使凝固膜增长。

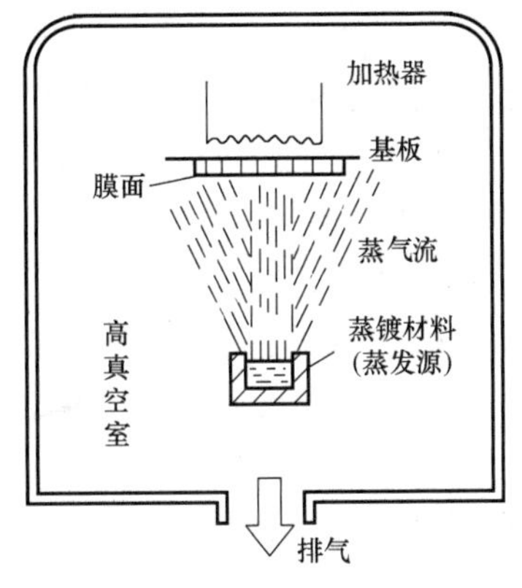

图 5-8　真空蒸发镀膜原理

2. 溅射镀膜

溅射镀膜是在真空室中，利用荷能粒子轰击材料表面，使其原子获得足够的能量而溅出，进入气相，然后在工件表面沉积。在溅射镀膜中，被轰击的材料称为靶，靶材溅射后沉积到工件上形成沉积膜。溅射镀膜具有许多优点，比如可实现大面积沉积，几乎所有金属、化合物均可做成靶，在不同材料衬底上得到相应材料薄膜，并且还可以实现大规模连续生产。溅射镀膜技术在电子学、光学、磁学、机械、仪表等行业获得广泛应用。

溅射技术的成膜方法较多。根据产生溅射粒子的方法分为直流（二极、三极或四极）溅射、磁控（高速低温）溅射、射频溅射、反应溅射、偏压溅射等。图 5-9 是直流二极溅射装置示意图，这种装置由阴、阳极组成。用膜材制成的靶为阴极（必须是导体），其上接 1～5kV 的负偏压，阳极放在工件架（工件架和真空室一般为接地极）上，两极间的距离一般为几个厘米。当真空度抽至 10^{-2}～10^{-3}Pa 后，通入氩气。当压力升到 1～10Pa 时接通电源，使之产生异常辉光放电。等离子区中的正离子被阴极加速而轰击阴极靶，被溅射出的靶材原子在基片上沉积成膜。

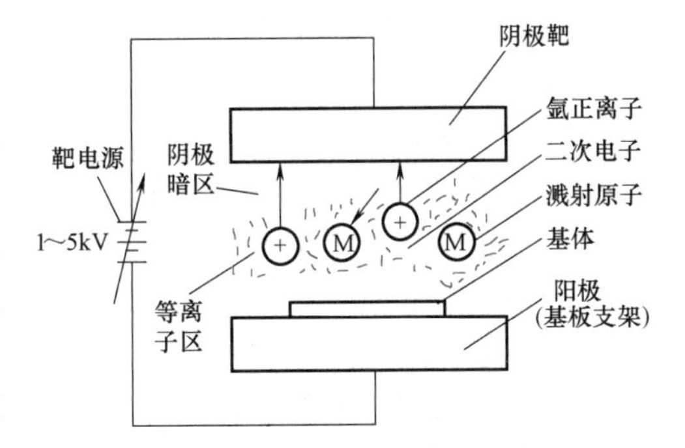

图 5-9　直流二极溅射装置示意图

3. 离子镀膜

离子镀膜是在真空条件下，利用气体放电使气体或被蒸发物质离子化，在气体离子或被蒸发物质离子轰击作用的同时，把蒸发物或其反应物蒸镀在基片上。离子镀把辉光放电、等离子体技术与真空蒸发镀膜技术结合在一起，明显提高了镀层性能，大大扩充了镀膜技术的应用范围。离子镀除具有真空溅射的优点外，还具有镀层附着力强、绕射性好、可镀材料广泛等优点。例如，利用离子镀技术可以在金属、塑料、陶瓷、玻璃、纸张等非金属材料上，涂覆具有不同性能的单一镀层、化合物镀层、合金镀层以及各种复合镀层。采用不同的镀料、放电气体及工艺参数，可以获得表面耐磨镀层、致密的耐蚀镀层、润滑镀层、各种颜色的装饰镀层以及电子学、光学、能源科学所需的特殊功能镀层。

离子镀技术原理如图 5-10 所示。镀前将真空室抽至 6.65×10^{-3} Pa 以上的真空，而后通入惰性气体（如氩气），使真空度为 1.33 ～1.33×10^{-1}Pa。接通高压电源，在蒸发源与基片之间建立起一个低压气体放电的低温等离子区。基片（工件）电极上所接的是 5kV 直流负电压，按照气体放电规律，在辉光区附近产生的惰性气体离子，进入阴极暗区被电场加速并轰击工件表面，对工件进行溅射清洗。当离子溅射清洗一定时间后，即可开始离子镀膜。首先使镀料气化蒸发，气化后的镀料原子进入等离子区，与离化的或被激发的惰性气体原子以及电子发生碰撞，引起部分蒸发粒子电离，被电离的镀料离子与气体离子一起受到电场加速，以较高的能量轰击工件和镀层表面，形成薄膜镀层。

4. 物理气相沉积技术的应用

物理气相沉积技术所镀制的膜层可分为两大类：一类是机械功能膜，包括耐磨、减摩、耐蚀、润滑、装饰等表面强化和保护膜，称为厚膜，厚度超过 1μm；另一类是物理功能膜，包括声学、光学、电学和磁学膜，一般为薄膜，厚度在 1μm 以下。这里主要介绍耐磨、抗蚀及润滑镀层（膜）。

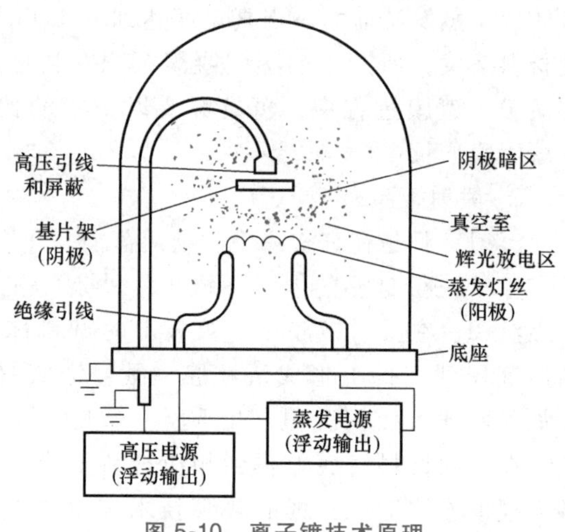

图 5-10　离子镀技术原理

（1）表面硬化镀层　刀具、量具、模具、滚动轴承以及其他一些要求有较高耐磨性的零件表面，可以用离子镀膜方法镀覆铬、钛、钨等，或者利用活性反应离子镀膜法得到 TiC、TiN、CrN、VC、NbC、CrC_2 等高硬度化合物的镀层，以提高耐磨性。和渗碳、氮化、渗铬工艺相比，离子镀可以在较低温度甚至室温下进行，例如，仅在 550℃下就可以得到组织致密、性能良好的 TiN 层，这样完全保证了零件的尺寸精度及表面粗糙度。

（2）耐热抗蚀镀层　在航空航天工业、船舶制造业、喷气涡轮发动机和化工设备中，经常遇到大量热腐蚀、高温氧化、蠕变、疲劳等问题。用离子镀膜法制备耐热防腐蚀镀层不仅耐腐蚀、抗氧化，还能使零件的蠕变抗力、疲劳强度明显提高，从而提升设备的使用安全可靠性和寿命。

（3）润滑镀层　用于宇宙探测的航天设备，要在超高真空、射线辐照以及高低温环境下工作。要满足这种苛刻的环境条件，通用的油润滑和脂润滑已无能为力，必须采用固体膜润滑。由溅射镀膜和离子镀膜制取的固体润滑膜，无需用黏结剂，而且具有附着牢固、薄而均匀、摩擦磨损性能良好、镀覆重复性好等优点，避免了黏结膜在高真空、高温、辐照等环境中因黏结剂挥发或分解放出气体而干扰精密仪表、光学器件的正常工作，或因黏结剂变质而使润滑失效的不良现象，所以它特别适宜在高真空、高温、强辐照等特殊环境下的高精度滚动或滑动部件上使用。固体润滑膜一般由剪切强度低的材料制取，利用溅射镀膜和离子镀膜可以成膜的有 MoS_2、WS_2、$NbSe_2$、类金刚石薄膜（DLC）、石墨、CaF_2、BN、Au、Ag、Pb、Sn、In、聚四氟乙烯和聚酰亚胺等。

5.4.2　化学气相沉积技术

化学气相沉积（Chemical Vapor Deposition，CVD）技术是在适当的温度下，含有薄膜元素的气相化合物通过化学反应，使混合气体中的某些成分分解，在衬底表面生成沉积薄膜。在 CVD 中运用适宜的化学反应，选择相应的温度、气体组成、浓度、压力等参数就能得到要求性质的薄膜。CVD 技术具有设备简单，工艺灵活，成膜速度快，附着强度高，适合镀覆各种复杂形状工件，膜层平滑、均匀等优点。但 CVD 的反应温度较高，一般为 800～1000℃，限制了 CVD 的应用范围，例如沉积氮化物、硼化物作为硬质膜时，衬底需要加热到 900℃以上。常用 CVD 沉积方法有流通式沉积法、封闭式沉积法和原子层沉积。

1. 流通式沉积法

流通式沉积法的原理如图 5-11 所示，这类方法的反应室有水平型、垂直型和圆筒型，此外还有连续型和管状炉型。反应原料可以是气体、液体或固体，如果是固体或液体，应加热产生蒸汽并由载流气体携带进入反应室。在合适的温度下和基体表面物质发生化学反应生成要求的薄膜。流通式沉积工艺的特点是能连续供气和排气、物料的运输一般是靠外加不参与反应的惰性气体来实现的。由于反应物能连续排出，因而反应处于非平衡状态。流通式沉积多在一个大气压或稍高于一个大气压下进行，以利于废气的排出。若在真空下进行，则需要不断地将副产物抽出。

2. 封闭式沉积法

封闭式沉积法是把反应物和工件分别放在反应室两端，管内抽真空后充入一定的传输剂，然后熔封，再将反应室置于双温区炉内，使之形成一定的温度梯度，在温度梯度（或浓度梯度）的推动下，物料从管的一端传到另一端并沉积下来，如图 5-12 所示。封闭式沉积法比较简单，有毒物质也可以沉积，但反应速度慢。

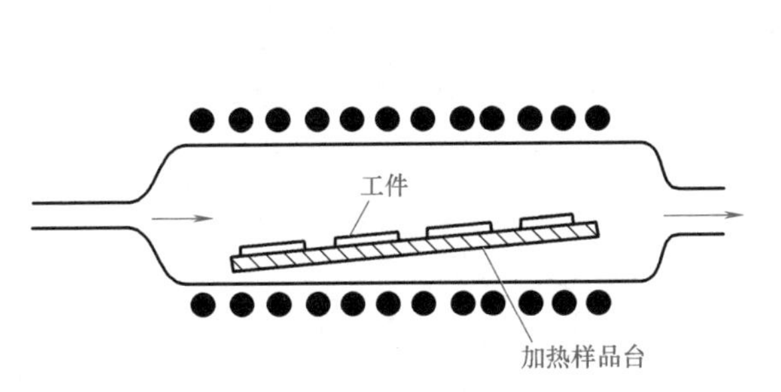

图 5-11　流通式沉积法原理图

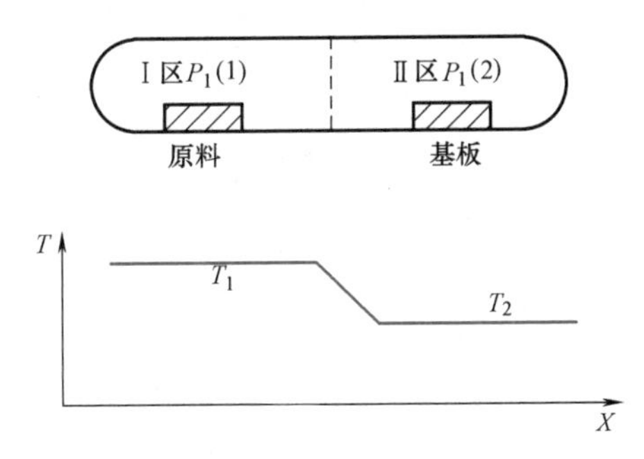

图 5-12　封闭式沉积法示意图

3. 原子层沉积

原子层沉积（Atomic Layer Deposition，ALD）技术，也称原子层外延技术，1960 年由苏联科学家 W. B. Aleskowskii 首次提出。原子层沉积技术将气相前驱体脉冲交替通入反应器，在基体上化学吸附、反应而生成沉积膜。因此，原子层沉积技术可以看作是一种化学气相沉积技术，但不同之处在于普通化学气相沉积的前驱体同时进入反应腔进行反应，而原子层沉积中两种前驱体交替进入反应腔体。因此，原子层沉积具有自限制生长特性，而这种特性正是原子层沉积的基础，可以使薄膜均匀生长在基底上，并且薄膜沉积的精度保持在原子级。原子层沉积使用的前驱气体活性高，因此可以在较低温度下发生反应。

一个完整的原子层沉积周期包含四步，如图 5-13 所示。①第一种前驱体进入反应腔，与基底表面活性团发生化学反应；②多余的前驱体和反应副产物被氮气带出反应腔；③第二种前驱体进入反应腔，与吸附在基底上的第一种前驱体发生化学反应；④多余的前驱体和反应副产物被氮气带出反应腔。理论上，一个原子层沉积周期完成后，单层薄膜就被沉积到基底上，重复上面的循环就可以得到不同厚度的薄膜。

原子层沉积的特性使其可以弥补其他薄膜沉积技术的不足，但由于其制备的薄膜生长速度较低，这使得薄膜厚度不可能太大。因此，原子层沉积常用于微纳器件上（如微机电系统）薄膜的制备。这些器件的微观结构复杂，薄膜的厚度不是主要问题，而能够在这种复

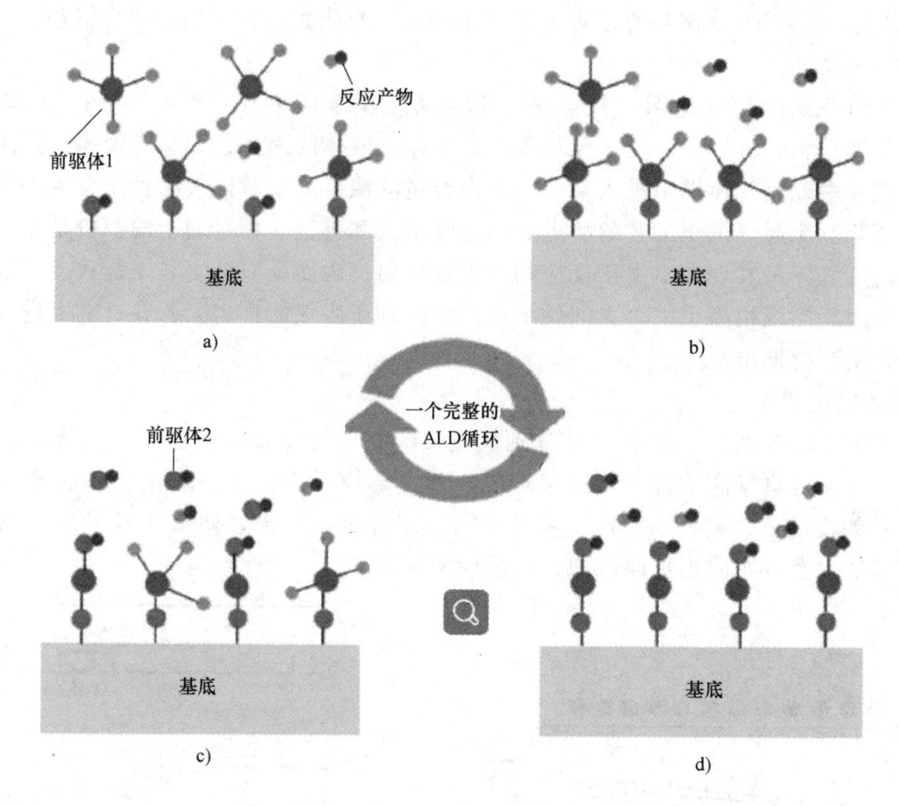

图 5-13　原子层沉积循环

a）通入第一种前驱体　b）冲洗腔体　c）通入第二种前驱体　d）冲洗腔体

杂表面沉积一层质地均匀的薄膜，正是原子层沉积技术的优势所在。目前人们已经可以成功地在微机电系统表面制备几十纳米厚的 W、Al_2O_3、ZrO_2 等薄膜，这种薄膜可以明显降低器件运行过程中的摩擦磨损，从而显著提高器件的使用寿命。

4. 化学气相沉积技术的应用

化学气相沉积的镀层可用于要求耐磨、抗氧化、抗腐蚀以及特定的电学、光学和摩擦学性能的应用。通过控制工艺参数和装置来改变镀层的特性，以满足应用的要求。在电学和光学应用中，镀层的纯度是关键因素，杂质会明显影响其性能。在这种情况下，为了沉积有用的镀层，必须使用高纯气体和高真空设备。而用于摩擦学或耐磨的镀层对于少量的杂质不会如此敏感，所以气体的纯度和真空设备要求也就没有那样严格。

化学气相沉积常用于制备耐磨镀层，包括一些难熔的硼化物、碳化物、氮化物和氧化物等。在制备耐磨镀层时，除了要考虑镀层的特性，还必须考虑基体和表面的性能，包括镀层的结合强度、界面的扩散和热损失配、基体的强度、硬度、韧性、晶粒尺寸、化学特性以及镀层的均匀性等，这些性能对镀层的磨损有显著影响。在耐磨镀层中，用于金属切削刀具的镀层占主要地位，此时镀层的重要性能包括硬度、化学稳定性、耐磨性、低的摩擦系数、高的热导性以及热稳定性等。满足这些要求的镀层主要包括 TiC、TiN、AI_2O_3 等，其他的一些镀层，如 TaC 和 TiB_2 也已经得到应用。

5. PVD 与 CVD 工艺的对比

PVD 和 CVD 在工艺特点上的主要差别有工艺温度、工件清洁度、镀厚能力、绕镀性以及运行安全性等方面。①在工艺温度方面，CVD 法的工艺温度通常较高，超过了高速钢的回火温度，用 CVD 法镀制的高速钢工件，必须进行镀膜后的真空热处理，以恢复硬度。如果镀后热处理会产生不允许的变形，则不能采用 CVD 工艺。②CVD 工艺对进入反应器的工件清洁要求比 PVD 工艺低一些，附着在工件表面的一些脏东西很容易在高温下烧掉。此外，高温下得到的镀层结合强度更高。③CVD 比 PVD 镀厚膜能力强一些，前者镀层厚度一般为 7.5μm 左右，后者镀层厚度通常不到 2.5μm。CVD 镀层表面略比基体表面粗糙，而 PVD 镀膜如实地反映零件的原表面形貌，不用研磨就具有很好的金属光泽，这在装饰镀膜方面十分重要。④CVD 反应具有很好的绕镀性，密封在 CVD 反应器中的所有工件，通常是除去支撑点之外，全部表面都能完全镀好，甚至深孔、内壁也可镀上；而 PVD 技术的绕镀性较差，工件背面和侧面的镀制效果不理想，因此在 PVD 反应器中，工件通常要不停地转动，有时还需要一边转动一边往复运动。⑤在操作运行安全性方面，PVD 是一种完全没有污染的工序，CVD 的反应气体、反应尾气都可能具有一定的腐蚀性、可燃性及毒性，反应尾气中还可能有粉末状以及碎片状的物质，开始工作前，必须采取必要的防范措施确保操作人员和设备“双安全”。

5.5　表面改性

5.5.1　激光表面改性

激光作为一种非常稳定的相干光，具有高方向性、高单色性和高亮度的特点。对于金属材料的表面改性，激光是一种聚焦性好、功率密度高、易于控制的新颖光源。激光束照射到材料表面时，与材料间的相互作用一般要经历以下几个阶段：①吸收阶段，材料吸收激光变为热能；②升温阶段，表层材料受热升温；③相变阶段，发生固态转变、熔化或蒸发；④冷却阶段，材料在激光作用后冷却。材料不同、激光能量密度不同、作用时间不同，各阶段的长短不同。在激光表面改性处理中要正确把握各阶段的作用时间。常用的激光表面改性技术有激光表面淬火、激光表面合金化和激光熔覆等。

1. 激光表面淬火

激光表面淬火是以高能密度的激光束快速照射工件，使其需要硬化的部位瞬间吸收光能并立即转化成热能，使激光作用区的温度急剧上升，形成奥氏体；此时工件基体仍处于冷态，并与加热区之间有极高的温度梯度，因此，一旦停止激光照射，加热区因急冷而实现工件的自淬火。可以激光淬火的材料包括珠光体灰铸铁、铁素体灰铸铁、球墨铸铁、合金钢和马氏体型不锈钢等。

对于低碳钢，激光淬火后的材料组织可分为两层：外层是完全淬火区，组织是隐针马氏体；内层是不完全淬火区，保留有铁素体。对于中碳钢，可分为四层：外层是白亮的隐针马氏体，硬度达 800HV；第二层是隐针马氏体加少量屈氏体，硬度稍低；第三层是隐针马氏体加网状屈氏体，再加少量铁素体；第四层是隐针马氏体和完整的铁素体网。高碳钢分为两层：外层是隐针马氏体；内层是隐针马氏体加未溶碳化物。铸铁可分为三层：表层是熔化-凝固所得到的树枝状结晶，此区随扫描速度的增大而减小；第二层是隐针马氏体加少量残留的石墨及磷共晶组织；第三层是较低温度下形成的马氏体。

激光淬火具有加热和冷却速度高，可获得比常规淬火法更高硬度的表面硬化层（高10%~20%），且工件变形小的优点。所以对某些要求内韧外硬且要求变形小的机械零件是很适用的。激光淬火最适于小面积的局部表面，但也可处理复杂和较大的零件，且无需淬火介质。

2. 激光表面合金化

激光表面合金化是利用激光束将一种或多种合金元素快速熔入基体表面，从而使基体表层具有特定合金成分的技术，它是一种利用激光改变金属或合金表面化学成分的技术。激光能使难以接近的局部区域合金化，在快速处理中能有效利用能量，利用激光的深聚焦，在不规则的零件上可得到均匀的合金化深度，并且能准确控制功率密度和加热深度，从而减小变形，还能够在廉价基材表面获得具有高合金特性的表面层。激光表面合金化可有效提高表面层的硬度和耐磨性。对于钛合金，利用激光碳硼共渗和碳硅共渗的方法，可实现钛合金的表面合金化，硬度由299~376HV提高到1430~2290HV，与硬质合金圆盘对磨时，合金化后其耐磨性可提高两个数量级。

3. 激光熔覆

激光熔覆就是用激光在基体表面覆盖一层薄的具有特定性能的涂覆材料，在激光熔覆过程中，熔覆层与基体表面通过冶金结合的方式结合在一起，可以显著提高覆层与基体的结合强度。

激光熔覆工艺可分为两种。一种是预涂覆-激光熔覆法，先把熔覆合金通过黏结、喷涂、电镀、预置丝材或板材等方法预置在材料表面，而后用激光束将其熔覆。另一种是气相送粉法，即在激光束照射基体材料表面产生熔池的同时，用惰性气体将涂层粉末直接喷到激光熔池内实现熔覆。为了调节涂覆层的成分或形成梯度涂覆可采用多种送粉方式。激光熔覆可以提高覆层的硬度和耐磨性。如在15MnV钢上熔覆镍基WC合金可获得硬度高达1090~1150HV的合金层组织。对熔覆层进行磨料磨损试验表明，其耐磨性比基材15MnV钢提高两倍以上。

激光熔覆和激光表面合金化都是利用高能密度激光束所产生的快速熔凝效果，在基材表面形成与基体融合的、具有完全不同成分与性能的合金层。两者工艺过程相似，但本质上具有如下区别：激光合金化使添加合金元素和基材表层充分融合形成以基材为基的新合金层，从而改变基材表面的性能；激光熔覆使涂覆材料完全熔化而基材表层微熔，从而使基材与熔覆层形成冶金结合而保持熔覆层的成分基本不变。

5.5.2 离子束表面改性

1. 离子注入技术原理

离子注入技术的原理是：在离子注入机中把各种所需的离子（如N、C、O、Cr、Ni、Ti、Ag等金属或非金属离子）加速成具有几万甚至百万电子伏特能量的载能束，以这种载能束冲击并注入固体材料的表面层，引起材料表层的成分和结构的变化，以及原子环境和电子组态等微观状态的扰动，由此导致材料的各种物理、化学或力学性能发生变化，从而达到表面改性的目的。

2. 离子注入的表面改性作用

离子注入金属后能显著提高其表面硬度、耐磨性、耐蚀性等，例如，用N^+注于Ti6Al4V

中，可使磨损速率下降2~3个数量级。离子注入的表面改性机理如下：①损伤强化作用：高能量的离子注入金属表面后，将和基体金属离子发生碰撞，一系列的碰撞级联过程在表面层内部产生强辐射损伤区。严重的辐射损伤可使金属表面原子构造从长程有序变为短程有序，甚至形成非晶态，从而性能发生大幅度改变。所产生的大量空位在注入热效应作用下会集结在位错周围，对位错产生钉扎作用而把该区强化。②掺杂强化作用：像N、B等元素，它们被注入金属后，会与金属形成γ'-Fe_4N、ε-Fe_3N、CrN和TiN等氮化物，Fe_6B、Fe_2B等硼化物星点状嵌于材料中，构成硬质合金弥散相，使基体强化。③喷丸强化作用：高速离子轰击基体表面，也有类似于喷丸强化的冷加工硬化作用。④表面压缩作用：离子注入处理能把20%~50%的材料加入近表面区，使表面成为压缩状态，这种压缩应力能起到填实表面裂纹和阻碍材料剥落的作用，从而提高抗磨损能力。⑤增强氧化膜：离子注入会促进黏附性表面氧化物的生长，其原因是辐射温度与辐射本身对扩散的促进作用。该类氧化膜可显著减小摩擦系数，提高润滑性。

3. 离子注入的优缺点

离子注入的优点主要有：①离子注入形成的表层合金不受相平衡、固溶度等传统合金化规则的限制，原则上任何元素都可以注入基体金属中。例如，室温下氮在钢中的溶解度为0.001%，而离子注入可使表面浓度达到20%。②离子注入层相对于基体材料没有边缘清晰的界面，因此表面不存在黏附破裂或剥落问题，与基体结合牢固。③离子注入可以用电参量通过改变注入能量加以控制，易于精确控制注入离子的浓度分布，因此，离子注入的可控性、重复性好。④离子注入一般是在常温真空下进行，加工后的工件表面无形变、几乎不氧化，能保持原有尺寸精度和表面粗糙度，特别适合高精密部件的最后工艺。

离子注入技术的缺点是：①离子注入设备昂贵，成本较高，目前主要用于重要的精密关键部件；②离子注入层较薄，通常小于零点几微米，如100keV的氮离子注入GCr15钢中的平均深度仅为0.1μm；③离子注入不能处理具有复杂凹腔表面的零件，一般只处理直射部位。

思考题

1. 什么是高锰钢？简述其特点和应用注意事项。
2. 比较高铬、镍硬铸铁和普通白口铁在韧性、耐磨性和成本方面的特点。
3. 试述聚四氟乙烯的主要特点。
4. 试述热喷涂工艺的基本原理及涂层形成工艺过程。
5. 试述热喷涂涂层的基本组成和结构。
6. 试述电刷镀的六步工艺过程及各步的主要作用。

第6章

润　滑

6.1　润滑的基本概念

6.1.1　润滑的基本原理

人们早就知道，液体和油脂能够减小滑动表面之间的摩擦。古人认为，这是因为液体或油脂填满了表面高低不平的坑，因而产生了比较光滑的滑动表面。这个观点也是阿芒顿、库仑和 19 世纪中叶以前工程师的观点，受到许多古代哲学家（科学家）们的普遍支持。但这个观点忽视了承载压力下液体的流动问题。

润滑科学的研究始于 1883 年英国工程师 Tower 的试验。他对火车轮轴的轴承进行试验，首次观察到了流体动压润滑现象。图 6-1a 是典型轴承中的流体动压润滑及压力分布示意图，可以看到明显的压力峰。这个试验可以通过图 6-1b 所示的实验方法来测试。

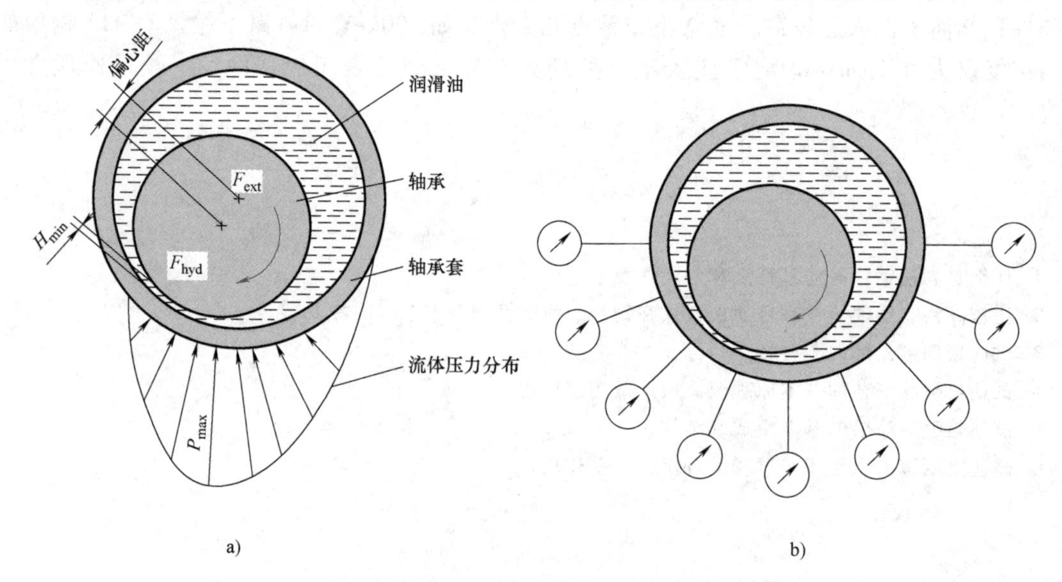

图 6-1　轴承中的流体动压检测及流体压力分布示意图

在轴的旋转过程中，由于流体的黏性，它黏附在轴的表面，随轴的运动被带入承载面，因支承载荷而形成了很高的压力。由于压力是黏性流体随表面运动产生的，所以这种压力叫流体动压。由流体动压形成的润滑膜支承载荷就是流体动压润滑的基本原理。

理想润滑状态下，有一层润滑膜把摩擦副表面隔开，其摩擦系数远低于干摩擦的摩擦系数，摩擦表面不会因配对副对它的擦伤而磨损。达到这种状况的前提是润滑膜足够厚，润滑膜的最小厚度是润滑研究的核心问题。流体越黏，厚度越大；转速提高，带入接触区的油多，润滑膜厚度大；而载荷越高，润滑膜厚度越小。

油膜厚度测量试验

6.1.2 润滑状态

1. Stribeck 曲线

德国学者 Stribeck 在 1900 年对滑动轴承的摩擦系数随润滑剂的黏度 η、速度 v 以及载荷 F_N 变化的情况进行了大量研究，得出了著名的 Stribeck 曲线（图 6-2）。原始的 Stribeck 曲线

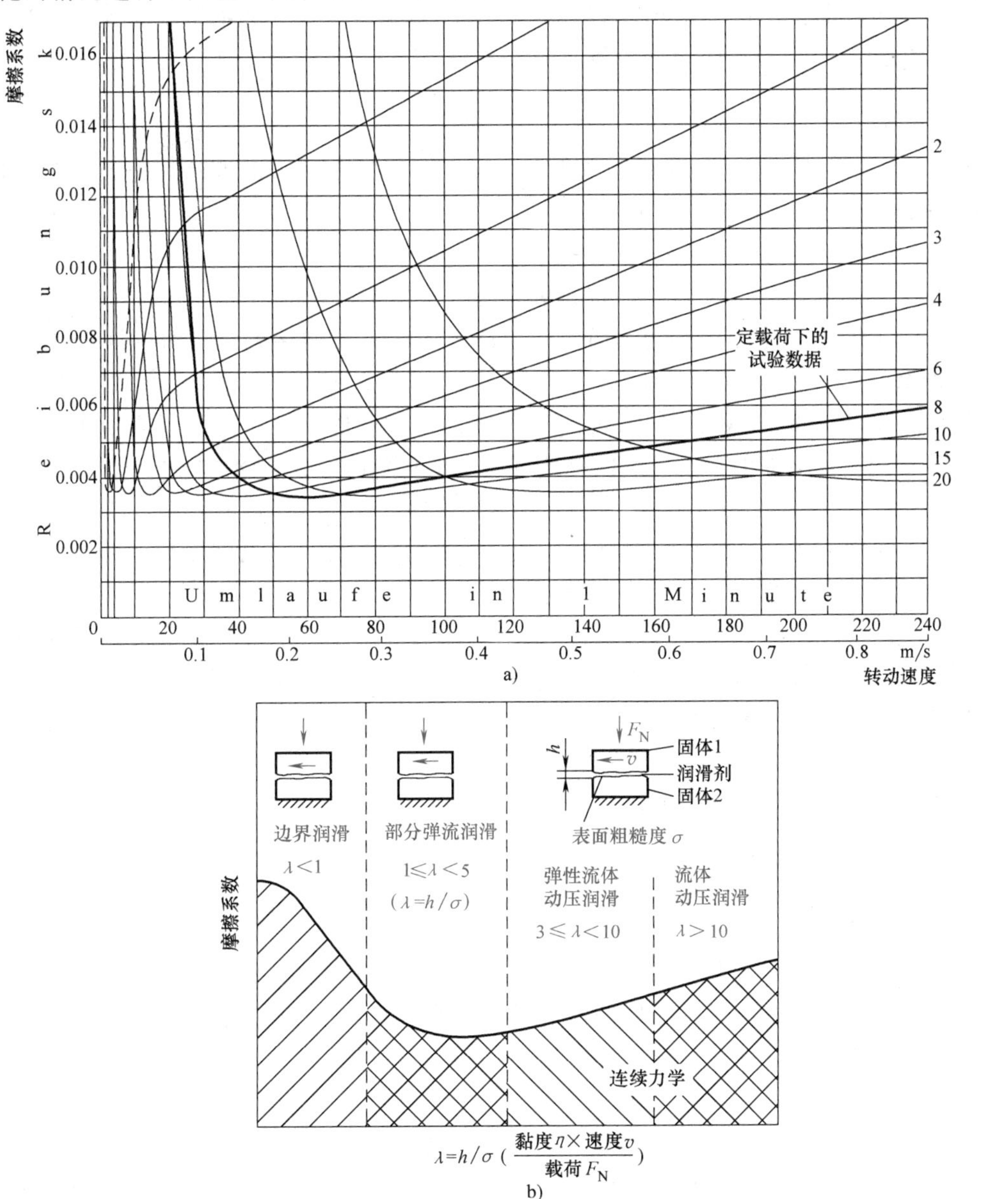

图 6-2 Stribeck 曲线和润滑状态图

a）Stribeck 曲线 b）润滑状态图

以摩擦系数为纵坐标，以转动速度为横坐标。对于一定载荷的实验，在不同速度下轴承的摩擦系数有一个最小值。后来 Hersey 和 Gumbels 的研究表明，以复合参数 $\eta v/F_N$ 为横坐标时，曲线仍然有类似特征。

实际上 Stribeck 曲线反映了摩擦系数随润滑膜厚度变化的情况。在润滑膜厚度很大的情况下，润滑剂的黏度必然大，轴的运动必须克服润滑剂的较大黏性阻力，摩擦系数比较大。随着润滑膜厚度减小，黏性阻力减小，摩擦系数下降。当润滑膜很薄时，摩擦副表面之间就发生了固体接触与摩擦，摩擦系数开始随润滑膜厚度的减小而快速上升。研究表明，在粗糙表面接触的情况下，摩擦系数的最小点和表面粗糙度有关，于是 1977 年德国的 Horst Czichos 在 Stribeck 曲线上引入了润滑膜的膜厚比 λ。膜厚比 λ 定义为润滑膜厚度 h（通常应该是最小润滑膜厚度）与表面综合粗糙度 σ 的比值。

$$\lambda = h/\sigma \tag{6-1}$$

Stribeck 曲线就变成了以摩擦系数为纵坐标，以膜厚比 λ 为横坐标的表示摩擦副润滑状态的曲线，使 Stribeck 曲线更有通用性。

2. 润滑状态

根据 λ 的数值可以区分四种不同的润滑状态。

1）$\lambda \geqslant 10$，润滑膜很厚，两表面上的微凸体根本不可能接触，这时的润滑状态叫做流体动压润滑。

2）$5 \leqslant \lambda < 10$，润滑膜已经不是很厚，两表面的微凸体顶端距离已经相当小，计算润滑膜厚度时必须考虑表面的弹性变形问题才可得出正确结论。这种润滑状态叫作弹性流体动压润滑。

3）$1 \leqslant \lambda < 5$，润滑膜已经非常薄，并且润滑膜的完整性已经遭到破坏，部分区域发生了微凸体直接接触和承载，这种润滑状态叫做混合润滑状态，也叫部分（膜）弹流润滑。

4）$\lambda < 1$，大部分载荷已经由微凸体承担，接触区仅有少量的残存润滑膜，这种润滑状态叫做边界润滑。需要特别指出的是，边界润滑不同于干摩擦，接触区少量的残存润滑膜对摩擦磨损起着非常重要的作用，许多现代润滑剂的突出优点就是可以显著改善边界润滑状态的摩擦学特性。

有时也把前两种润滑状态笼统地叫做全膜润滑。

6.1.3 润滑剂的黏度

1. 流体的黏度

润滑的原理和流体的黏性密切相关，黏度是衡量流体黏性的重要参数，也是流体润滑的重要参数。牛顿最先提出黏性流体的流动模型，他认为流体的流动是许多极薄流体层之间的相对滑动，如图 6-3a 所示。在相互滑动的各层之间将产生剪应力 τ，它反映了流体内的摩擦力。

图 6-3b 表示在厚度为 h 的流体上有一块平板 A，在力 F 的作用下以速度 U 运动。此时，由于黏性流体的内摩擦力，运动将依次传递到各流体层，使各层的流速 u 按直线分布。

牛顿还提出黏性剪应力与剪切应变率（流动速度沿流体层厚度方向的变化梯度）成正比的假设，称为牛顿黏性定律。其数学表达式为：

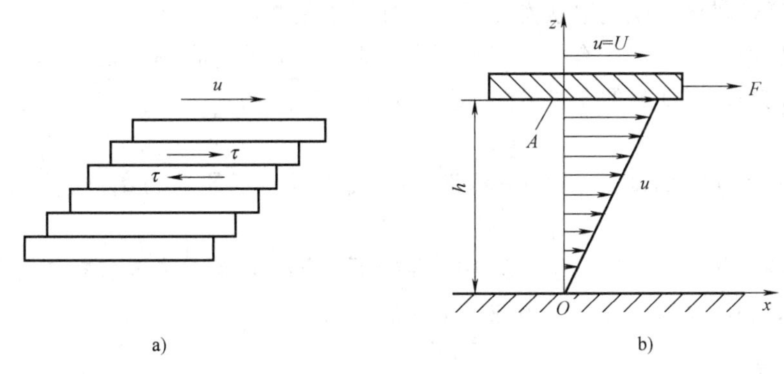

图 6-3　黏性流体流动模型

$$\tau=\eta\frac{\mathrm{d}u}{\mathrm{d}z} \tag{6-2}$$

式中，比例常数 η 定义为流体的动力黏度。

定义规定：流体的动力黏度 η 是单位速度梯度下流体在单位面积上的流动阻力。它是一个有量纲的常数。对于厚度为 1m 的流体层，如果在 $1\mathrm{m}^2$ 的上表面施加 1N 的力能使其上、下表面的相对运动速度为 1m/s，那么这种流体的黏度就是 1Pa·s($\mathrm{N\cdot s/m^2}$)。

事实上，并不是所有流体都服从牛顿黏性定律，凡是服从牛顿黏性定律的流体都叫做牛顿流体，而不符合该定律的流体叫做非牛顿流体，或称其具有非牛顿性质。在一般工况条件下，大多数润滑剂，特别是矿物油润滑剂均属于牛顿流体。

2. 运动黏度

测量流体黏度的仪器称为黏度计，很多黏度计不能直接测量动力黏度，而是测定动力黏度 η 和流体密度 ρ 的比值，称为流体的运动黏度，通常用符号 ν 表示，即：

$$\nu=\frac{\eta}{\rho} \tag{6-3}$$

运动黏度的国际单位为 $\mathrm{m^2/s}$。

3. 温度对黏度的影响

润滑剂的黏度随温度变化，称为黏温关系。黏度是润滑剂的一个十分重要的特性。从分子物理学知道，温度升高，分子之间的距离增大，作用力减小，因此液体的黏度随温度的升高而急剧下降。温度从 0℃ 升至 100℃，润滑剂的黏度会下降到原来的几分之一到几百分之一。

学者们对润滑剂的黏温关系做了大量研究，提出了许多关系式，其中比较有代表性的有 Reynolds 黏温关系和 Vogel 黏温关系等。比较简单的黏温关系可以表示为：

$$\eta=\eta_0\exp[-\beta(T-T_0)] \tag{6-4}$$

式中，η 是温度为 T 时的动力黏度；η_0 是温度为 T_0 时的动力黏度；β 是黏温系数。

4. 压力对黏度的影响

当液体或气体所受的压力增加时，分子之间的距离减小，而分子之间的引力增大，因而黏度增加。通常，当矿物油润滑剂所受压力超过 0.02GPa 时，黏度随压力的变化就十分显著，随着压力增大，黏度的变化率也增加。当压力增加到几个 GPa 时，黏度升高几个数量级，直到压力更高时，润滑剂丧失液体性质而变成蜡状固体。由此可知：对于重载流体动压润滑，特别是弹性流体动压润滑状态，黏压特性非常重要。

迄今为止已经提出了许多有关黏度与压力的经验关系式，常用的是 Barus 公式，它用于液体具有适当的精度，而且便于做数学运算。Barus 公式为：

$$\eta=\eta_0 e^{\alpha \cdot p} \tag{6-5}$$

式中，η 是压力为 p 时的动力黏度；η_0 为 1 个大气压力下的动力黏度；α 是液体的黏压系数。

黏压系数的单位是 m^2/N，通常在 10^{-8} 到 10^{-6} 的数量级。黏压系数还是温度的函数，通常温度上升，黏压系数下降，具体数值请查阅有关资料。

6.1.4 雷诺方程

1. 基本假设

为解释流体动压润滑现象，雷诺进行了大量的研究并导出了著名的雷诺方程。雷诺方程是关于润滑膜流场中的参数：厚度 h、流速 U、V 以及压力 p 之间的变化关系的控制方程，从它可以求解出流体润滑的各种基本量如承载能力、油膜厚度以及摩擦力等。这个方程为后来的润滑理论研究奠定了最重要的基础。雷诺方程是在一系列基本假设条件下推导出来的，这些基本假设如下：①忽略体积力的作用，如重力或磁力等。除磁流体外这一般是正确的；②油膜很薄，沿厚度方向上压力不变；③流体在界面上无滑动；④表面曲率半径比油膜厚度大得多；⑤润滑剂是牛顿流体；⑥润滑膜中流体的流动为层流；⑦忽略惯性力的影响；⑧黏度在润滑膜厚度方向不发生变化。

2. 方程推导

在如图 6-4a 的润滑膜流场中，在前面的基本假设下，根据流体的连续性，对润滑膜内某点，如图 6-4b 所示的边长为 $dxdy$ 的微柱进行流量分析，可以求得润滑膜的流体连续方程：

$$\frac{\partial m_x}{\partial x}+\frac{\partial m_y}{\partial y}+\rho(w_h-w_0)=0 \tag{6-6}$$

式中，m_x 和 m_y 分别是 x 方向和 y 方向上单位宽度下的润滑剂流量；w_0 和 w_h 分别是润滑剂在微柱的下表面流入和上表面流出的速度；ρ 是润滑剂的密度。

$$m_x=\int_0^h \rho u \mathrm{d}z \tag{6-7}$$

$$m_y=\int_0^h \rho v \mathrm{d}z \tag{6-8}$$

式中，h 是润滑膜在该点的厚度；u 和 v 分别是润滑膜中的流体在 x 方向和 y 方向的运动速度。

润滑膜内各点流体的速度是各不相同的。对于润滑膜中的任意三维单元体，如图 6-4c 所示。根据 x 方向上润滑膜压力 $p(x,y)$ 和黏性流动剪切力 $\tau(x,y,z)$ 的变化及单元受力分析，可以求得 x 方向的运动速度为

$$u=\frac{1}{2\eta}\frac{\partial p}{\partial x}(z^2-zh)+(U_h-U_0)\frac{z}{h}+U_0 \tag{6-9}$$

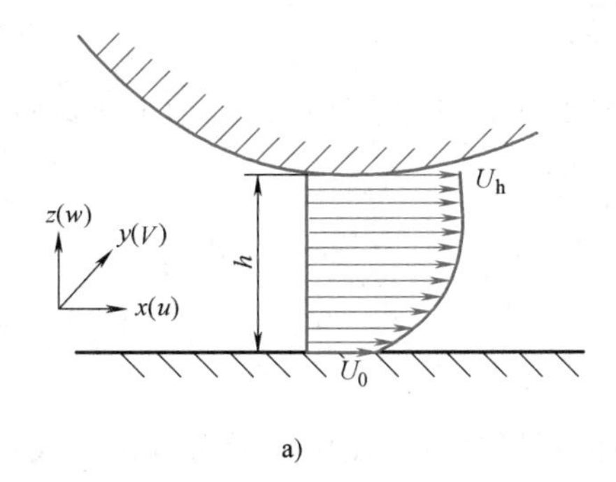

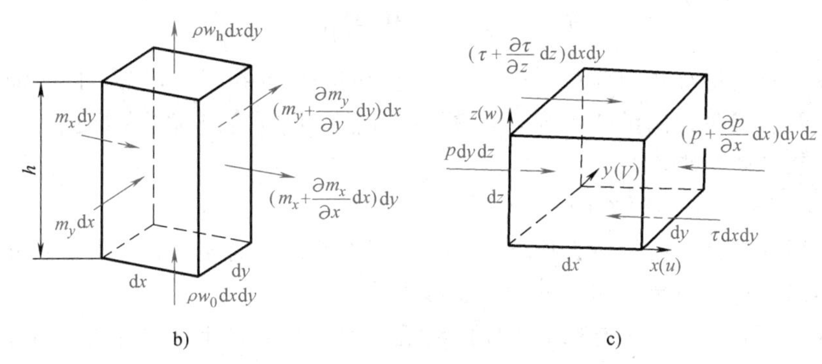

图 6-4　润滑膜流场与微元受力和流量分析

a) 润滑膜流场　b) 微柱流量分析　c) x 方向微元受力分析

同理，可以求得 y 方向的运动速度

$$v=\frac{1}{2\eta}\frac{\partial p}{\partial y}(z^2-zh)+(V_h-V_0)\frac{z}{h}+V_0 \tag{6-10}$$

积分，代入式（6-6）并整理后得到

$$\frac{\partial}{\partial x}\left(\frac{\rho h^3}{\eta}\cdot\frac{\partial p}{\partial x}\right)+\frac{\partial}{\partial y}\left(\frac{\rho h^3}{\eta}\cdot\frac{\partial p}{\partial y}\right)=6\left[\frac{\partial}{\partial x}(U\rho h)+\frac{\partial}{\partial y}(V\rho h)+2\rho(w_h-w_0)\right] \tag{6-11}$$

式中，$U=U_0-U_h$；$V=V_0-V_h$。

这就是雷诺方程的基本形式。它描述了润滑膜流场内的流场参数：油膜厚度 h、压力 p、流体密度 ρ 和流体黏度 η 随位置参数 x、y 及摩擦副表面运动速度 U、V 变化的情况。

6.2 流体动压润滑

6.2.1 雷诺方程的应用与简化

1. 应用参数及其计算

（1）压力分布 p　当已知摩擦副的运动速度和润滑剂的黏度时，对于给定间隙形态 $h(x,y)$ 和边界条件，将雷诺方程积分，即可求得压力分布 $p(x,y)$。

（2）承载能力 W　在整个润滑膜范围内，将压力 $p(x,y)$ 积分就可求得润滑膜所支承的载荷量，即：

$$W=\iint p(x,y)\,dxdy \tag{6-12}$$

这里积分的上下限要根据压力分布来确定。

（3）摩擦力 F　作用在摩擦副表面的润滑膜的摩擦力可以将与表面接触的流体层中的剪应力沿整个润滑膜积分得到，即：

$$F = \pm \iint \tau \big|_{z=0,h} \mathrm{d}x\mathrm{d}y \tag{6-13}$$

考虑到剪应力的作用方向，上式中正号为 $z=0$ 表面上的摩擦力，而负号为 $z=h$ 表面上的摩擦力。

（4）润滑剂流量 Q 通过润滑膜边界流出的流量可以按下式计算

$$Q_x = \int q_x \mathrm{d}y \text{ 或 } Q_y = \int q_y \mathrm{d}x \tag{6-14}$$

各个边界的流出量总和即为总流量。计算流量的必要性在于确定必须的供油量，以保证润滑油填满间隙。同时，流量会影响对流散热的程度。根据流出流量和摩擦功率损失还可以确定润滑膜的热平衡温度。

2. 不同条件下雷诺方程的简化

在实际应用中直接应用雷诺方程求解是比较困难的，目前还没有求出普遍解，因此要针对具体情况加以简化。通常采用以下的简化形式：

（1）$V=0$，U 为常量　只有球形表面的润滑，油膜厚度和速度才可能会同时在 x 和 y 方向发生变化。一般情况可以认为沿 y 方向不发生变化，取 $\partial(Vh)/\partial y=0$；此外，通常固体表面上各点的速度相同，即 U 不是 x 的函数，所以 $\partial(Uh)/\partial x=U\mathrm{d}h/\mathrm{d}x$。这样雷诺方程可以简化为：

$$\frac{\partial}{\partial x}\left(\frac{\rho h^3}{\eta}\cdot\frac{\partial p}{\partial x}\right)+\frac{\partial}{\partial y}\left(\frac{\rho h^3}{\eta}\cdot\frac{\partial p}{\partial y}\right)=6\left[U\frac{\partial}{\partial x}(\rho h)+2\rho(w_{\mathrm{h}}-w_0)\right] \tag{6-15}$$

（2）无流体渗入渗出　因为 w_{h} 和 w_0 实际上表示两表面沿膜厚方向的运动速度，而 $w_{\mathrm{h}}-w_0=\mathrm{d}h/\mathrm{d}t$。如果固体表面不是多孔材料，无流体渗入或渗出，则 $w_{\mathrm{h}}-w_0=0$。雷诺方程可以简化为：

$$\frac{\partial}{\partial x}\left(\frac{\rho h^3}{\eta}\cdot\frac{\partial p}{\partial x}\right)+\frac{\partial}{\partial y}\left(\frac{\rho h^3}{\eta}\cdot\frac{\partial p}{\partial y}\right)=6U\frac{\partial}{\partial x}(\rho h) \tag{6-16}$$

（3）流体不可压缩　在压力和温度变化不大的条件下，液体润滑剂的密度 ρ 可视为常数，则雷诺方程为：

$$\frac{\partial}{\partial x}\left(\frac{h^3}{\eta}\cdot\frac{\partial p}{\partial x}\right)+\frac{\partial}{\partial y}\left(\frac{h^3}{\eta}\cdot\frac{\partial p}{\partial y}\right)=6U\frac{\partial h}{\partial x} \tag{6-17}$$

（4）等黏度　当润滑膜中的热效应不是十分显著时，可视为等温状态，这时流体黏度 η 在整个润滑膜中保持不变，这时雷诺方程为：

$$\frac{\partial}{\partial x}\left(h^3\frac{\partial p}{\partial x}\right)+\frac{\partial}{\partial y}\left(h^3\frac{\partial p}{\partial y}\right)=6U\eta\frac{\partial h}{\partial x} \tag{6-18}$$

（5）无限长近似　如图 6-5 所示，如果润滑膜沿 x 方向的宽度为 B，沿 y 方向的长度为 L。当 $L \gg B$ 时，则 $\partial p/\partial y \ll \partial p/\partial x$，可以近似地取 $\partial p/\partial y=0$，即沿 y 方向无压力变化和液体流

动。此时得到无限长近似的一维雷诺方程：

$$\frac{\mathrm{d}}{\mathrm{d}x}\left(h^3\frac{\mathrm{d}p}{\mathrm{d}x}\right)=6U\eta\frac{\mathrm{d}h}{\mathrm{d}x} \tag{6-19}$$

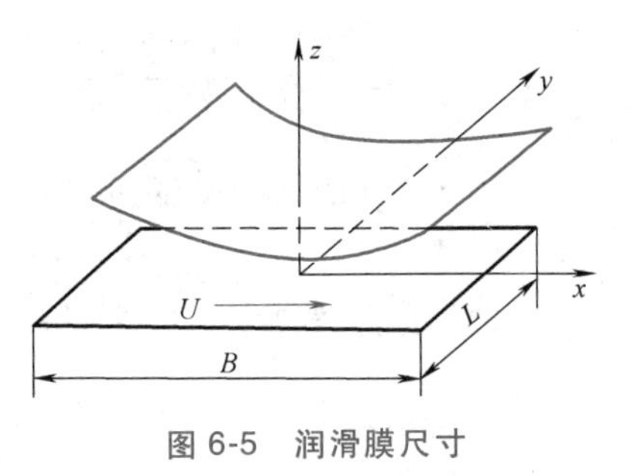

图 6-5　润滑膜尺寸

积分后得到：

$$h^3\frac{\mathrm{d}p}{\mathrm{d}x}=6U\eta+c$$

若在某一点 $h=\bar{h}$ 处，存在 $\mathrm{d}p/\mathrm{d}x=0$，则积分常数 $c=-6U\eta\bar{h}$，于是该方程可整理成：

$$\frac{\mathrm{d}p}{\mathrm{d}x}=6U\eta\frac{h-\bar{h}}{h^3} \tag{6-20}$$

式（6-20）中 $\bar{h}$ 为待定系数，它的数值可以根据边界条件确定。

（6）无限短近似　如图 6-5 所示，当 $L\ll B$ 时，则 $\partial p/\partial y\gg\partial p/\partial x$，此时可近似地令 $\partial p/\partial x=0$。称为无限短近似。如果 h 只随 x 变化而与 y 无关，则：

$$\frac{\mathrm{d}}{\mathrm{d}y}\left(h^3\frac{\mathrm{d}p}{\mathrm{d}y}\right)=6U\eta\frac{\mathrm{d}h}{\mathrm{d}x} \tag{6-21}$$

两次积分后：

$$p=3U\eta\frac{y^2}{h^3}\cdot\frac{\mathrm{d}h}{\mathrm{d}x}+c_1y+c_2$$

由边界条件：当 $y=\pm L/2$ 时，$p=0$；当 $y=0$ 时，由于对称性，$\mathrm{d}p/\mathrm{d}y=0$，求得：

$$c_1=0,c_2=-3U\eta\frac{L^2}{4h^3}\cdot\frac{\mathrm{d}h}{\mathrm{d}x}$$

所以

$$p=3U\eta\frac{1}{h^3}\cdot\frac{\mathrm{d}h}{\mathrm{d}x}\left(y^2-\frac{L^2}{4}\right) \tag{6-22}$$

通常，无限短近似理论用在 $L/R\leqslant 1/3$ 的情况下可以得到满意的近似结果，而无限长近似一般适用于 $L/R>1/3$ 的情况。

6.2.2　无限长斜面（楔形）滑块

楔形滑块是几何形状最简单的流体润滑部件，除单独使用外，通常作为推力滑动轴承的组成元件。

1. 几何关系

如图 6-6 所示的斜面滑块，宽度为 B，垂直于纸面方向的长度 L 很长，可以视为无限长斜面滑块。最小间隙为 h_0、最大间隙为 h_1，收敛比 K 定义为：

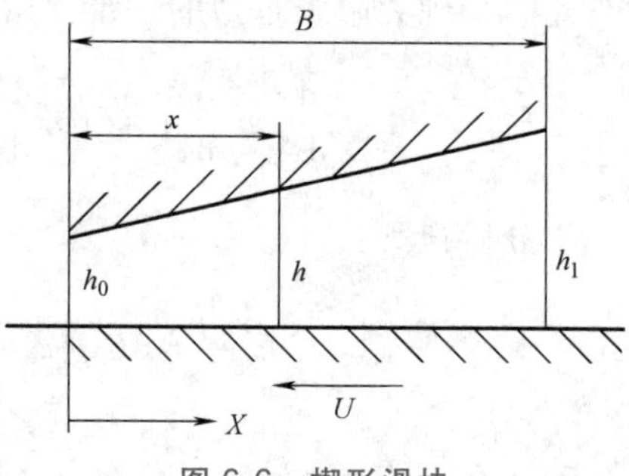

图 6-6　楔形滑块

$$K=\frac{h_1-h_0}{h_0}=\frac{h_1}{h_0}-1 \tag{6-23}$$

任意点 x 处的油膜厚度为：

$$h=h_0+\frac{h_1-h_0}{B}x=h_0\left(1+\frac{Kx}{B}\right) \tag{6-24}$$

2. 压力分布

为了形成流体动压润滑，运动件必须向左移动，即滑动速度 U 相对坐标 x 而言为负值，所以无限长近似条件下的一维雷诺方程式（6-11）变为：

$$\frac{\mathrm{d}p}{\mathrm{d}x}=-6U\eta\left(\frac{h-\bar{h}}{h^3}\right) \tag{6-25}$$

对 x 积分，考虑 $\mathrm{d}h=h_0K\mathrm{d}x/B$，并代入后得：

$$\frac{h_0K}{6U\eta B}p=\frac{1}{h}-\frac{\bar{h}}{2h^2}+c \tag{6-26}$$

式中，$\bar{h}$、c 为积分常数。$\bar{h}$ 和 c 的数值应根据压分布的边界条件来确定，即当 $h=h_0$ 和 $h=h_1$ 时，$p=0$。据此，求得两常数值为：

$$\bar{h}=\frac{2h_0h_1}{h_0+h_1}=2h_0\frac{K+1}{K+2} \tag{6-27}$$

$$c=-\frac{1}{h_0+h_1}=-\frac{1}{h_0(K+2)} \tag{6-28}$$

代入原方程，最后求得压力分布的表达式：

$$p=\frac{6U\eta B}{h_0K}\left[\frac{1}{h}-\frac{h_0}{h^2}\cdot\frac{K+1}{K+2}-\frac{1}{h_0(K+2)}\right] \tag{6-29}$$

设无量纲压力为 $p^*=\frac{{h_0}^2}{6U\eta B}p$，即：

$$p^*=\frac{1}{K}\left[\frac{1}{1+Kx/B}-\frac{1}{(1+Kx/B)^2}\cdot\frac{K+1}{K+2}-\frac{1}{K+2}\right] \tag{6-30}$$

由于当 $h=\bar{h}$ 时，$\mathrm{d}p/\mathrm{d}x=0$，压力达到最大值，可以求得最大压力为

$$p_{\max}=\frac{6U\eta B}{h_0K}\frac{(h_1-h_0)^2}{4h_0h_1(h_0+h_1)} \tag{6-31}$$

$$p^*_{\max}=\frac{K}{4(K+1)(K+2)} \tag{6-32}$$

3. 承载量

将滑块的压力分布函数沿宽度 B 方向积分，考虑 $\mathrm{d}h=h_0K\mathrm{d}x/B$，就求得单位长度上的承载量，即：

$$\frac{W}{L}=\int_0^B p\mathrm{d}x=\frac{B}{h_0K}\int_{h_0}^{h_1}p\mathrm{d}h \tag{6-33}$$

把式（6-29）代入得：

$$\frac{W}{L}=\frac{6U\eta B^2}{{h_0}^2K^2}\int_{h_0}^{h_1}\left[\frac{1}{h}-\frac{h_0}{h^2}\cdot\frac{K+1}{K+2}-\frac{1}{h_0(K+2)}\right]\mathrm{d}h \tag{6-34}$$

故

$$\frac{{h_0}^2}{6U\eta B^2L}W=\frac{1}{K^2}\left[\ln\frac{h_1}{h_0}-\frac{2(h_1-h_0)}{h_1+h_0}\right] \tag{6-35}$$

设无量纲载荷为 $W^*=\dfrac{{h_0}^2}{6U\eta B^2L}W$，则：

$$W^*=\frac{1}{K^2}\left[\ln(1+K)-\frac{2K}{K+2}\right] \tag{6-36}$$

由此可知，无量纲载荷的数值仅取决于 K 值的大小。若由式（6-36）取 $\mathrm{d}W^*/\mathrm{d}K=0$，求得对应于最大承载量的 K 值。计算表明当 $K=1.2$，即 $h_1/h_0=2.2$ 时，W^* 最大，为 0.0267。

4. 摩擦力

根据牛顿黏性定律公式（6-2），把流体速度公式（6-9）代入，可得到表面的切应力为

$$\tau|_{z=0}=\eta\frac{\mathrm{d}u}{\mathrm{d}z}|_{z=0}=\frac{\partial p}{\partial x}\left(-\frac{h}{2}\right)+\frac{\eta U}{h} \tag{6-37}$$

作用在运动表面上单位长度的摩擦力为

$$\frac{F_0}{L}=\int_0^B\tau|_{z=0}\mathrm{d}x=\int_0^B\left(-\frac{h}{2}\frac{\mathrm{d}p}{\mathrm{d}x}+\frac{\eta U}{h}\right)\mathrm{d}x \tag{6-38}$$

考虑 $\mathrm{d}h=h_0K\mathrm{d}x/B$，积分后可以求得：

$$\frac{F_0}{L}=\frac{h_0K}{2B}\cdot\frac{W}{L}+\frac{U\eta B}{h_0K}\ln(1+K) \tag{6-39}$$

将承载量 W 值代入后，化简得：

$$\frac{F_0}{L}=\frac{U\eta B}{h_0}\left[\frac{4\ln(1+K)}{K}-\frac{6}{K+2}\right] \tag{6-40}$$

令无量纲摩擦力 $F^*=\dfrac{h_0}{U\eta BL}F_0$，则：

$$F^*=\frac{4\ln(1+K)}{K}-\frac{6}{K+2} \tag{6-41}$$

5. 流量

沿 x 方向单位长度上的流量为：

$$q_x = \int_0^h u\mathrm{d}z \tag{6-42}$$

把流体速度公式（6-9）代入，化简后得：

$$q_x = \frac{U}{2}h - \frac{h^3}{12\eta}\frac{\mathrm{d}p}{\mathrm{d}x} \tag{6-43}$$

由于是无限长滑块，不存在端泄流动，即 $q_y=0$，沿长度上积分得到：

$$Q_x = \int_0^L q_x \mathrm{d}y = \int_0^L \left(\frac{U}{2}h - \frac{h^3}{12\eta}\frac{\mathrm{d}p}{\mathrm{d}x}\right)\mathrm{d}y \tag{6-44}$$

当 $h=\bar{h}$ 时，$\mathrm{d}p/\mathrm{d}x=0$，积分并把 $\bar{h}=2h_0\dfrac{K+1}{K+2}$ 代入，得到：

$$\frac{Q_x}{L} = \frac{1}{L}\int_0^L \frac{U}{2}\bar{h}\mathrm{d}y = Uh_0\frac{K+1}{K+2} \tag{6-45}$$

轴承试验机

6.2.3 径向轴承

径向轴承是流体动压润滑理论中最重要的领域，应用也最广泛。如图 6-7 所示，它是由固定的轴承及在轴承内转动的轴颈构成。轴承内径比轴颈大 0.1%～0.2%。运转时油膜的径向厚度随位置角的不同而连续变化，它有收缩段和扩散段之分，二者首尾相连。本节主要研究这种稳定载荷下的径向轴承。

1. 油膜厚度的分布

如图 6-7 所示，轴承孔中心为 O，轴颈中心为 C，轴承半径为 R，轴颈半径为 r，OC 为轴承和轴颈的偏心距，用 e 表示。将 CO 延长线交轴承于 E 点，此处为最大油膜位置，极坐标角 θ 从 OE 线起量。将 OC 延长线交轴承于 F 点，最小油膜厚度即在此位置上。

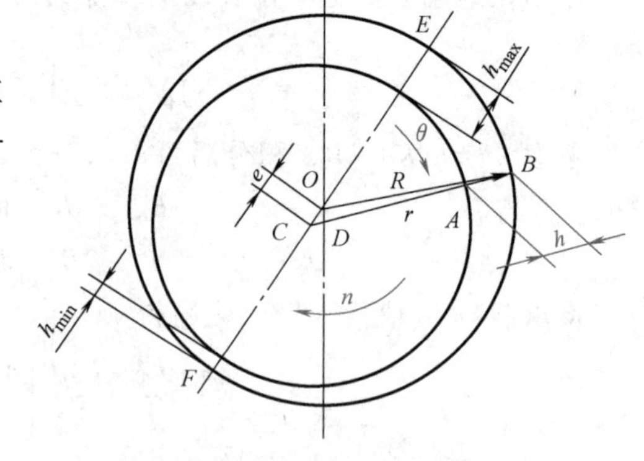

图 6-7　油膜厚度 h 的分布

由图 6-7 可知，$OB=R$，$CB=r+h$，h 为该位置的油膜厚度。设轴承与轴颈半径间隙为 $c=R-r$，则最小油膜厚度为：

$$h_{\min} = c-e \tag{6-46}$$

最大油膜厚度为：

$$h_{\max} = c+e \tag{6-47}$$

在任意位置上油膜厚度 h 为

$$h=(R-r)+e\cos\theta = c+e\cos\theta = c(1+\varepsilon\cos\theta) \tag{6-48}$$

式中，$\varepsilon=e/c$ 称为偏心率，是计算径向轴承的重要参数。当轴与轴承同心时，$\varepsilon=0$；当轴和轴承接触时，$\varepsilon=1$，即 $0\leqslant\varepsilon\leqslant1$。最小油膜厚度 h_{min} 在 $\theta=\pi$ 处；最大油膜厚度 h_{max} 在 $\theta=0$ 处，即

$$h_{min}=c(1+\varepsilon\cos\pi)=c(1-\varepsilon)=R\psi(1-\varepsilon) \tag{6-49}$$

$$h_{max}=c(1+\varepsilon)=R\psi(1+\varepsilon) \tag{6-50}$$

式中，$\psi=c/R$ 称为相对间隙，为半径间隙与轴承公称半径之比。

2. 压强分布（短轴承）

考虑 $x=R\theta$，$h=c(1+\varepsilon\cos\theta)$，则：

$$\frac{\mathrm{d}h}{\mathrm{d}x}=\frac{\mathrm{d}h}{R\mathrm{d}\theta}=-\frac{c\varepsilon\sin\theta}{R} \tag{6-51}$$

根据无限短近似条件下的雷诺方程得到的压强分布公式（6-22），可以得到油膜中任意点的压强为：

$$p=\frac{3U\eta\varepsilon\sin\theta}{c^2R(1+\varepsilon\cos\theta)^3}\left(\frac{L^2}{4}-y^2\right) \tag{6-52}$$

式中，p 为油膜压强；U 为轴颈表面平均速度；L 为轴承宽度（沿轴线方向）；y 为轴向坐标。

式（6-52）表明了轴承周围压强的分布。很显然，压强在圆周上的变化和 $\sin\theta/(1+\varepsilon\cos\theta)^3$ 成比例。当 $0<\theta<\pi$ 时，压强 p 为正值；而在 $\pi<\theta<2\pi$ 时，压强为负值。计算轴承载荷时不计 π 到 2π 之间的负压，其压强一律取为0。

3. 载荷

无限窄径向轴承的承载量可对压力进行积分求得。如图6-8所示，由于压强在圆周（θ）和轴线（y 向）两方向发生变化，因此，需进行两重积分。与连心线 OC 成 θ 角处取任一微小面积 $R\mathrm{d}\theta\mathrm{d}y$，该面积上的压强为 p，压力为 $pR\mathrm{d}\theta\mathrm{d}y$。压力连心线上的分力为 $PR\mathrm{d}\theta\mathrm{d}y\cos\theta$，切向方向的分力为 $PR\mathrm{d}\theta\mathrm{d}y\sin\theta$。流体动压润滑时油膜压力与外载荷平衡，而载荷 W 也可沿连心线方向和垂直于连心线方向分解为 W_x 和 W_y 两个分量，则：

$$W_x=\int_{-\frac{L}{2}}^{+\frac{L}{2}}\int_0^{\pi}pR\cos\theta\mathrm{d}\theta\mathrm{d}y \tag{6-53}$$

$$W_y=\int_{-\frac{L}{2}}^{+\frac{L}{2}}\int_0^{\pi}pR\sin\theta\mathrm{d}\theta\mathrm{d}y \tag{6-54}$$

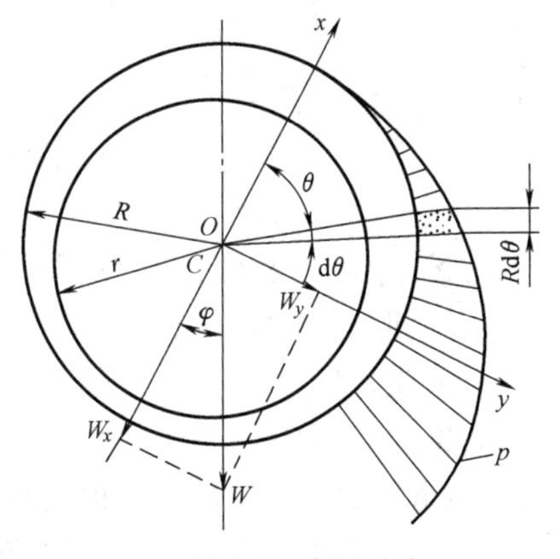

图6-8 压强分布

对上式进行积分得出 W_x 和 W_y，根据 $W=\sqrt{W_x^2+W_y^2}$ 求出 W，整理后得到：

$$W=\frac{U\eta L^3}{c^2}\cdot\frac{\pi}{4}\cdot\frac{\varepsilon}{(1-\varepsilon^2)^2}\left[\left(\frac{16}{\pi^2}-1\right)\varepsilon^2+1\right]^{1/2} \tag{6-55}$$

考虑 $16/\pi^2-1=0.62$，整理成无量纲形式：

$$\frac{W}{LU\eta}\cdot\frac{c^2}{R^2}\cdot\frac{(2R)^2}{L^2}=\frac{\pi\varepsilon}{(1-\varepsilon^2)^2}(0.62\varepsilon^2+1)^{1/2} \tag{6-56}$$

定义：

$$\Delta=\frac{W}{LU\eta}\cdot\frac{c^2}{R^2} \tag{6-57}$$

Δ 为索莫菲尔德（Sommerfeld）数，又称为轴承系数或载荷系数。根据式（6-56）得到：

$$\Delta=\left(\frac{L}{D}\right)^2\frac{\pi\varepsilon}{(1-\varepsilon^2)^2}(0.62\varepsilon^2+1)^{1/2} \tag{6-58}$$

式（6-58）表明，轴承的承载能力和偏心率 ε、宽径比 L/D 有关。当给定 ε 值时，Δ 与 L/D 的平方成正比，在 $L/D=1$ 时的 Δ 值是 $L/D=1/4$ 时的 16 倍，即载荷可增大至原来的 16 倍。对于宽径比 $L/D\leqslant1$ 的轴承，当偏心率 $\varepsilon\leqslant0.6$ 时，无限短轴承理论的结果是足够精确的。

4. 偏位角

图 6-8 中，连心线 OC 与载荷 W 作用线之间的夹角叫偏位角，用符号 φ 表示。φ 可由下式求得：

$$\tan\varphi=-\frac{W_y}{W_x}=\frac{\pi}{4}\frac{\varepsilon}{(1-\varepsilon^2)^{3/2}}\frac{(1-\varepsilon^2)^2}{\varepsilon^2}=\frac{\pi}{4}\frac{(1-\varepsilon^2)^{1/2}}{\varepsilon} \tag{6-59}$$

5. 摩擦力

由无限短轴承理论得 $\mathrm{d}p/\mathrm{d}\theta=0$，沿圆周方向不存在由于压力变化引起的剪切应力，因而 $\tau=U\eta/h$，则作用在轴颈上的摩擦力为：

$$F=\int_{-L/2}^{+L/2}\int_0^{2\pi}\tau R\mathrm{d}\theta\mathrm{d}y=\int_0^{2\pi}\frac{U\eta RL}{c(1+\varepsilon\cos\theta)}\mathrm{d}\theta \tag{6-60}$$

积分后得到：

$$F=\frac{2\pi\eta URL}{c}(1-\varepsilon^2)^{-1/2} \tag{6-61}$$

当 $\varepsilon=0$ 时，式（6-61）变为 $F=2\pi\eta URL/c$，它表示轴颈处于与轴承同心时的摩擦力，而式（6-61）中的第二项 $(1-\varepsilon^2)^{-1/2}$ 为增率，它反映轴颈偏心率对摩擦力的影响，可知当 ε 增加时，F 值也增加。

6. 流量

轴承最重要的是补偿油量，也叫侧泄量，就是抽吸到轴承中以注满轴承的油量。参照式（6-43），并考虑式中 $\mathrm{d}x=R\mathrm{d}\theta$，则周向流量：

$$q_x=\frac{U}{2}h-\frac{h^3}{12\eta}\frac{\mathrm{d}p}{R\mathrm{d}\theta} \tag{6-62}$$

即补偿油量由压力流量和速度流量两部分组成。

短轴承理论中，$\mathrm{d}p/\mathrm{d}\theta=0$，故式（6-62）只剩下一项。补偿流量 Q 就是入口处流入的油量和出口处流出的油量之差，即：

$$Q=q_xL=\frac{U}{2}(h_{\max}-h_{\min})=\frac{U}{2}L[c(1+\varepsilon)-c(1-\varepsilon)]=ULc\varepsilon \tag{6-63}$$

6.2.4　线接触分析：Martin 公式

对齿轮、凸轮和短圆柱滚动轴承等高副机构，在载荷很轻的情况下，可把滚动体看成是刚性的，工作过程中不考虑它的接触变形，同时认为润滑油的黏度是恒定的，不考虑黏度随压力增大而发生的变化。

1. 几何关系

图 6-9 所示为一圆柱体与平面接触时的润滑情况，圆柱体与平面之间被润滑油膜隔开。由几何关系可求得任意位置上油膜的厚度为：

$$h=h_0+\frac{x^2}{2R} \tag{6-64}$$

式中，h_0 是最小油膜厚度。

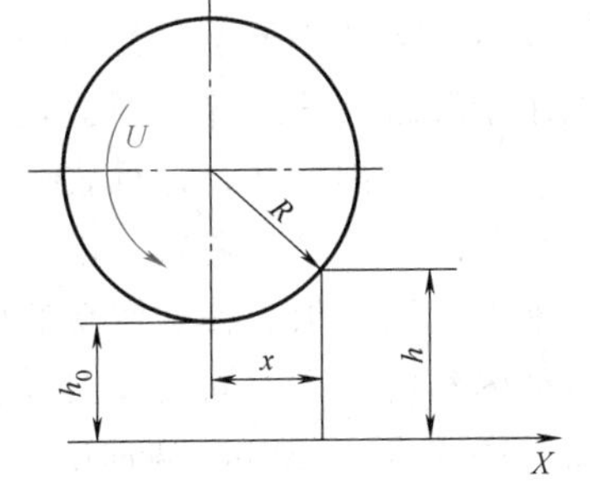

图 6-9　圆柱与平面

对于两个轴线平行的圆柱体相接触时的润滑情况，可以将两圆柱体转化成一当量圆柱体与一平面之间的润滑，当量圆柱体的曲率半径为 R，可以由 $1/R=1/R_1+1/R_2$ 求得。R_1 和 R_2 为两圆柱体的半径。

2. 承载能力计算

由于接触带宽度（垂直纸面方向）远大于接触带长度（沿 x 方向），因此，可以不计润滑油的端泄量。利用无限长近似简化的一维雷诺方程（式（6-20）），即

$$\frac{\mathrm{d}p}{\mathrm{d}x}=6U\eta\frac{h-\bar{h}}{h^3}$$

把式（6-64）代入后积分，然后利用两个边界条件：① $x\to-\infty$ 时，$p=0$；② $h\to\bar{h}$，即 $x\to\bar{x}$ 时，$p=\mathrm{d}p/\mathrm{d}x=0$；可以求出：

$$p=\frac{6\eta U}{h_0^2}\sqrt{2Rh_0}\frac{1}{2}\left\{\gamma+\frac{\pi}{2}+\frac{\sin2\gamma}{2}-1.226\left[\frac{3}{4}\left(\gamma+\frac{\pi}{2}\right)+\frac{\sin2\gamma}{2}+\frac{\sin4\gamma}{16}\right]\right\} \tag{6-65}$$

其中

$$\tan\gamma=\frac{x}{\sqrt{2Rh_0}} \tag{6-66}$$

对式（6-65）压强 p 进行积分就可以求得润滑膜的承载能力：

$$\frac{W}{B}=\int_{-\infty}^{\bar{x}}p\mathrm{d}x=4.9\frac{\eta UR}{h_0} \tag{6-67}$$

式中，B 为刚性圆柱体的宽度（m）；W 为外载荷（N）；η 为常压下的润滑油的黏度（$\mathrm{N\cdot s/m^2}$）。

这个公式是英国人 Martin 在 1916 年提出的，称为 Martin 公式。实验证明，只有在很轻的载荷作用下圆柱体才可被视为刚体，并且只有在很轻的载荷作用下润滑剂的黏度才基本保持不变，因此 Martin 公式只适用于轻载荷。

6.3　弹性流体动压润滑

前面讨论的流体动压润滑理论及计算，是假定两个润滑表面相对运动时仍保持完全的刚

性，未产生弹性变形，这在低副接触（比压小）时是正确的。对于高副接触，如齿轮、滚动轴承等，其比压很大，运用流体动压润滑理论就不合适了。1916 年，Martin 将雷诺方程用到齿轮（线接触）中，假设为刚体等黏度状态，所导出的最小油膜厚度比一般加工的表面粗糙度还要小，即按照流体动压润滑计算高副时，所得出的油膜厚度不足以将两个表面隔开。但事实上并非如此，当时人们发现，横渡大西洋的 Queen Mary 号邮船在使用多年后，齿轮表面的加工痕迹仍然可见，证明有足够的油膜厚度。人们怀疑 Martin 公式，认为它只能用于轻载高速工况，不适宜于重载，并开始寻找解决问题的新途径。

后来人们发现，在重载接触（高副）情况下，点、线接触时接触面积的典型值仅为滑动轴承的千分之一左右，在载荷相同的情况下，点、线接触的平均压力（力/面积）将比滑动轴承大上千倍。在这样高的压力下，实际上刚性流体润滑理论已不再适用。即高压会使润滑剂的黏度增高，同时还会使接触体发生弹性变形、接触面积增大，从而使润滑膜厚度增加。1949 年，Grubin 从理论上将黏压方程、弹性方程与雷诺方程综合求解获得成功。这种必须考虑弹性变形及流体黏压特性影响的润滑状态称为弹性流体动压润滑（Elasto-hydrodynamic Lubrication），简称弹流。

6.3.1 Ertel-Grubin 近似解

弹性流体动压润滑需要把雷诺方程、Hertz 弹性方程及黏压方程统一起来求解，1949 年 Grubin 首先求得线接触条件下的弹性流体膜的膜厚计算公式。

1. 线接触弹性变形

图 6-10 所示为半径为 R 的弹性圆柱与刚性平面相互接触时的压力分布和弹性变形情况。施加载荷 W 后，两表面相互挤压而产生位移。在宽度为 $2b$ 的接触区内接触应力按椭圆分布，接触区内表面被压平，接触区以外的表面也要产生变形。根据 Hertz 理论，在接触区以外的间隙为：

$$h_{\mathrm{H}}=\frac{2b}{E'}\frac{2W}{\pi bL}\left[\frac{x}{b}\sqrt{\frac{x^2}{b^2}-1}-\ln\left(\frac{x}{b}+\sqrt{\frac{x^2}{b^2}-1}\right)\right] \tag{6-68}$$

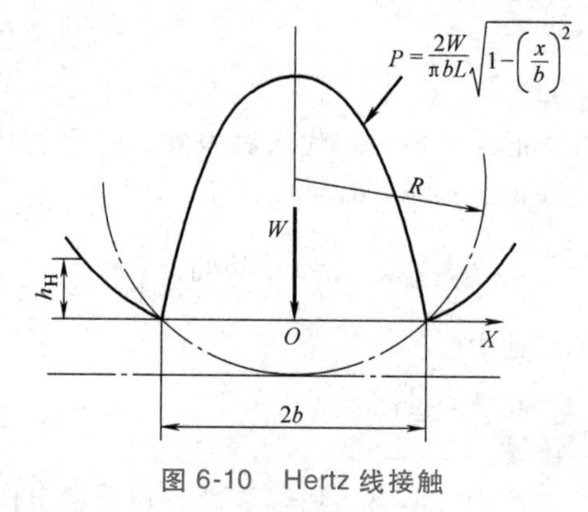

图 6-10　Hertz 线接触

式中，W 是载荷；b 是接触区半宽；L 是圆柱长度；E'是综合弹性模量。

令：

$$\delta=2\left[\frac{x}{b}\sqrt{\frac{x^2}{b^2}-1}-\ln\left(\frac{x}{b}+\sqrt{\frac{x^2}{b^2}-1}\right)\right] \tag{6-69}$$

则：

$$h_{\mathrm{H}}=\frac{W}{L\pi E'}\delta \tag{6-70}$$

2. 考虑黏压效应的雷诺方程

将润滑油的黏度随压力变化的关系式 $\eta=\eta_0\mathrm{e}^{\alpha p}$ 代入雷诺方程式（6-20）得到：

$$\frac{\mathrm{d}p}{\mathrm{d}x}=12U\eta_0\mathrm{e}^{\alpha p}\frac{h-\bar{h}}{h^3} \tag{6-71}$$

若令：

$$q=-\frac{1}{\alpha}\int_0^p \mathrm{d}(\mathrm{e}^{-\alpha p})=\frac{1-e^{-\alpha p}}{\alpha} \tag{6-72}$$

q 称为诱导压力，则：

$$\frac{\mathrm{d}q}{\mathrm{d}x}=-\frac{1}{\alpha}\frac{\mathrm{d}\mathrm{e}^{-\alpha p}}{\mathrm{d}x}=\mathrm{e}^{-\alpha p}\frac{\mathrm{d}p}{\mathrm{d}x} \tag{6-73}$$

将上式代入式（6-71），即可求得考虑黏压效应的雷诺方程

$$\frac{\mathrm{d}q}{\mathrm{d}x}=12U\eta_0\frac{h-\bar{h}}{h^3} \tag{6-74}$$

3. 油膜厚度计算

为便于求解，Grubin 假设：①在接触区内压力 p 值很高，以致 $\mathrm{e}^{-\alpha p}\rightarrow 0$，$q$ 为常数，形成一个 $h_0=\bar{h}$ 的间隙；②接触区外仍保持弹性变形，形成的间隙为 $h=\bar{h}+h_{\mathrm{H}}$。代入考虑黏压效应的雷诺方程式（6-74）得到：

$$\frac{\mathrm{d}q}{\mathrm{d}x}=12U\eta_0\frac{W\delta/\pi E'L}{h^3} \tag{6-75}$$

进行无量纲化处理，令：

$$q^*=\left(\frac{W}{\pi E'L}\right)^2\frac{q}{12U\eta_0 b},\ H=\frac{h\pi E'L}{W},\ x^*=\frac{x}{b}$$

得到无量纲的雷诺方程为：

$$\frac{\mathrm{d}q^*}{\mathrm{d}x^*}=\frac{\delta}{H^3} \tag{6-76}$$

根据边界条件：当 $x^*=-\infty\ (x=-\infty)$ 时，$p=q=q^*=0$，而 $x^*=-1(x=-b)$ 处的 q^* 值可以采用定积分计算，即：

$$q^*=\int_{-\infty}^{-1}\frac{\delta\mathrm{d}x^*}{H^3}=\int_{-\infty}^{-1}\frac{\delta\mathrm{d}x^*}{(H_0+\delta)^3}$$

该积分式中，H_0 与 x^* 无关，δ 是 x^* 的函数，采用数值积分，并用回归法得到 $q*$ 与 H_0 的关系式为：

$$q^*=0.0986H_0^{-11/8} \tag{6-77}$$

换算成有量纲的原始量为：

$$\frac{h_0}{R}=1.95\left(\frac{U\eta_0\alpha}{R}\right)^{8/11}\left(\frac{E'LR}{W}\right)^{1/11} \tag{6-78}$$

这就是 Ertel-Grubin 公式，它的意义不仅在于首次建立了线接触弹流的膜厚公式，而且还表现在这种方法被广泛用于处理弹流润滑的其他问题。

6.3.2　数值解算

1. 数值解算法原理

各种各样的流体润滑问题都涉及在狭小间隙中流体的黏性流动，描写这种物理现象的基本方程为雷诺方程，它的普遍形式为式（6-11）。它是一个椭圆型的偏微分方程，仅对于特

殊的间隙形状才有可能求得解析解；对于复杂的几何形状或复杂工况条件下的润滑问题，根本无法用解析方法求解。而数值解法才是解决润滑问题的有效途径。

数值解法是将偏微分方程转化为代数方程组的变换方法。它的一般原则是：首先将求解域划分成有限个数的单元，并使每一个单元充分的微小，以至于可以认为在各单元内的未知量（例如油膜压力 p）彼此相等或按照线性变化，而不会造成很大的误差。然后，通过物理分析或数学变换方法，将求解的偏微分方程写成离散形式，转化成一组线性代数方程。该代数方程组表示各个单元的待求未知量与周围各单元未知量的关系。最后，根据 Gauss 消去法或者 Gauss-Seidel 迭代法求解方程组，从而求得整个求解域上的未知量。

求解雷诺方程的方法很多，最常用的是有限差分法和有限单元法，后来发展成熟的边界元方法在润滑计算中也得到了应用。这些方法都是将求解域划分成多个单元，但是处理方法各不相同。在有限差分法和有限单元法中，代替基本方程的函数在求解域内是近似的，但能够完全满足边界条件。边界元法所用的函数在求解域内完全满足基本方程，但在边界上则近似满足边界条件。

数值方法的特点是对复杂问题能够给出较准确的解，这对于某些重要的设计和理论研究来说无疑是有效的手段。然而，数值方法也存在缺点。首先，它得出的解答只适用于具体的结构和参数条件，缺乏通用性。其次，该方法程序编制复杂，对计算机的性能有一定的要求。这些妨碍了其在一般工程设计中的广泛应用。

为了适应工程设计的需要和增加数值解的通用性，通常将各种计算数据采用多元回归方法归纳成计算公式。首先，归纳公式前要列出影响关键性能的相关参数，如影响径向轴承承载能力 W 的相关参数包括：①轴承长度 L；②半径间隙 c；③轴颈直径 D；④偏心率 ε；⑤转速 N；⑥供油温度 T；⑦润滑油低温（100℃）黏度 η_{100}；⑧润滑油高温（200℃）黏度 η_{200} 等。然后，根据经验资料选择各个参数之间的函数关系，通常采用指数函数，即：

$$w = K\eta_{100}^{a}\eta_{200}^{b}L^{c}D^{d}N^{e}c^{f}T^{g}\left(\frac{\varepsilon}{1-\varepsilon}\right)^{h} \tag{6-79}$$

最后，根据大量的理论计算或实验测量数据，采用多元回归的方法确定函数关系中的 K 和指数 a、b、c、d、e、f、g、h 的值。显然，这样确定的计算公式不可能十分准确地符合全部数据，而只能具有一定的置信度。同时在整个过程中，必须反复试算和修改才能得到满意的结果。

2. 线接触的 Dowson 公式

在系统数值计算的基础上，Dowson 等人先后两次提出线接触弹流润滑的最小油膜厚度计算公式。1967 年他们提出的修正公式为：

$$H_{\min}^{*} = 2.65\frac{G^{*0.54}U^{*0.7}}{W^{*0.13}} \tag{6-80}$$

以上就是通常采用的 Dowson-Higginson 公式。

式中，$H_{\min}^{*} = h_{\min}/R$，为油膜厚度参数；$G^{*} = \alpha E'$，为材料参数；$U^{*} = \dfrac{U\eta_0}{E'R}$，为速度参数；$W^{*} = \dfrac{W}{E'LR}$，为载荷参数。

其有量纲形式为：

$$h_{min}=\frac{2.65\alpha^{0.54}(\eta_0 U)^{0.7}R^{0.43}L^{0.13}}{E'^{0.03}W^{0.13}} \tag{6-81}$$

需要指出，接触区的油膜并不完全像图 6-10 所示的那样是一个均匀间隙，而是如图 6-11 所示，由于油膜出口端的压力骤降，弹性应力减小，出口边缘会有一个油膜颈缩，在这个颈缩处会出现最小油膜厚度 h_{min}。Dowson 公式是计算颈缩处的最小膜厚 h_{min}，而 Ertel-Grubin 公式实际上是计算接触区入口处 $x=-b$ 的膜厚 h_0。Dowson 等人用数值计算证明：接触中心膜厚 h_0 与 Ertel-Grubin 公式的计算相当接近；同时，最小油膜厚与中心膜厚的比值 $h_{min}/h_c=3/4$。

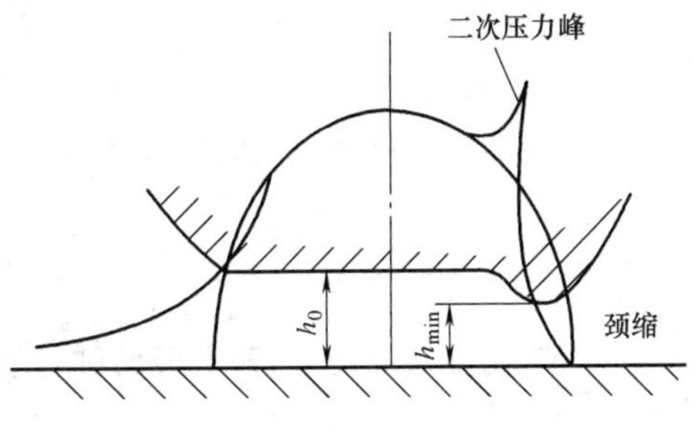

图 6-11　颈缩与二次压力峰

3. 点接触 Hamrock-Dowson 膜厚公式

Hamrock 和 Dowson 在 1976 年对等温点接触弹流润滑进行了系统的数值分析，并提出了以下油膜厚度计算公式，即 Hamrock-Dowson 公式。

$$H_{min}^*=3.63\frac{G^{*0.49}U^{*0.68}}{W^{*0.073}}(1-e^{-0.68k}) \tag{6-82}$$

$$H_c^*=2.69\frac{G^{*0.53}U^{*0.67}}{W^{*0.067}}(1-0.61e^{-0.73k}) \tag{6-83}$$

式中的无量纲参数为：最小油膜厚度参数 $H_{min}^*=\frac{h_{min}}{R_x}$；中心油膜厚度参数 $H_c^*=\frac{h_c}{R_x}$；材料参数 $G^*=\alpha E'$；速度参数 $U^*=\frac{U\eta_0}{E'R_x}$；载荷参数 $W^*=\frac{W}{E'R_x^2}$；椭圆率 $k=\frac{a}{b}$。

式（6-82）和式（6-83）中括号内因子用于考虑端泄影响，它的大小与椭圆率 k 有关。当其他参数保持不变时，由 Hamrock-Dowson 公式计算得到的油膜厚度随椭圆率的增加而迅速增大。但当 $k>5$ 时，油膜厚度随 k 的变化就很小。此时，由式（6-82）计算的点接触最小油膜厚度和由式（6-80）求得的线接触最小油膜厚度基本相同；而由式（6-83）计算的点接触中心膜厚 h_c 值与式（6-78）算得的入口处的油膜厚度 h_0 也基本相同。由此可知：对于椭圆率 $k>5$ 的椭圆接触弹流油膜厚度可以近似采用线接触膜厚公式进行计算。实验证明：Hamrock-Dowson 公式的计算值与实际测量值较为一致，因此推荐用于等温点接触的弹流润滑计算。

6.3.3　润滑状态图

1. 线接触问题

迄今为止，在各种有关线接触润滑的油膜厚度计算公式中，所采用的无量纲参数共有十多组，而每组由 3~4 个参数组成，各个参数的物理意义和表达形式也不相同。从数学上分析，若要表示油膜厚度与其他物理量之间的关系，只需要 3 个无量纲参数就够了。Johnson 分析归纳了 3 个具有物理意义的无量纲参数，用这 3 个无量纲参数可以表示线接触润滑的各种膜厚公式。这 3 个无量纲参数为：

（1）膜厚参数 h_f　它表示实际最小油膜厚度与刚性润滑理论算得的油膜厚度的相对大小。

$$h_f=\frac{h_{min}W}{\eta_0 URL} \tag{6-84}$$

（2）黏性参数 g_V　它表示润滑剂的黏度随压力变化的大小。

$$g_V=\left(\frac{W^3}{\eta_0 UR^2L^3}\right)^{\frac{1}{2}} \tag{6-85}$$

（3）弹性参数 g_e　它表示表面弹性变形的大小。

$$g_e=\left(\frac{W^2}{\eta_0 UE'RL^2}\right)^{\frac{1}{2}} \tag{6-86}$$

图 6-12 是 Hooke 提出的线接触问题润滑状态图。图中纵坐标为黏性参数 g_V，横坐标为弹性参数 g_e，并绘出通过计算求得的无量纲膜厚参数 h_f 的等值曲线。同时，以四条直线为界将整个图面划分成四个润滑状态区，给出了各状态区所适用的线接触润滑油膜厚度计算公式。

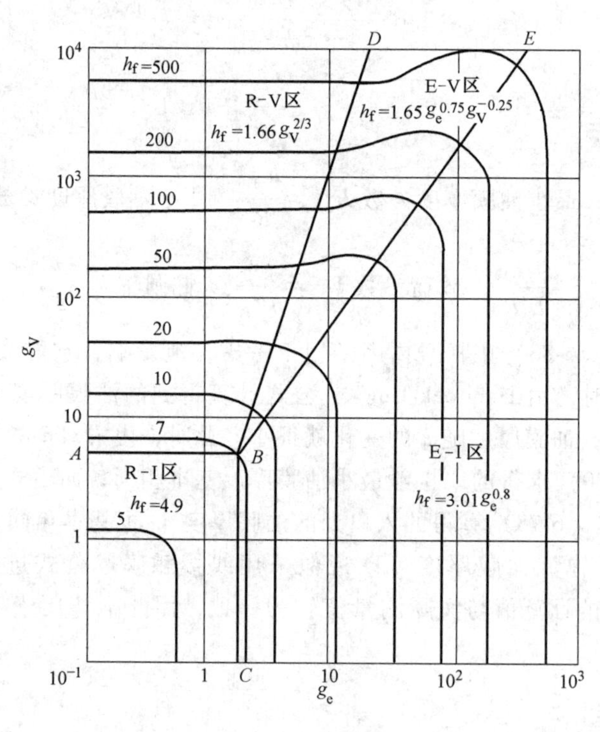

图 6-12　Hooke 线接触润滑状态图

如图 6-12 所示，汇交于 B 点的四条直线的方程式为：

AB：$g_V=5$

BD：$g_V^{-1/3}g_e=1$

BC：$g_e=2$

BE：$g_Vg_e^{-7/5}=2$

由这四条线划分的这四个润滑状态区的情况如下：

1）刚性-等黏度（R-I）区。在此区域内，由于 g_V 和 g_e 的数值都很小，即压力对黏度无明显影响，并且表面弹性变形甚微，因此黏压效应和弹性变形均可忽略不计。这种状态符合高速轻载时金属接触副的润滑条件。此时，可以根据 Martin 公式计算油膜厚度，$h_f=4.9$ 为定值，与 g_V 和 g_e 的大小无关。

2）刚性-变黏度（R-V）区。在这一区内，g_e 仍保持较低的数值，即表面弹性变形很小，可近似地按刚性处理。而 g_V 值较高，黏压效应成为不可忽视的因素。这种状态符合中等载荷、润滑剂的黏压效应比弹性变形影响更显著的金属接触副。此时，油膜厚度可按照 Blok 公式计算：

$$h_f=1.66g_V^{2/3} \tag{6-87}$$

3）弹性-等黏度（E-I）区。该区 g_V 的数值较低，因此可认为黏度保持不变。而 g_e 的数值较高说明表面弹性变形对润滑起主要作用。这种状态符合表面变形显著而黏压效应很小的润滑条件，例如采用橡胶接触副或者用水润滑的金属接触副等。对于这种润滑状态，油膜厚度可采用 Herrebrugh 公式的 Hooke 修改式计算：

$$h_f=3.01g_e^{0.8} \tag{6-88}$$

4）弹性-变黏度（E-V）区。对于这种润滑状态，由于 g_e 和 g_V 的数值都很高，因而黏压效应和弹性变形对于油膜厚度具有综合影响。这种润滑状态符合重载条件下的金属接触副，油膜厚度可根据 Dowson-Higginson 公式的修正式计算：

$$h_f=1.65g_V^{0.75}g_e^{-0.25} \tag{6-89}$$

计算表明：在各润滑状态区以内，按上述各膜厚公式的计算值和由图线查得的数值相差一般不大于 10%~20%；在两个润滑区的交界附近误差较大，最大误差不超过 30%。

在工程实际应用中，首先根据工况条件算出黏性参数 g_e 和 g_V 的数值；然后根据这两个坐标值由图 6-12 确定对应的点，直接查出或者根据公式计算出膜厚参数 h_f；接着由膜厚参数就可以计算出最小油膜厚度。

2. 点接触问题

点接触弹流润滑理论的应用与线接触弹流类似。对于不同的润滑区域应采用不同的油膜厚度公式，因而在计算前必须先利用润滑状态图确定实际机械所处的润滑区域。

Hamrock 和 Dowson 提出了椭圆接触的润滑状态图。该图采用四个无量纲参数，即：

膜厚参数
$$h_f=\frac{h_{min}W^2}{\eta_0{}^2U^2R_x^3} \tag{6-90}$$

黏性参数
$$g_V=\frac{\alpha W^3}{\eta_0{}^2U^2R_x^4} \tag{6-91}$$

弹性参数
$$g_e=\left(\frac{W^4}{\eta_0{}^3U^3E'R_x^5}\right)^{\frac{2}{3}} \tag{6-92}$$

椭圆率
$$k=\frac{a}{b}=1.03\left(\frac{R_y}{R_x}\right)^{0.64} \tag{6-93}$$

椭圆接触问题的四个润滑状态区的最小油膜厚度计算公式分别为：

（1）刚性-等黏度润滑状态

$$h_f = 128\frac{R_y}{R_x}\phi^2\left[0.131\tan^{-1}\left(\frac{R_y}{2R_x}\right)+1.683\right]^2 \tag{6-94}$$

式中，$\phi=\frac{3R_y}{3R_y+2R_x}$。

（2）刚性-变黏度润滑状态

$$h_f = 1.66g_V^{2/3}(1-e^{-0.68k}) \tag{6-95}$$

（3）弹性-等黏度润滑状态

$$h_f = 8.70g_e^{-0.67}(1-0.85^{-0.31k}) \tag{6-96}$$

（4）弹性-变黏度润滑状态

$$h_f = 3.42g_V^{0.49}g_e^{0.17}(1-e^{-0.68k}) \tag{6-97}$$

图 6-13 所示为 $k=1$ 时的椭圆接触润滑状态图，划分为四个润滑状态区域。椭圆接触润滑状态图的应用和线接触润滑状态图相同。首先根据机械零件的工作条件确定参数 g_e、g_V 和 k 的数值，然后由图查出参数点所处的润滑状态区，最后选用相应的公式计算膜厚参数和最小油膜厚度。

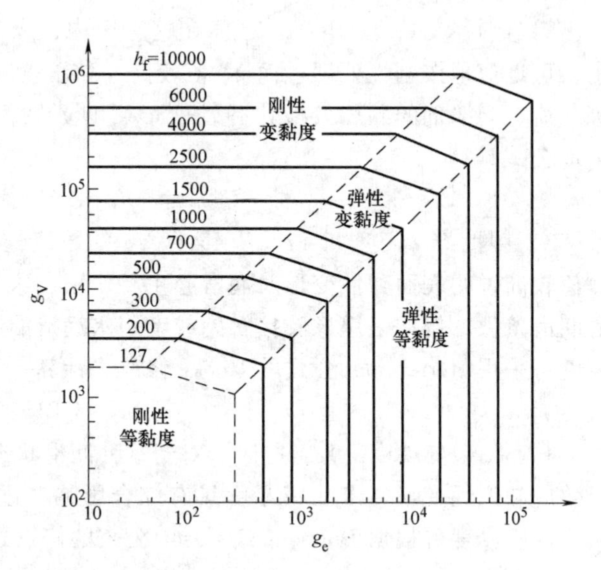

图 6-13　$k=1$ 椭圆接触润滑状态图

6.4　流体静压润滑和气体润滑

6.4.1　流体静压润滑

流体静压润滑依靠外部供油装置，将润滑油输送到摩擦副运动表面之间，强制形成压力油膜，借助流体静压力来承受载荷，如图 6-14 所示。与流体动压润滑不同，流体静压润滑状态的建立与摩擦副之间的相对运动速度无关，其承载能力主要取决于泵的供油压力。

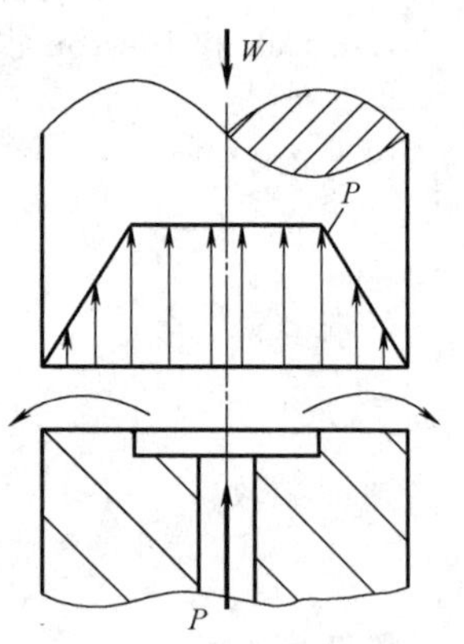

图 6-14　流体静压润滑

根据流体静压润滑的工作原理，它具有以下特点：

（1）使用寿命长　与流体动压润滑不同，静压润滑在静止、起动、正常运转和停车时，摩擦表面之间均无直接接触，理论上不会发生磨损，因此，摩擦副的使用寿命长，能长期保持制造精度。

（2）转速范围广　在低速、高速及速度变化范围很广的工作情况下，都有较大的承载能力，相对运动速度的变化对油膜刚度影响小，适用于频繁起动、停车和经常正反转的工作情况。

（3）摩擦阻力小　这是由于实现了纯流体润滑的缘故。

（4）抗振性能好，油膜刚度大　液态润滑膜有良好的吸振性能，因此，工作过程中运转平稳。油膜的刚度比流体动压润滑大得多，设计时一般无需考虑动态性能。

（5）运动精度高　由于流体静压油膜对误差有“均化”作用，被加工零件的精度有可能高于运动副本身的精度。

由于流体静压润滑的诸多优点，静压技术在工业生产中有许多应用，在流体静压轴承、流体静压导轨和流体静压丝杠螺母等部件中取得了良好的应用效果。流体静压润滑不如流体动压润滑的应用普遍，因为流体静压润滑需要配备一套可靠的供油装置，如果供油系统不能正常工作，静压润滑所具有的无磨损、高精度、低摩擦等优点均不能实现。流体静压润滑一般用于低速、重载或要求高精度的机械设备中，如精密机床、重型机械等。

6.4.2 流体静压推力计算

图 6-15 所示为单油腔圆形推力盘，外径为 R，圆盘中心开设半径为 R_0 的油腔，润滑油以供油压力 p_s 送入油腔，而油腔深度足以保证腔内的油全部处于油腔压力 p_r 作用之下。

采用极坐标系统时，这是一维润滑问题。设在半径为 r 处，取径向宽度为 dr、周向夹角为 dθ 微元体，设通过该微元体沿径向方向的流量为 δq_r，则：

$$\delta q_r = -\frac{h^3}{12\eta}\cdot\frac{\mathrm{d}p}{\mathrm{d}r}\cdot r\mathrm{d}\theta \tag{6-98}$$

负号是由于流动方向与压力梯度的符号相反。于是通过半径为 r 的圆周的总流量 Q 为：

$$Q = \int_0^{2\pi}\delta q_r = -\frac{h^3}{12\eta}\cdot\frac{\mathrm{d}p}{\mathrm{d}r}\cdot 2\pi r \tag{6-99}$$

即：

$$\mathrm{d}p = -\frac{6\eta Q}{\pi h^3}\cdot\frac{1}{r}\mathrm{d}r \tag{6-100}$$

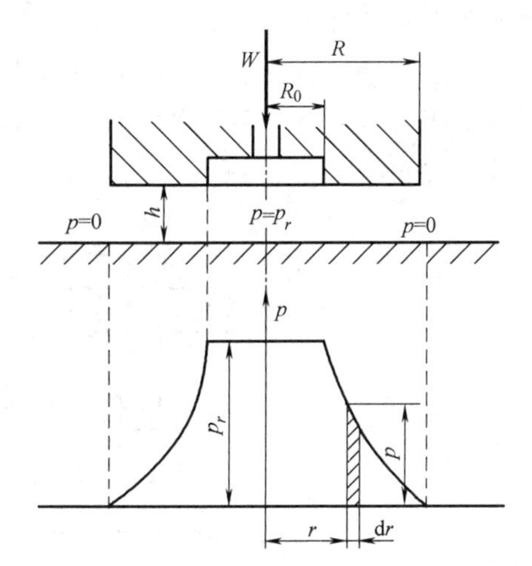

图 6-15　流体静压推力盘

考虑到 h 和 Q 不随 r 值改变而改变，上式对 r 积分，代入边界条件：$r=R$ 时，$p=0$，就可以求得压力分布为：

$$\begin{aligned} p &= \frac{6\eta Q}{\pi h^3}\ln\frac{R}{r} \qquad R_0 \leqslant r \leqslant R \\ p &= p_r \qquad r<R_0 \end{aligned} \tag{6-101}$$

根据 $r=R_0$ 时，$p=p_r$，可以求得：

$$Q = \frac{\pi h^3 p_r}{6\eta}\frac{1}{\ln(R/R_0)} \tag{6-102}$$

承载量 W 为压力沿整个轴承表面的积分，于是：

$$W = \pi R_0^2 p_r + \int_{R_0}^{R} 2\pi r p\mathrm{d}r = \frac{3\eta R^2 Q}{h^3}\left[1-\left(\frac{R_0}{R}\right)^2\right] \tag{6-103}$$

可以看出，静压润滑的承载量 W 与 h^3 成反比，而在流体动压润滑中的承载量 $\overline{W}$ 与 h^2 成反比。因此静压润滑的油膜刚度要比动压润滑大得多，所以它能够抑制动压润滑轴承中易于产生的油膜不稳定现象。

6.4.3 流体静压润滑系统

静压轴承的正常工作条件是油膜压力的总和必须与载荷平衡，为了保持油膜压力分布，供给油腔的流量应该等于经过轴承支承面溢出的流量。这样，当轴承的结构尺寸和油腔压力 p_r 一定时，静压轴承的承载量就可以确定。如果外载荷超过这一数值，就有可能造成润滑失效。为了适应载荷的变化，就必须在供油回路中加入流量控制装置。

图 6-16 是两种润滑剂供应系统示意图。图 6-16a 是恒流系统，流量控制装置是高压的定量泵，它以恒定的流量向系统供油，而不受压力影响。当载荷增加后，油膜厚度减小，由于保证流量不变，压力升高，于是油膜压力与载荷建立新的平衡。

静压润滑中更常见的是恒压系统（图 6-16b），供油系统通过压力阀提供恒定的压力而不受流量的影响。润滑系统中再通过节流器，控制进入油腔的流量来适应载荷的变化。节流器实质上是通过产生流动阻力以增加润滑系统的稳定性。当轴承的载荷增加时，油膜厚度减小，从油腔流出的流量减少。而通过节流器的流量和节流器两端的压力差有密切关系，流量减少，压力差下降。于是在供油压力 p_s 保持恒定的情况下，油腔内的压力 p_r 升高，从而使承载能力提高。

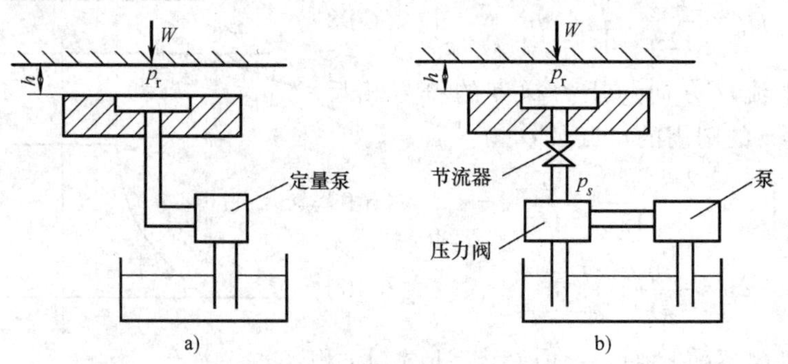

图 6-16　两种润滑剂供应系统示意图

a）恒流系统　b）恒压系统

对于多油腔静压轴承，为保证正常工作，必须分别调节各个油腔的压力，在恒压系统中，每个油腔配置一个节流器就可以实现。如图 6-17 所示，四个油腔的节流器供油压力都是 p_s，而轴颈所受的载荷 W 由四个油腔各自的压力来支撑。如果轴颈因载荷变化而偏移向某个油腔侧，如油腔 3 时，则油腔 1 附近的间隙增大，流量增加，由于节流器 C_1 的调节作用使得油腔压力 p_{r1} 降低，同时，油腔 3 附近的间隙减少，流量下降，由于节流器 C_3 的调节作用使得油腔压力 p_{r3} 升高。这样就会使轴颈又回到原来的平衡位置。

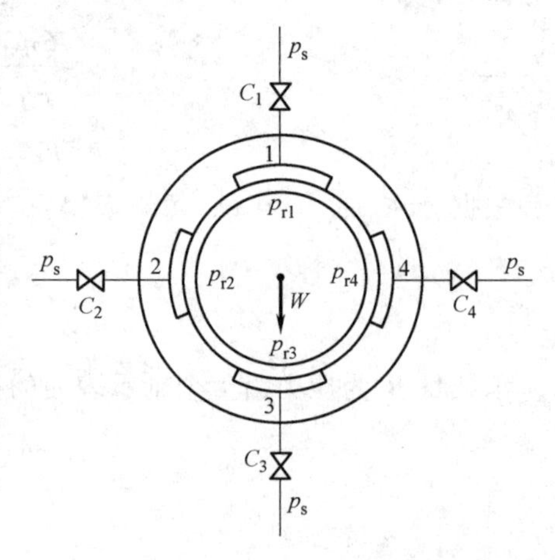

图 6-17　静压径向轴承

生产中采用的节流器分为固定流阻节流器和可

变流阻节流器两大类。固定流阻节流器包括小孔节流器、毛细血管节流器和矩形缝隙节流器等，工作过程中，其流阻不随载荷而变化；可变流阻节流器有滑阀节流器和薄膜节流器等，工作过程中，流阻随载荷不同而发生变化。有关结构和工作原理可参阅相关文献。

6.4.4 气体润滑

以气体（主要是空气）作为润滑剂的润滑方法称为气体润滑。早在1854年就有人提出这种想法，1897年这一建议的可行性才得到证实。目前，气体轴承在工业中已经有效应用于机床主轴、测量仪器、透平机械和陀螺仪等。

气体润滑的主要优点是：①摩擦阻力小；②润滑剂（空气）成本低；③润滑剂（空气）对环境无污染；④由于气体不像液体那样在高温时沸腾，在低温下也不会凝固，因此气体润滑适用于高、低温工况。气体润滑的主要缺点是：①由于气体润滑膜要比液体润滑膜薄得多，因此零件表面加工精度要求高；②承载能力低，一般为 10^5N/mm^2，而液体轴承为 10^7N/mm^2；③容易发生自激振荡而失去稳定性。

理论上，和液体润滑相比，气体润滑的最大特征是气体的可压缩性。气体状态方程为：

$$p/\rho = RT \tag{6-104}$$

式中，p 是压强；ρ 是密度；R 是气体常数；T 是绝对温度。

通常气体润滑可视为等温的，在等温条件下，状态方程变为：

$$p = k\rho \tag{6-105}$$

式中，$k=RT$ 是常数。

对于非常迅速的变化过程，也可以看成是绝热的，状态方程为：

$$p = k\rho^n \tag{6-106}$$

式中，k 和 n 是常数，对于空气，$n=1.4$。

对于等温条件下的雷诺方程，在无限长假设下，可以把式（6-105）代入雷诺方程式（6-19），积分后可以得到：

$$\frac{\mathrm{d}p}{\mathrm{d}x} = 6U\eta\,\frac{h-(\overline{\rho}/\rho)\overline{h}}{h^3} \tag{6-107}$$

此方程与不可压缩流体方程相比，除含有密度比 $\overline{\rho}/\rho$，其余完全相同。因此对于不会产生很大压力的气体轴承，压力方程与液体轴承相同，两者的承载之比等于两者的黏度之比，即

$$\frac{W_{\mathrm{q}}}{W_{\mathrm{l}}} = \frac{\eta_{\mathrm{q}}}{\eta_{\mathrm{l}}} \approx \frac{1}{1000} \tag{6-108}$$

承载能力是气体润滑要重点考虑的问题。

气体润滑轴承在结构原理上和液体润滑轴承类似，部分常见的气体润滑轴承结构如图6-18所示。

图6-18a表示可倾瓦块径向轴承，其特点是将几个瓦块安装在枢轴上，以使瓦块能自动选择与轴表面的倾斜角，这种可倾瓦块径向轴承已成功地用于旋转式透平机械中。图6-18b表示螺旋槽止推轴承，这种轴承首先是由Whipple研制的，在圆盘上切出深0.01~0.05mm的许多螺旋槽。当圆盘或与其相配合的表面按一定方向旋转时，气体沿螺旋槽被代入轴承而

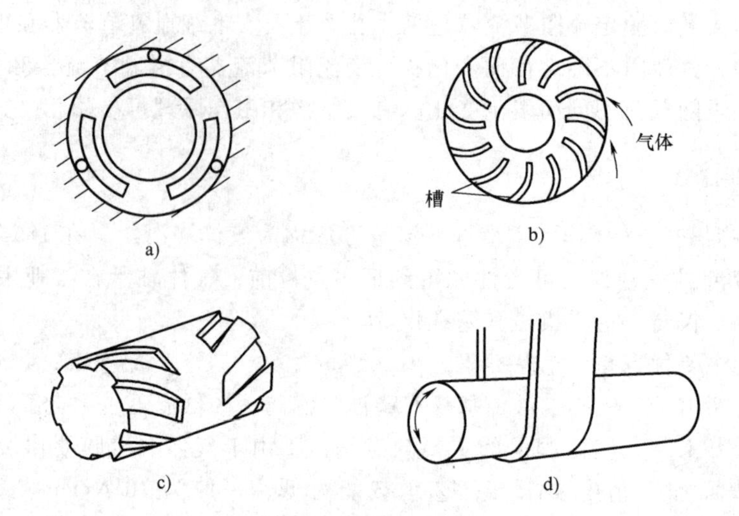

图 6-18 几种气体轴承

a）可倾瓦块径向轴承 b）螺旋槽止推轴承 c）螺旋槽径向轴承 d）箔轴承

达到槽的另一端。因其出路受到限制，就产生压力以支撑载荷。图 6-18c 表示螺旋槽径向轴承，在这种轴承中，气体从轴承两端被螺旋槽抽吸到轴承中。由于两边螺旋槽未开通，进入的空气无路可通，形成压力。图 6-18d 表示箔轴承，在这种轴承中有一条挠性带将轴的一部分包住。如果挠性带固定而轴旋转，这就属于径向轴承，也可以使轴固定而挠性带运动。这两种情况都像径向轴承一样有收敛间隙，足以在两个表面间产生气膜。

思 考 题

1. 试述流体动压润滑的基本原理。
2. 介绍常见的主要润滑状态及膜厚比。
3. 什么叫流体的动力黏度，常用单位是什么？
4. 雷诺方程是反映什么关系的？有什么用途？
5. 推导雷诺方程在 U、V 为常量，无渗透，不可压缩，等黏度条件下的简化形式。
6. 对于轴颈式滑动轴承，无限长近似是指哪个方向无限长？根据基本雷诺方程推导轴径 D、转速为 n 的无限长轴承在轴向无窜动、无渗透、不可压缩、等黏度条件下的雷诺方程简化形式。
7. 对于轴颈式滑动轴承，无限短近似是指哪个方向无限短？根据基本雷诺方程推导轴径 D、转速为 n 的无限短轴承在轴向无窜动、无渗透、不可压缩、等黏度条件下的雷诺方程简化形式。
8. 如何根据润滑状态图分析线接触条件下的润滑状态和计算油膜厚度？
9. 如何根据润滑状态图分析点接触条件下的润滑状态和计算油膜厚度？

第7章

润滑剂

7.1 润滑剂基础知识

7.1.1 润滑剂的基本概念

1. 润滑剂的概念

在摩擦副界面上，用于降低摩擦磨损的物质称为润滑剂，俗称润滑油（脂）。其实常用的润滑油只是润滑剂的一种。由于历史原因，在许多教科书中，甚至许多国家标准中都把润滑剂称为润滑油（脂）。事实上，气体润滑中使用的气体就不是油；固体润滑中使用的二硫化钼、石墨等也不是油；即使液体润滑中也有许多用水作为润滑剂的地方，它更不是油。

历史上，润滑剂主要是从天然物质发展起来的，人们使用过水，也使用过动物油脂和植物油，后来发现矿物油具有优良的润滑性能，于是矿物油成为主要润滑剂。近年来，人们发现合成油有许多更优异的特点，因此也有许多润滑剂使用的是合成油。

矿物油类润滑剂是现代润滑中使用最为广泛的润滑剂。现代矿物油类润滑剂一般是由基础油和添加剂调合而成。基础油通常是通过原油加工得到的。在减压的条件下，把原油蒸馏就可以分离出汽油、煤油、柴油等不同馏分，剩下沸点较高的烃馏分就可以作为润滑剂基础油的原料油。原料油中一般含有不利于润滑作用的有害成分，必须精制才能成为合格的基础油。传统的精制方法有溶剂精制、溶剂脱蜡和白土补充精制等，加氢精制现在正逐渐取代白土精制和电化学精制。

基础油再加入添加剂进行调合就可以生产出润滑剂，基础油通常占80%~97%。添加剂所占比例虽然很少，但添加剂的作用却像中药里的药材一样，是不可或缺的。加入1%的减摩剂就可能使摩擦系数降到原来的一半，加入3%的抗磨剂就可能使摩擦副的寿命提高10倍。正如不能把中药的汤剂称为水一样，润滑剂也不应该叫作润滑油，这是本书要特别纠正的一个错误。

2. 润滑剂的功能

润滑剂的功能通常有下述六个方面：

（1）降低摩擦　在摩擦副相对运动的表面加入润滑剂后，形成一个润滑剂膜的减摩层，这个减摩层将摩擦表面隔开，使金属表面间的摩擦转化成具有较低抗剪强度的油膜分子之间的内摩擦，从而降低了摩擦系数，使摩擦副运转平稳，减小摩擦阻力和能源消耗。在良好的润滑条件下，摩擦系数可以低到0.01甚至更低。

（2）减少磨损　由于在摩擦表面形成润滑剂膜，可以降低摩擦并支承载荷，从而可以减少由于硬颗粒、表面锈蚀、金属表面间的咬焊与撕裂等造成的磨损。若能保证良好的润滑条件，可以大大减少摩擦表面的磨损及划伤，保证零件的配合精度。

（3）冷却作用　机械运转过程中，克服摩擦阻力所做的功全部转变成热量，这种热量由机体散发出一部分，另一部分则使摩擦副温度上升。润滑系统的重要作用之一就是将摩擦时产生的热量带走，降低温度，从而使机械能够在正常运转的温度范围内工作。

（4）防止腐蚀　金属表面不可避免地要与周围介质（如空气、水蒸气、液体等）接触，从而生锈、腐蚀损坏。摩擦表面生成的润滑剂膜可以隔绝空气、水蒸气及腐蚀性气体等对金属摩擦表面的侵蚀，防止或减缓生锈。有时我们也可以在金属表面涂上一层有防腐、防锈添加剂的润滑油（脂），以减缓金属表面腐蚀，起到保护作用。

（5）冲洗作用　机械运转过程中，利用润滑剂的流动性，可以把摩擦表面间的污染物、磨屑等冲洗带走，减少磨粒磨损，防止表面被固体颗粒划伤，尤其是在一些对零件表面质量要求比较高的加工工艺中，利用润滑剂的冲洗作用可以保证加工质量和表面质量。

（6）密封作用　在某些场合下，润滑剂还可以起到增强密封、提高密封效率的作用。特别是脂类润滑剂对密封有特殊的作用，可以防止泄露，防止冷凝水、灰尘及其他杂质侵入。

并不是所有润滑剂都能起到上述六个方面的作用，降低摩擦和减少磨损是润滑剂的基本功能，各种润滑剂必须能起这种作用。通常情况下，要求液体润滑剂起到冷却、防腐和冲洗作用，但有些情况下它可能不是必须的，属于润滑剂的常见功能。而密封作用则是脂类润滑剂的特殊功能，某些润滑剂还可能具有减振或缓冲等其他功能。

3. 润滑剂的分类

润滑剂有许多不同的分类方法，比较常见的有按物质性状分类、按主要原料来源分类和按历史习惯分类等。

按物质性状可以把润滑剂分为气体润滑剂、液体润滑剂、半固体润滑剂和固体润滑剂等。气体润滑采用空气或者氦气、氮气等惰性气体作为润滑剂，有些透平机的推力轴承就是采用气体润滑剂。液体润滑剂主要是油类润滑剂，在一定情况下，水也可作为润滑剂和冷却剂。半固体润滑添加剂主要是脂类润滑剂，它是一种介于流体和固体之间的塑性状态或者膏脂状态的半固体物质，广泛用于各种类型的滚动轴承和垂直安装的导轨上。固体润滑剂利用具有特殊润滑性能的石墨、二硫化钼、二硫化钨等固态物质，隔离摩擦接触表面、形成良好的固体润滑膜，以达到减少摩擦、降低磨损的润滑效果。

按主要原料来源可以把润滑剂分为动物油脂润滑剂、矿物油脂润滑剂、植物油脂润滑剂、合成油脂润滑剂等。动物油是指从动物中提炼出来的油，主要成分为动物脂肪，由于比较黏稠，凝点也比较低，常用于滚动轴承以及齿轮的润滑上，有些黄色的半固体油脂就是以动物油为基础油的润滑剂。矿物油是石油提炼过汽油、柴油之后剩下的副产品，它的价格比较便宜，属于最常用的润滑剂。植物油我们很熟悉了，炒菜的大豆油、花生油、菜籽油都属于植物油，它是从植物中提炼出来的。这些植物油中，有的黏度适中，流动性比较好，凝点也比较低，是非常好的基础油。比如蓖麻油，由于价格较高，所以常用在飞机的发动机润滑上，赛车上的润滑剂也有使用蓖麻油的。合成油是利用化学手段按照一定的比例将脂类和聚烯烃类合成在一起，其结构、比例和性能可以调控，属于高性能基础油。汽车用的机油，其基础油主要是矿物油或合成油，此外还有矿物油与合成油结合的半合成油。

按历史习惯通常把润滑剂分为油类润滑剂和脂类润滑剂。油类润滑剂通常指不挥发的油状润滑剂，按其来源分为动、植物油润滑剂，矿物油润滑剂和合成油润滑剂三大类。矿物油润滑剂的用量占总用量的97%以上，因此油类润滑剂常指矿物油润滑剂。脂类润滑剂通常含增稠剂，其黏度通常远大于油类润滑剂，呈半固体状态。在散热要求不是很高、密封设计不是很好的场合可以使用脂类润滑剂；在散热要求高、密封好、设备需要润滑剂起冲刷作用时要使用油类润滑剂。

7.1.2　润滑剂的黏度

1. 黏度的测量与换算

运动黏度可以通过毛细管黏度计测定。通过测量一定体积的液体流过毛细管的时间，再乘以根据仪器标定获得的黏度常数就可以得到运动黏度，单位为 mm^2/s，以 ν 表示，其测量仪器如图 7-1 所示。要把黏度测量准确，必须控制好温度和经常标定仪器常数。

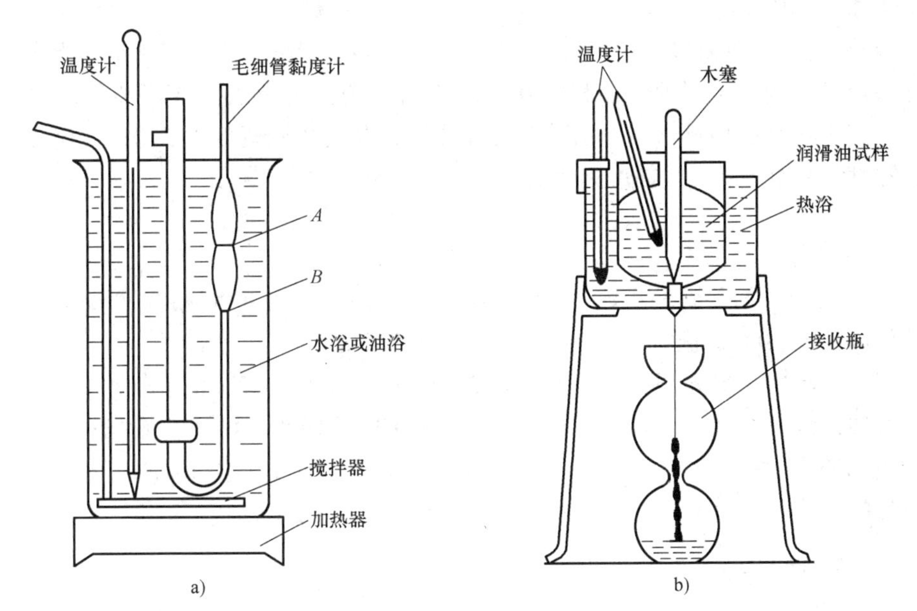

图 7-1　黏度测量仪器示意图

a）运动黏度测定图　b）恩氏黏度测定图

工业上常用相对黏度测量法来对黏度进行测量。常用的黏度计有恩氏（Engler）黏度计、雷氏（Redwood）黏度计和赛氏（Saybolt）黏度计。雷氏黏度计英国用得较多，赛氏黏度计美国用得较多，我国和俄罗斯以及其他欧洲国家则多采用恩氏黏度计。

恩氏黏度计是测量在给定温度下 200mL 润滑剂流出的时间，该时间与 20℃ 同体积的水流出时间的比值就是恩氏黏度，以°E 表示。雷氏黏度计测量给定温度（60℃或 98.9℃）下 50mL 润滑剂流出的时间，单位为 s，以 R 表示。赛氏黏度计测量的是 60mL 润滑剂的流出时间，单位为 s，以 S 表示。

黏度换算可查阅黏度换算表（GB/T 265—1988），也可以通近似公式进行计算。

恩氏黏度换算：运动黏度 $\nu(mm^2/s) = 7.31°E - 6.31/°E$

雷氏黏度换算：运动黏度 $\nu(mm^2/s) = 0.26R - 172/R$ （$R \leqslant 225$）

运动黏度 $\nu(mm^2/s) = 0.26R$ （$R > 225$）

赛氏黏度换算：运动黏度 $\nu(mm^2/s) = 0.225S$

2. ASTM 黏温关系线图

为了便于工程应用，常需绘制黏温关系线图。ASTM（美国材料试验协会）线图应用比较普遍，它是基于 Walther 提出的黏温经验公式得到的。该公式为

$$\lg\lg(\nu+0.6) = A - B\lg T \tag{7-1}$$

要注意的是，这里 ν 的单位是 mm^2/s。

在 ASTM 黏温关系线图中，黏度采用双对数的纵坐标，温度采用单对数的横坐标，这时的黏度和温度的关系变成了一条直线。因此 ASTM 线图的优点是只需要测量两个温度下的黏度值就可以决定待定常数 A 和 B，然后根据直线就可以确定其他温度下的黏度。

对于常用的矿物油，采用 ASTM 线图十分有效，还可以将直线的斜率用作评定润滑剂黏温特性的指标。

3. 黏度指数 *VI*

黏度指数是目前应用最广泛的黏温性能指标。它的应用开始于 1929 年，为衡量润滑剂黏温特性的优劣，选择了两种性能相差悬殊的原油（美国宾夕法尼亚原油和海岸原油）作为标准油。其中宾夕法尼亚州的原油黏温特性优异，黏度指数规定为 100；海岸原油黏温性能很差，黏度指数规定为 0。黏度指数的计算公式为：

$$VI = \frac{L-U}{L-H} \times 100 \tag{7-2}$$

式中，VI 是待测润滑剂的黏度指数，L 是标准规定的差原油的 40℃ 黏度（mm^2/s），H 是标准规定的好原油的 40℃ 黏度（mm^2/s），U 是待测润滑剂在 40℃ 的黏度（mm^2/s）。

实际测试计算中，要先测试待测润滑剂在 100℃ 的黏度；其次根据待测润滑剂在 100℃ 的黏度查表插值计算 L 和 H，有关表格可以在标准 GB/T 1995—1998 中查找；然后测试待测润滑剂在 40℃ 的黏度 U；有了这些数据就可以计算黏度指数了。如果黏度指数大于 100，还要采用另外的公式进行计算。

7.1.3 润滑剂的摩擦学特性

1. 摩擦学特性指标

按照经典润滑技术著作，反映润滑剂降低摩擦、减少磨损的关键性能是润滑剂的润滑性。润滑性主要包括油性、抗磨性和极压性三个方面。油性（Oilness）主要指润滑剂减少摩擦的性能。用于提高油性的添加剂称为油性剂，有时也称为减摩剂（Friction Reducer）。抗磨性是指润滑剂在轻负荷和中等负荷条件下能在摩擦表面形成薄膜，防止磨损的能力。极压性是指润滑剂在低速高负荷或高速冲击摩擦条件下，即在极压条件下，防止摩擦面发生烧结、擦伤的能力。以防止烧结为目的而使用的添加剂称为极压添加剂（Extreme Pressure Agent，也简称 EP 剂）。

按照摩擦学的概念，润滑剂的主要作用是降低摩擦和减少磨损。降低摩擦应该用摩擦系数来评定，减少磨损可以用磨损量来衡量。由于摩擦学特性的系统依赖性，摩擦和磨损都不

是润滑剂固有的特性，所以摩擦磨损性能的评价是困难的。但在一定条件下，比如两摩擦副材料、几何尺寸和工况条件固定的条件下，摩擦学特性可以和润滑剂相关联。即润滑剂的摩擦学特性是和相关的测试方法、测试条件相关联的。

考虑到历史原因和现实状况，作者认为润滑剂的摩擦学特性主要有三个方面：①润滑剂的摩擦系数，它反映了润滑剂的减摩性能，属于润滑剂最重要的摩擦学特性指标。遗憾的是，这个指标的标准化程度还不是很高，商业性技术数据中很难找到这个指标，学术上它也需要做进一步的研究。②润滑剂的抗磨性，它和经典定义基本一致，只是应用中应该注意其测试条件。③润滑剂的极压性，这也是润滑剂的经典指标。它和润滑剂的减摩抗磨特性有直接关系，更重要的是它还反映了润滑剂的承载能力，属于评价润滑剂摩擦学特性最重要的参数之一。

2. 四球试验评价方法

四球试验机由四个直径为 12.7mm 的轴承钢钢球构成摩擦副，如图 7-2a 所示。四个球中，下面三个球固定在油盒中并被测试润滑剂浸没，上面的球固定在转轴上随轴旋转，与下面的三个球形成点接触形式的滑动摩擦。试验时，摩擦副之间的负荷压力、转速、润滑剂温度和试验时间都可以调整。四球试验机具有结构简单、润滑剂样品需求数量少、接触区压强变动范围大、试验结果重复性较好、区分能力强等优点。四球试验机在润滑剂摩擦学特性评价中被广泛采用，可以测试润滑剂的极压性能、抗磨性和摩擦系数等。

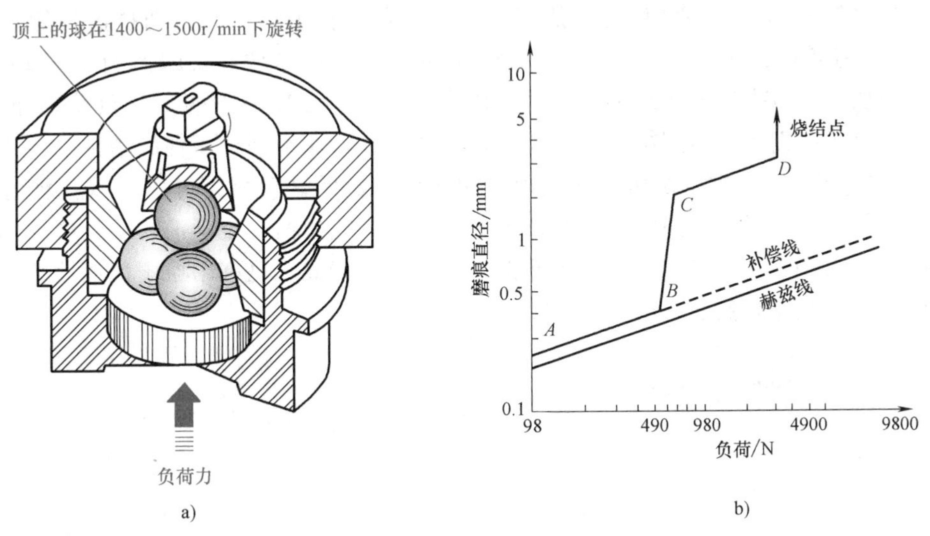

图 7-2　四球机摩擦副与磨损曲线

a）摩擦副　b）磨痕-负荷曲线

四球试验机上测试的润滑剂极压性能主要是 P_B 值和 P_D 值，具体测试方法可以参照 GB/T 12583—1998。P_B 值是最大无卡咬负荷，它是在试验条件下不发生卡咬的最大负荷，该负荷下的磨痕直径不超过补偿线的 5%。P_B 值反映了润滑膜的强度，在 P_B 值以下润滑膜是基本完整的，磨损很小，摩擦也比较稳定。当负荷超过 P_B 值，润滑膜的完整性遭到破坏，磨痕迅速增大，摩擦也可能变得不稳定。P_D 值是烧结负荷，它是在指定试验条件下四个球烧结在一起的最小负荷。这个负荷条件已经超过了润滑剂的可靠工作能力极限。润滑剂的油性剂的主要作用是提高 P_B 值，有许多极压添加剂可以显著提高 P_D 值。

在四球试验机上测试润滑剂抗磨性有三种方法：①测定综合磨损值 ZMZ（GB/T 3142—2019），②测定负荷-磨损指数（LWI）（GB/T 12583—1998）；③测试磨斑直径（SH/T 0189—2017）。三种方法有一定的相关性，前两种都是一定负荷范围内的综合性抗磨指标，ZMZ 比 LWI 要略大一点；后者是一定负荷下的抗磨性参数。在数据使用和分析时要注意区分。

在四球试验机上测试摩擦系数的方法可以参照 SH/T 0762—2005。这个标准基本上是参照 ASTM D5183—95（1999）制定的。在 600r/min 的转速、温度为 75℃时，逐级连续加载 10min，测试 98.1~981N 范围内的 10 级载荷下的摩擦系数曲线。现实中，速度、温度、时间、载荷对摩擦系数都有较大影响，应用中也可以针对具体情况确定专门的测试方案。

3. 其他试验评价方法

法莱克斯（Falex）试验也是比较常用的润滑剂摩擦学性能评价方法。法莱克斯试验采用钢圆柱在 V 形块中转动的方法进行试验。摩擦系数测定法（SH/T 0201—1992）是在 290r/min，1334N 负荷，55℃温度下运转 15min 的测试方法。磨损性能测定法（SH/T 0188—1992）是参照 ASTM D2670—1981 制定的，测试的是一定温度、一定转速和一定负荷下的磨损程度，磨损程度用磨损后恢复载荷时加载棘轮的齿数来衡量，齿数越多，磨损越严重。极压性能测定法（SH/T 0187—1992）是参照 ASTM D3233—1973 制定的，用试验失效负荷和时间来判断润滑剂的极压性。法莱克斯试验和四球试验之间有一定的相关性，但不存在严格的对应和换算关系。

梯姆肯（Timken）试验也称为环块试验。梯姆肯试验主要是润滑剂抗擦伤能力测定法（SH/T 0532—1992），该方法和 ASTM D2782 对应。它使用标准环块摩擦副，在 2m/s 的速度下，逐级加载，每次运转 10min，直到试块出现擦伤。出现擦伤的最小负荷叫作 OK 值，它反映的是润滑膜完整性遭到破坏的负荷，可以作为评价润滑剂极压性的指标。

MM-200（Amsler）磨损试验机是我国应用比较广泛的试验机，可以测试各种材料在滑动、滚动、复合摩擦形式下的磨损和摩擦系数。为测试轧制油、拉延油、乳化液等的摩擦系数，我国制定了 SH/T 0190—1992 液体摩擦系数测定法标准。也有用振子型油性摩擦试验机测试液体润滑剂摩擦系数的（SH/T 0072—1991）。

7.2 润滑剂性能与组成

7.2.1 润滑剂的性能要求

润滑剂是一种高技术产品，为保证良好的润滑和避免润滑剂对摩擦副或设备造成不利影响，人们对润滑剂提出了许多性能要求，除最基本的黏度和摩擦学性能，常见的其他基本要求可以归纳为三大类共 16 项。

1. 物理性能类指标（四点两抗一度）

（1）凝点和倾点　凝点是指润滑剂在标准规定的实验条件下冷却，润滑剂失去流动性的最高温度。凝点是各种润滑剂以及柴油、锅炉燃料油规格中的一项重要指标，对油的生产、运输、油料储运都具有重要的意义。凝点可以参照 GB/T 510—2018 进行测试。倾点是润滑剂在标准规定的实验条件下冷却，能够继续流动的最低温度。同一润滑剂，倾点通常比凝点约高 3℃。倾点对使用也有重要意义，在国际上普遍使用，我国内燃机润滑剂大多已采用倾点代替凝点来表示润滑剂的低温性能。倾点可以参照 GB/T 3535—2006 进行测试。

（2）闪点和燃点　在规定的实验条件下，将油品加热，当火焰接近，发生闪火（随即熄灭）时的最低温度为闪点。闪点分为闭口闪点（GB/T 261—2021）和开口闪点（GB/T 267—1988），闭口闪点一般比开口闪点低 20~30℃。闪点关系到运输、使用的安全。闪点还和挥发性有一定关系，闪点低，挥发性高，容易挥发损失并且安全性差。一般要求润滑剂的闪点比使用温度高 20~30℃，以保证使用安全和减少挥发损失。发生闪火后继续加热油品，火焰不再熄灭，并能燃烧 5s 以上的最低温度则为燃点。同一油品燃点通常高于闪点 5~10℃，由于燃点测试更困难，应用中评定指标多用闪点来代替。

（3）抗乳化性　润滑剂抗乳化性是指润滑剂与水分离的能力。一般情况下，为防止润滑剂遇水乳化，希望能够有较好的抗乳化性。抗乳化性通常按 GB/T 7305—2003 测试，把样品与水混合乳化后记录乳化液与水分离的时间。对于高黏度润滑剂的抗乳化性可以按 GB/T 8022—2019 进行测试。汽轮机油的抗乳化性有更高的要求，通常按 SH/T 0191—1992 的方法进行测试。

（4）抗泡性　在使用中，由于受到振荡或搅拌作用，使空气进入润滑剂形成气泡。抗泡性用生成气泡的倾向和气泡的稳定性来衡量，倾向大，稳定时间长，抗泡性差。抗泡性按 GB/T 12579—2002 进行检测。

（5）蒸发度　润滑剂在使用过程中会不断蒸发，数量减少，黏度增大，因此要对润滑剂的蒸发度进行控制。蒸发度也叫蒸发损失，可以按 GB/T 7325—1987 进行测定，根据热空气通过试样表面一定时间后的试样失重来计算蒸发损失。

2. 化学性能类指标（三值两性）

（1）酸值　中和 1g 试样所需的氢氧化钾毫克数称为酸值，单位是 mgKOH/g。润滑剂的酸值是表征润滑剂中有机酸含量的质量指标，也是控制和反映润滑剂精制程度的一项性能指标。润滑剂酸值大，表示润滑剂中的有机酸含量高，有可能对机械零件造成腐蚀，尤其是有水存在时，这种腐蚀作用可能更明显。另外，润滑剂在贮存和使用过程中被氧化变质时，酸值也逐渐变大，常用酸值变化大小来衡量润滑剂的氧化稳定性或作为换油指标之一。因此，酸值是润滑剂的重要质量指标之一。酸值的测定可按 GB/T 264—1983、SH/T 0163—1992 或 GB/T 7304—2014 等标准进行。

（2）水溶性酸碱值　用一定体积的中性蒸馏水把润滑剂中的水溶性酸和碱抽提出来，然后测定蒸馏水溶液的酸性和碱性，称为润滑剂的水溶性酸碱值。润滑剂中如果有水溶性酸碱，表示精制过程中酸碱分离不好；使用中如果有水溶性酸碱，则可能是润滑剂受到污染或变质。水溶性酸碱对设备腐蚀性强，因此水溶性酸碱值也是润滑剂的重要质量指标之一。水溶性酸碱值测定可按照 GB/T 259—1988 标准进行。

（3）总碱值　在规定条件下滴定时，中和 1g 试样中全部碱性组分所需高氯酸的量，用相当的氢氧化钾毫克数来表示，称为润滑剂或添加剂的总碱值。一般以总碱值作为内燃机油的重要指标，它可间接反映所含清净分散剂的多少。在内燃机油的使用过程中，经常取样分析其总碱值的变化，可以反映润滑剂中添加剂的消耗情况。总碱值的测试按 SH/T 0251—1992 标准进行。

（4）腐蚀性　腐蚀试验是测定润滑剂在一定温度下对金属产生腐蚀的可能性。一般按 GB/T 5096—2017 进行测定。把一块磨光好的铜片浸没在一定量的样品中，按标准要求加热到指定的温度并保持一定的时间。试验周期结束时，取出铜片，经洗涤后与腐蚀标准色板进行对比，确定腐蚀级别。该标准是参照 ASTM D130—1983 而制定的。

（5）氧化安定性　润滑剂在加热和金属的催化作用下抵抗氧化变质的能力称为润滑剂的氧化安定性。润滑剂的氧化安定性是反映润滑剂在实际使用、储存和运输过程中氧化变质或老化倾向的重要特性。润滑剂的氧化安定性主要决定于其化学组成。此外也与使用条件如温度、氧压、接触金属、接触面积、氧化时间等有关。

评价各种润滑剂氧化安定性的氧化试验条件各不相同，需根据被测润滑剂的使用情况选择合适的试验条件。氧化安定性试验一般是在一定量的润滑剂试样中，放入金属片作催化剂，在一定温度下，通入一定量的空气（或氧气），经过规定的试验时间，测定试样氧化后的酸值、黏度、沉淀物和金属片的质量变化，或者测定酸值达到规定值所用时间。对应于不同润滑剂和不同使用条件有多种测试标准可以选择。

3. 杂质类指标（四项）

（1）机械杂质　润滑剂中不溶于汽油或苯的沉淀和悬浮物，经过滤而分离出的杂质称为机械杂质。机械杂质主要是在使用、存储和运输中混入的外来物，如灰尘、泥沙、金属碎屑、金属氧化物等。机械杂质的存在将加速机械零件的研磨、拉伤和划痕等磨损，而且可能堵塞油路、油嘴和滤油器，造成润滑失效。机械杂质的测定可以按 GB/T 511—2010 进行。

（2）水分　润滑剂中的水分将破坏润滑膜、腐蚀摩擦副、影响添加剂，造成乳化、气泡，妨碍循环系统及供油。因此，润滑剂在使用前应检查有无水分，水分超标必须设法脱水。水分的测定按 GB/T 260—2016 或 SH/T 0257—1992 进行，也可以通过加热看气泡、热丝入油听声音或加入硫酸铜看颜色等简易方法进行初步判断。

（3）灰分　润滑剂中的灰分是润滑剂在规定条件下完全燃烧后剩下的残留物（不燃物），以质量分数表示。灰分按 GB/T 508—1985 测试。灰分高会增多摩擦副表面积炭，灰分中有的化合物还可能增加磨损。通常添加剂含量高灰分会大一些。

（4）残炭　润滑剂中的残炭是在不通入空气的情况下，经蒸发、分解生成焦炭状残余物，称为残炭。残炭的测定按 GB/T 268—1987、SH/T 0160—1992 或 SH/T 0170—1992 进行。残炭高的润滑剂在使用中结焦倾向大，增加摩擦和磨损，压缩机在高温下还容易起火或爆炸。

7.2.2 润滑添加剂

润滑剂是由基础油和润滑添加剂组成的，润滑添加剂是润滑油的重要组成部分。随着科学技术的发展，对润滑剂的使用性能要求越来越高，由于天然矿物油成分的局限性，单靠更换原油类型及改进基础油的加工工艺，远不能满足实际使用的需要。人们发现，若在润滑剂中加入少量（万分之几到百分之几）的其他物质就可以显著改善润滑剂的性能、提高润滑剂的质量，这些物质就是润滑添加剂。

添加剂有很多品种，可分为以下三种类型。①表面保护剂：保护金属表面的添加剂，其目的是降低摩擦、减少磨损，提高接触表面的使用寿命。其中包括：油性剂、极压剂和防锈剂。②寿命延长剂：延长润滑剂使用寿命的添加剂，包括清净分散剂和抗氧剂。③性能改进剂：改善润滑剂其他使用性能的添加剂，包括黏度指数改进剂、降凝剂、抗泡剂和破乳剂。

1. 表面保护剂

(1) 油性添加剂 油性添加剂用来改善油品在边界润滑时的润滑性能，它们在金属表面形成定向（物理或化学）吸附膜，从而降低运动副的摩擦和磨损。油性添加剂一般都是极性分子，能定向地吸附在金属摩擦表面，使润滑膜在承受较高压力时不易破坏，加强了边界润滑的效果。

油性添加剂一般在边界润滑时起作用，但不能起极压润滑作用，因为油性添加剂主要靠物理吸附膜或少量的化学吸附膜起作用，而极压下温度高，分子运动加速，吸附膜易于脱附。一般使用温度为120~200℃，温度过高，定向吸附力会大大降低。常用的油性添加剂有动植物油、脂肪酸、脂肪酸盐、脂肪醇、硫化有机酸脂等。

(2) 极压抗磨添加剂 在高速重载情况下，由于热量大、温度高，有可能使金属表面发生擦伤或烧结，这种条件下能对摩擦副表面起关键保护作用的润滑添加剂是极压抗磨添加剂。

极压抗磨添加剂主要是一些含有硫、磷、氯的极性化合物，有机硼，钼酸盐或有机纳米金属颗粒。它们在常温下不起润滑作用，而在高温高压下能与金属表面发生化学反应并生成化学反应膜，保护金属表面。常用的极压抗磨剂有二苄基硫、硫化三聚异丁烯、二正丁基亚磷酸酯、氯化石蜡、环烷酸铅、二烷基二硫代磷酸锌、偏硼酸钠等。此类添加剂常用在工业齿轮油、双曲线齿轮油、极压齿轮油、导轨油和抗磨液压油中。

(3) 防锈添加剂 防锈添加剂是为防止润滑剂及润滑过程中带入的水分和空气腐蚀摩擦副表面而添加的油溶性化合物。它的作用原理是在金属表面生成吸附膜，阻止金属与水接触，并能中和易腐蚀的酸性物质，起到防锈的作用。防锈添加剂的种类很多，目前使用的防锈添加剂大都是表面活性剂，如金属皂脂肪族胺、碳酸盐、羧酸盐和硝酸盐等。最常用的有石油磺酸钡、十二烯基丁二酸，其次还有硬脂酸锌、硬脂酸铅。作为有色金属防锈添加剂的有苯并三氮唑，此外还有二壬基萘磺酸钡及司本-80（山梨糖醇酐单油酸脂）等。

2. 寿命延长剂

(1) 清净分散剂 清净分散剂具有碱性，可以中和油品氧化后产生的酸性化合物，以及燃料中含硫化合物燃烧以后产生的酸性物质；能吸附氧化物颗粒，使之分散在油中，抑制漆膜的生成；将已生成的积炭或油泥分散在润滑剂中，不致黏结或沉积在金属表面上，从而减少腐蚀和磨损、达到清净分散的作用。这种添加剂是发动机润滑剂的一种主要添加剂。

清净分散剂根据使用情况分为清净剂和分散剂。在高温工作条件下，清净剂可以防止或抑制润滑剂氧化变质生成沉积物；防止生成胶化物和积炭等物质沉积在活塞和气缸壁上，从而保持发动机内部的清洁。分散剂在比较低的温度下，使生成的油泥、胶化物和残炭能很好地分散在油中，以便于去除。多数清净剂和分散剂都兼有两种作用，只是优势不同，所以统称为清净分散剂。

清净分散剂主要是金属有机化合物，常用的有烷基酚盐、磺酸盐、硫磷化聚异丁烯钡盐和无灰清净分散剂。这类清净分散剂除了起清净分散作用，还有耐蚀、抗氧化等多种效能，是一种消耗量最大的添加剂，其消耗量占润滑剂添加剂总量的50%以上。

(2) 抗氧剂 油品在使用时难免会与空气接触，油品会氧化变质，产生酸性物质腐蚀金属，产生漆状物沉淀，这些变化对油品的继续使用带来不利影响。因此，为了防止油料氧化变质，在润滑剂中加入抗氧化剂，减少油品吸收氧气的量、阻止油与氧气的氧化反应，使氧化反应生成酸性化合物的速度降低，从而达到延长油料使用寿命和保护机器的目的。

常用的抗氧化剂有2，6-二聚丁基对甲酚（习惯上称为2，6，4）等，常用在中低温度和金属催化作用不太强的情况下，如变压器油、液压油、汽轮机油等。常用的高温抗氧化剂是二烷基二硫代磷酸锌（ZDDP，代号6411），这类抗氧化剂也有耐蚀作用。例如，用大庆原油生产的润滑剂中加入0.5%（质量分数）的抗氧化添加剂可以使其腐蚀度从64g/m^2降低到1g/m^2。一般润滑脂使用的抗氧化剂为二苯胺或α萘胺，添加量为0.5%（质量分数）。

3. 性能改进剂

（1）黏度指数改进剂　黏度指数改进剂用得也比较广泛，其用量仅次于清净分散剂，常用于各种内燃机油。因为内燃机的工作温度范围很大，下限温度为-40℃，上限温度高达200~300℃，甚至更高，一般润滑剂的黏度难以同时满足这两种极限温度的要求，因此需加入黏度指数改进剂以改进润滑剂的黏温特性。黏度指数改进剂是一种油溶性高分子化合物，当温度升高时，高分子化合物在油中的溶解度增大，此时高分子化合物的长链伸展开，增加了表面积和运动阻力，从而减缓了润滑剂黏度的降低。当温度降低时，高分子化合物的溶解度减小，分子开始卷缩成紧密的小团，所以对于黏度大的润滑剂不会使其在低温时黏度过于增大。

黏度指数改进剂应具有增黏能力大、低温性能好、抗剪切性能好和热氧化稳定性好的特点。常用的黏度指数改进剂有聚正丁基乙烯醚、聚异丁烯、聚甲基丙烯酸酯等，添加量为0.2%~2.0%。

（2）降凝剂　大多数原油中均含有蜡，虽然在润滑剂基础油加工过程中要脱蜡，但润滑剂中仍然含有一定量的固体烃。温度较高时，这些固体烃溶解于润滑剂中；但在低温下，蜡的晶体会结合在一起，形成三维网状结构，使润滑剂失去流动性。要想得到低凝点的润滑剂，除了采用高成本的脱蜡加工工艺，还可以加入降凝剂来实现。降凝剂加入润滑剂中能起到降低凝点温度、保障润滑剂在低温下流动的作用。

降凝剂一般是化学合成的聚合物或缩合物，其分子中含有与石蜡烃结构相似的烷基链和极性基团。主要降凝原理是：通过在蜡结晶表面吸附或与之共晶来改变蜡晶的形状和尺寸，防止蜡结晶形成三维网状结构。需要指出的是，降凝剂不能阻止蜡在低温下的结晶析出，降凝剂只在含有少量蜡的油品中起作用，润滑剂油中无蜡或蜡太多均无降凝效果。

降凝剂广泛应用于各种润滑剂，如机械油、变压器油、齿轮油、内燃机油、汽轮机油、冷冻机油等。常用的降凝剂主要有烷基萘、聚甲醛丙烯酸酯、聚α-烯烃、烷基酚缩合物、聚烷基苯乙烯、甲醛丙烯酸酯等。通常添加量为0.1%~1%。

（3）抗泡剂　润滑过程中，由于激烈搅拌和飞溅，有可能产生泡沫。润滑剂中的泡沫若不及时消除，会使冷却效果下降、管路产生气阻，造成润滑剂供应不足，使润滑系统工作失常，从而增大磨损、烧结或产生油箱溢油，因此在润滑剂中常加入抗泡剂。抗泡剂的作用机理是降低气泡的表面张力和泡沫吸附膜的稳定性，泡沫出现后能及时消除。常用的抗泡剂有甲基硅油、丙烯酸酯与醚的共聚物等。

（4）抗乳剂　润滑剂在使用过程中会受到水的污染，这就要求润滑剂应具有一定的分水性能，以保证不被水乳化。加入抗乳化剂是提高润滑剂抗乳化性能的主要途径。抗乳化的原理是破坏液滴外面的保护膜，提高分水能力。抗乳化剂主要有二胺环氧丙烷聚合物（T1001）、环氧乙烷和环氧丙烷的嵌段共聚醚（T1002）等，一般添加量为0.01%~0.2%。

7.3　油类润滑剂

7.3.1　油类润滑剂产品分类

1. 润滑剂和有关产品的分类（GB/T 7631.1—2008）

油类润滑剂常指矿物油润滑剂，俗称润滑油，这类润滑剂的主要原料是石油。由于历史的原因，一般认为润滑油是石油产品。润滑油的消费量虽然不足石油总消费量的 1.5%，但它技术含量高，意义重大，属于十几类石油产品中特别重要的一类，在石油产品的总分类标准中定名为 L 类。我国参照国际标准 ISO 6743—99 制定了《润滑剂、工业用油和有关产品（L类）的分类》（GB/T 7631.1—2008）。这个分类将 L 类产品根据应用场合分为 18 个组，见表 7-1。

表 7-1　润滑油、工业润滑油和有关产品（L类）的分类（GB/T 7631.1—2008）

组别	应用场合	已制定的国家标准编号
A	全损耗系统 Total loss systems	GB/T 7831.13
B	脱模 Mould release	—
C	齿轮 Gears	GB/T 7631.7
D	压缩机(包括冷冻机和真空泵)Compressors(including refrigeration and vacuum pumps)	GB/T 7631.9
E	内燃机油 Internal combustion engine oil	GB/T 7631.17
F	主轴、轴承和离合器 Spindle bearings, bearings and associated clutches	GB/T 7631.4
G	导轨 Slideways	GB/T 7631.11
H	液压系统 Hydraulic systems	GB/T 7631.2
M	金属加工 Metalworking	GB/T 7631.5
N	电器绝缘 Electrical insulation	GB/T 7631.15
P	气动工具 Pneumatic tools	GB/T 7631.16
Q	热传导液 Heat transfer fluid	GB/T 7631.12
R	暂时保护防腐蚀 Temporary protection against corrosion	GB/T 7631.6
T	汽轮机 Turbines	GB/T 7631.10
U	热处理 Heat treatment	GB/T 7631.14
X	用润滑脂的场合 Grease	GB/T 7631.8
Y	其他应用场合 Miscellaneous	—
Z	蒸汽气缸 Cylinders of sleam machines	—

关于这项分类标准，需进行三点说明：

1）分类比较强调应用场合。从摩擦学的角度看，这是非常合理的，不同应用场合下，摩擦学工况不同，应该使用不同的润滑剂来进行润滑。各种不同的润滑剂有不同的润滑作用，不同的性能要求，不同的产品配方，不同的存储、运输、使用要求，在摩擦学设计和润滑管理工作中应该特别注意这一点。

2）分类中各组的重要程度有巨大差别。虽然油类润滑剂分为 18 个组，但内燃机油（E

组）约占润滑油总量的50%，所以也有许多人认为，“润滑油可以分为内燃机油和工业润滑油两类”。这种分类方法从摩擦学来讲显然是不科学的，但它说明了内燃机油的重要性。

3）在各种工业润滑油中，齿轮油（C组）和液压油（H组）是比较重要、应用比较普遍的工业润滑剂，本书将重点介绍。其他的一些专用润滑剂可以到有关专著中去查阅。

2. 油类工业润滑剂的黏度等级

各种油类润滑剂中，黏度等级是一个重要的技术指标，通常情况下，按GB/T 3141—1994将工业液体润滑剂以40℃运动黏度的中心值划分为20个黏度等级，见表7-2。

表7-2 工业液体润滑剂的黏度等级及其与旧牌号的对照

黏度等级(GB/T 3141—1994)	中间点运动黏度(40℃)/(mm/s)	运动黏度范围(40℃)/(mm/s)	按50℃运动黏度划分的旧牌号	按100℃运动黏度划分的旧牌号
2	2.2	1.98~2.42	2°	
3	3.2	2.88~3.52		
5	4.6	4.14~5.06	4°、5°	
7	6.8	6.12~7.48	5°、6°	
10	10	9.00~11.0	7°、10°	
15	15	13.5~16.5	10°	
22	22	19.8~24.2		
32	32	28.8~35.2	20°	5°、6°
46	46	41.4~50.6	30°	
68	68	61.2~74.8	40°、50°	9°
100	100	90.0~110	60°、70°	13°
150	150	136~165	80°、90°	19°
220	220	198~242	100°、150°	19°
320	320	288~352	200°	24°
460	460	414~506	250°、300°	24°
680	680	612~748	400°	38°
1000	1000	900~1100	500°	52°
1500	1500	1350~1650	600°、700°	65°
2200	2200	1980~2420		
3200	3200	2880~3520		

注：黏度等级与旧牌号对照时，假设油的黏度指数为95。

油类润滑剂产品名称用编码符号的表示方法（参照GB/T 498—2014），一般形式为：“ISO-类别-品种-数字（黏度级）”，或用简式：“类别-品种-数字”。如L-A 68表示黏度等级为68的用于全损耗系统的润滑剂，类别L表示它属于润滑剂和有关产品类别，品种A表示用于损耗系统，后面的数字表示黏度等级。

7.3.2 内燃机油

1. 内燃机油的黏度等级分类

内燃机油的产品也是按“类别-品种（质量等级）数字（黏度等级）”的方式命名的。

内燃机油的黏度等级和工业润滑剂的黏度等级不同，它比工业润滑剂的黏度要求严格，国际上比较通用的是采用 SAEJ 300—1999，见表 7-3。

表 7-3 SAEJ 300—1999 发动机油的黏度分类

SAE 黏度级	低温动力黏度 (ASTM D5293)/mPa·s(℃) 不大于	低温泵送黏度 (ASTM D4684)/mPa·s(℃) 不大于	运动黏度 (ASTM D445,100℃)/$mm^2 \cdot s^{-1}$	高温高剪切黏度 (150℃,$10^6 s^{-1}$, ASTM D4683)/mPa·s
0W	6200(-35)	60000(-40)	3.8~	
5W	6600(-30)	60000(-35)	3.8~	
10W	7000(-25)	60000(-30)	4.1~	
15W	7000(-20)	60000(-25)	5.6~	
20W	9500(-15)	60000(-20)	5.6~	
25W	1300(-10)	60000(-15)	9.3~	
20			5.6~<9.3	2.6
30			9.3~<12.5	2.9
40			12.5~<16.3	2.9①
40			12.5~<16.3	3.7②
50			16.3~<21.9	3.7
60			21.9~<26.1	3.7

① 适用 0W/40，5W/40，10W/40 黏度级别。

② 适用 15W/40，20W/40，25W/40，40 黏度级别。

表 7-3 中，带 W 的表示冬季（Winter）用油，对低温黏度有一定要求。如 0W，要求 -35℃时的黏度不大于 6200mPa·s，并且-40℃时的黏度不大于 60000mPa·s，而 100℃时的黏度大于 3.8mm^2/s。内燃机油还可以分为单级油和多级油。单级油，如 30，表示该油的 100℃黏度应该为 9.3~12.5mm^2/s，而对低温性能无要求；多级油，如 10W/30，表示该油的 100℃黏度为 9.3~12.5mm^2/s，而且，-25℃低温黏度应不大于 7000mPa·s。多级油在寒区冬夏通用。

根据实际使用结果和汽车技术的发展，该分类标准也在不断修正。与 1991 年相比，1999 年版的标准将低温动力黏度的检测温度降低了 5℃，指标也有所调整。中国也采用这个标准，中国的质量等级为 SE、SF、CC、CD 级的采用的是 SAEJ 300—1997，其他高级别的采用的是 SAEJ 300—1999。

2. 汽油机油

汽油机油主要用于润滑以汽油为燃料的内燃机。润滑部位主要有活塞和汽缸壁、轴承（主轴承、连杆轴承、活塞销）、凸轮与挺杆等。典型的汽车润滑系统如图 7-3a 所示。润滑油存储在下曲轴箱内。发动机工作时，润滑油泵将润滑油从集滤器吸上，粗滤后分成两路，一路占出油量 90%~95%的润滑油进入主油道；另一路占出油量 5%~10%的润滑油经细滤后回到下曲轴箱。进入主油道的润滑油又分成两路，一路进入主轴承，再进入连杆轴承，然后从连杆大端的小孔喷溅到汽缸壁、活塞销、气门室等部位，完成上部润滑后流回下曲轴箱；另一路进入凸轮轴承，润滑后也流回下曲轴箱。润滑油的循环过程如图 7-3b 所示。

高低温工作、多摩擦副同时润滑、多种材料同时润滑和润滑油经常与新鲜空气接触是内燃机润滑的基本特点。此外，市区行驶的大部分轿车都是汽油机，尾气排放对环境的影响也是汽油机润滑剂要考虑的重要问题。

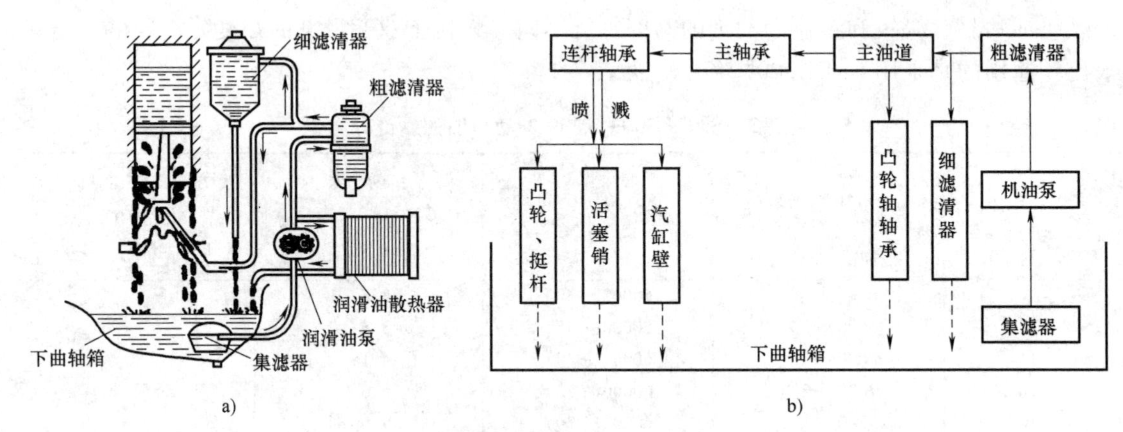

图 7-3 润滑油在润滑系统中的循环

我国参照美国石油学会（American Petroleum Institute）API 标准制定了汽油机油质量等级分类标准 GB/T 28772—2012。把汽油机油按质量等级从低到高分为 SE、SF、SG、SH 和 GF-1、SJ 和 GF-2、SL 和 GF-3、SM 和 GF-4、SN 和 GF-5 等级别，其质量等级分类见表 7-4。级别越高，性能指标要求越高，在节能、减排方面的要求也逐渐提高，具体的技术指标数据请查阅有关标准。一般高质量等级的润滑剂都可以替代低质量等级的，建议在使用中尽量选用高质量等级的润滑剂。

表 7-4 汽油机油分类

应用范围	品种代号	特性和使用场合
汽油机油	SE	用于轿车和某些货车的汽油机以及要求使用 API SE、SD 级油的汽油机。此种油品的抗氧化性能及控制汽油机高温沉积物、锈蚀和腐蚀的性能优于 SD 或 SC
	SF	用于轿车和某些货车的汽油机以及要求使用 API SF、SE 级油的汽油机。此种油品的抗氧化和抗磨损性能优于 E，同时还具有控制汽油机沉积、锈蚀和腐蚀的性能，并可代替 SE
	SG	用于轿车、货车和轻型卡车的汽油机以及要求使用 API SG 级油的汽油机。SG 质量还包括 CC 或 CD 的使用性能。此种油品改进了 SF 级油控制发动机沉积物、磨损和油的氧化性能，同时还具有抗锈蚀和腐蚀的性能，并可代替 SF、SF/CD、SE 或 SE/CC
	SH、GF-1	用于轿车、货车和轻型卡车的汽油机以及要求使用 API SH 级油的汽油机。此种油品在控制发动机沉积物、油的氧化、磨损、锈蚀和腐蚀等方面的性能优于 SG，并可代替 SG。GF-1 与 SH 相比，增加了对燃料经济性的要求
	SJ、GF-2	用于轿车、运动型多用途汽车、货车和轻型卡车的汽油机以及要求使用 API SJ 级油的汽油机此种油品在挥发性、过滤性、高温泡沫性和高温沉积物控制等方面的性能优于 SH。可代替 SH，并可在 SH 以前的“S”系列等级中使用。GF-2 与 SJ 相比，增加了对燃料经济性的要求，GF-2 可代替 GF-1
	SL、GF-3	用于轿车、运动型多用途汽车、货车和轻型卡车的汽油机以及要求使用 API SL 级油的汽油机。此种油品在挥发性、过滤性、高温泡沫性和高温沉积物控制等方面的性能优于 SJ。可代替 SJ，并可在 SJ 以前的“S”系列等级中使用。GF-3 与 SL 相比，增加了对燃料经济性的要求，GF-3 可代替 GF-2
	SM、GF-4	用于轿车、运动型多用途汽车、货车和轻型卡车的汽油机以及要求使用 API SM 级油的汽油机。此种油品在高温氧化和清净性能、高温磨损性能以及高温沉积物控制等方面的性能优于 SL 可代替 SL，并可在 SL 以前的“S”系列等级中使用。GF-4 与 SM 相比，增加了对燃料经济性的要求，GF-4 可代替 GF-3

（续）

应用范围	品种代号	特性和使用场合
汽油机油	SN、GF-5	用于轿车、运动型多用途汽车、货车和轻型卡车的汽油机以及要求使用 API SN 级油的汽油机。此种油品在高温氧化和清净性能、低温油泥以及高温沉积物控制等方面的性能优于 SM。可代替 SM，并可在 SM 以前的“S”系列等级中使用．对于资源节约型 SN 油品，除具有上述性能外，强调燃料经济性、对排放系统和涡轮增压器的保护以及与含乙醇最高达 85%的燃料的兼容性能。GF-5 与资源节约型 SN 相比，性能基本一致，GF-5 可代替 GF-4

3. 柴油机油

柴油机油主要用于润滑以轻柴油为燃料的内燃机。坦克、船舶、舰艇、大型发电机等一般都使用柴油机，许多农用车辆使用的是柴油机，还有许多卡车使用的也是柴油机。柴油机的特点是功率大，润滑的特点是载荷高（汽油机主轴承压力一般为 5~8MPa，柴油机一般为 10~12MPa）、温度高（比汽油机高近 100℃）、耐蚀性要求高（一般柴油机轴瓦的耐蚀性低于汽油机）。柴油机油的质量等级分类划分见表 7-5。

表 7-5 柴油机油分类

应用范围	品种代号	特性和使用场合
柴油机油	CC	用于中负荷及重负荷下运行的自然吸气、涡轮增压和机械增压式柴油机以及一些重负荷汽油机。对于柴油机具有控制高温沉积物和轴瓦腐蚀的性能，对于汽油机具有控制锈蚀、腐蚀和高温沉积物的性能
	CD	用于需要高效控制磨损及沉积物或使用包括高硫燃料自然吸气、涡轮增压和机械增压式柴油机以及要求使用 API CD 级油的柴油机。具有控制轴瓦腐蚀和高温沉积物的性能，并可代替 CC
	CE	用于非道路间接喷射式柴油发动机和其他柴油发动机，也可用于需有效控制活塞沉积物、磨损和含铜轴瓦腐蚀的自然吸气、涡轮增压和机械增压式柴油机。能够使用硫的质量分数大于 0.5%的高硫柴油燃料，并可代替 CD
	CF-2	用于需高效控制气缸、环表面胶合和沉积物的二冲程柴油发动机，并可代替 CD-Ⅱ
	CF-4	用于高速、四冲程柴油发动机以及要求使用 API CF-4 级油的柴油机，特别适用于高速公路行驶的重负荷卡车。此种油品在机油消耗和活塞沉积物控制等方面的性能优于 CE，并可代替 CE、CD 和 CC
	CG-4	用于可在高速公路和非道路使用的高速、四冲程柴油发动机。能够使用硫的质量分数小于 0.05%~0.5%的柴油燃料。此种油品可有效控制高温活塞沉积物、磨损、腐蚀、泡沫、氧化和烟炱的累积，并可代替 CF-4、CE、CD 和 CC
	CH-4	用于高速、四冲程柴油发动机。能够使用硫的质量分数不大于 0.5%的柴油燃料。即使在不利的应用场合，此种油品可凭借其在磨损控制、高温稳定性和烟炱控制方面的特性有效地保持发动机的耐久性：对于非铁金属的腐蚀、氧化和不溶物的增稠、泡沫性以及由于剪切所造成的黏度损失可提供最佳的保护。其性能优于 CG-4，并可代替 CG-4、CF-4、CE、CD 和 CC
	CI-4	用于高速、四冲程柴油发动机。能够使用硫的质量分数不大于 0.5%的柴油燃料。此种油品在装有废气再循环装置的系统里使用可保持发动机的耐久性。对于腐蚀性和与烟炱有关的磨损倾向、活塞沉积物、以及由于烟炱累积所引起的黏温性变差、氧化增稠、机油消耗、泡沫性、密封材料的适应性降低和由于剪切所造成的黏度损失可提供最佳的保护。其性能优于 CH-4，并可代替 CH-4、CG-4、CF-4、CE、CD 和 CC
	CJ-4	用于高速、四冲程柴油发动机。能够使用硫的质量分数不大于 0.05%的柴油燃料。对于使用废气后处理系统的发动机，如使用硫的质量分数大于 0.0015%的燃料，可能会影响废气后处理系统的耐久性和/或机油的换油期。此种油品在装有微粒过滤器和其他后处理系统里使用可特别有效地保持排放控制系统的耐久性。对于催化剂中毒的控制、微粒过滤器的堵塞、发动机磨损、活塞沉积物、高低温稳定性、烟炱处理特性、氧化增稠、泡沫性和由于剪切所造成的黏度损失可提供最佳的保护。其性能优于 CI-4，并可代替 CI-4、CH-4、CG-4、CF-4、CE、CD 和 CC

7.3.3 常用工业润滑油

1. 工业齿轮油

齿轮传动是机械传动的重要机构，齿轮油是重要的工业润滑油。参照国际ISO标准，我国制定了工业齿轮润滑剂分类标准GB/T 7631.7—1995，该标准把工业齿轮油分为两个大类11个小类，如图7-4所示。在闭式齿轮油中，有一类是抗磨脂（L-CKG）；有一类是蜗轮蜗杆油（L-CKE）；有两类是为适合特别低温和高温开发的合成或半合成润滑油（L-CKS和L-CKT）；其余三个品种是通用工业齿轮油。在开式齿轮油中，除一类润滑脂（L-CKL）和一类用于间断特殊重负荷下运转的齿轮油（L-CKM）外，通用的开式齿轮油有普通开齿轮油（L-CKH）和极压开齿轮油（L-CKJ）两种。

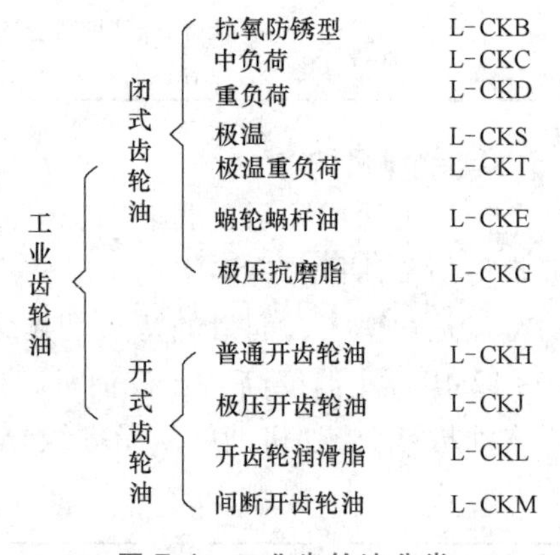

图7-4 工业齿轮油分类

对工业齿轮油要关注的重点是承载能力，按经典理论，黏度是影响齿轮承载能力的重要参数。工业齿轮油的黏度是按GB/T 3141—1994分级的，常用的黏度号为68~680的7个黏度号，见表7-2。

按经典理论，工业齿轮油的选择可以参照表7-6的原则进行。也有研究认为，实际上三类通用的闭式工业齿轮油，反映的是科技发展的过程，抗氧化和防锈是20世纪50~70年代重点研究的问题，是要解决工业润滑的最基本问题；20世纪80年代后，抗氧防锈问题已经基本解决，油性剂也已经有了较大发展，承载能力有了较大提高，于是中负荷齿轮油成为工业齿轮油的主力，并且随着润滑理论的成熟，出现了以齿面接触应力为依据的选油原则；20世纪90年代后，极压抗磨添加剂有了很大发展，边界润滑膜的性能有了相当大的提高，含有极压抗磨添加剂的重负荷工业齿轮油已经可以在非全膜润滑条件下实现摩擦副的良好润滑。因此，对于较高载荷下工作的齿轮应该优先选择重负荷工业齿轮油。

表7-6 工业闭式齿轮油种类的选择

条件		推荐使用的工业闭式齿轮油
齿面接触应力 σ_H/MPa	齿轮使用工况	
<350	一般齿轮传动	抗氧防锈工业齿轮油(L-CKB)
350~500 (轻负荷齿轮)	一般齿轮传动	抗氧防锈工业齿轮油(L-CKB)
	有冲击的齿轮传动	中负荷工业齿轮油(L-CKC)
500~1100 (中负荷齿轮)	矿井提升机、露天采掘机、水泥磨、化工机械、水力电力机械、冶金矿山机械、船舶海港机械等的齿轮传动	中负荷工业齿轮油(L-CKC)
>1100 (重负荷齿轮)	冶金轧钢、井下采掘、高温有冲击、含水部位的齿轮传动等	重负荷工业齿轮油(L-CKD)
<500	在更低的、低的或更高的环境温度和轻负荷下运转的齿轮传动	极温工业齿轮油(L-CKS)
≥500	在更低的、低的或更高的环境温度和重负荷下运转的齿轮传动	极温重负荷工作齿轮油(L-CKT)

2. 车辆齿轮油

1990 年 ISO 发布齿轮油（C 组）的分类标准时只包括工业齿轮油的分类，未给出车辆齿轮油的分类。美国石油学会（API）于 1995 年发布了关于“汽车手动变速器和驱动桥润滑剂的使用分类”，将车辆齿轮油分为 GL-1～GL-6 和 MT-1 共 7 个规格。我国采用 ISO 的 C 分组制定了 GB/T 7631.7—1995，定义了 CLC、CLD、CLE 三个车辆齿轮油代号，但由于缺乏国际通用性，实际中无法执行。后来又参照 API 制定了相当于 GL-3 的普通车辆齿轮油标准、相当于 GL-4 的中负荷车辆齿轮油和相当于 GL-5 的重负荷车辆齿轮油（GB/T 13895）标准。这表明我国的车辆齿轮油标准基本上和美国 API 标准是兼容的。

车辆齿轮油和工业齿轮油的不同表现在其执行的标准上，根本原因在于车辆齿轮和工业齿轮的工作要求和润滑需求不一样。工业齿轮油最强调承载能力，而车辆齿轮油对这方面的需求一般相对低一点；但车辆齿轮油对黏度（特别是低温黏度）的要求高，为保证低温下快速换挡，车辆齿轮油要求在低温下有较小的黏度。我国车辆齿轮油的黏度等级已制定了“驱动桥和手动变速器黏度分类”标准 GB/T 17477—2012，见表 7-7。

表 7-7　汽车齿轮润滑剂黏度分类

黏度等级	最高温度 （黏度达到 150000mPa·s）/℃	运动黏度（100℃）/ （mm^2/s），最小	运动黏度（100℃）/ （mm^2/s），最大
70W	-55	4.1	—
75W	-40	4.1	—
80W	-26	7.0	—
85W	-12	11.0	—
80	—	7.0	<11.0
85	—	11.0	<13.5
90	—	13.5	<18.5
110	—	18.5	<24.0
140	—	24.0	<32.5
190	—	32.5	<41.0
250	—	41.0	—

3. 液压油

液压系统广泛应用于工业、车辆、船舶和航空设备中，液压油（液）是用于液压系统的传动介质。1982 年 ISO 发布了“润滑剂、工业润滑油和有关产品的分类——第 4 部分 H 组（液压系统）标准”ISO 6743.4—1983，1987 年我国制定了等效标准 GB/T 7631.2—1987。1999 年 ISO 进行了修订，2003 年我国对 1987 版进行了修订，制定 GB/T 7631.2—2003。2003 版与 1987 版标准相比主要是增加了环保液压液，取消了对环境和健康有害的难燃液压液 RFDS 和 RFDT，2013 版液压油分类见表 7-8。

在液压油的品种选择方面，我国没有 HH 类产品，建议尽量用含有抗磨剂的 HM 替代无抗磨剂的 HL；在寒区和对黏温性能有要求的系统中建议用具备抗磨特性的 HV 替代抗磨性低的 HR，低温特性要求更高时可选择 HS；有环境指标要求时可在 HE 类产品中选择；有黏滑问题的可选择 HG；对于有抗燃性要求的场合可选择 HF 类产品。

表 7-8 液压液分类（GB/T 7631.2—2003）

组别符号	应用范围	特殊应用	更具体应用	组成和特性	产品符号 ISO-L	典型应用	备注
H	液压系统	流体静压系统		无抑制剂的精制矿油	HH	—	—
				精制矿油，并改善其防锈和抗氧性	HL	—	—
				HL 油，并改善其抗磨性	HM	有高负荷部件的一般液压系统	—
				HL 油，并改善其黏温性	HR	—	—
				HM 油，并改善其黏温性	HV	建筑和船舶设备	—
				无特定难燃性的合成液	HS	—	特殊性能
			用于要求使用环境可接受液压液的场合	甘油三酸酯	HETC	一般液压系统（可移动式）	每个品种的基础液的最小含量应不小于 70%（质量分数）
				聚乙二醇	HEPG		
				合成酯	HEES		
				聚 α-烯烃和相关烃类产品	HEPR		
			液压导轨系统	HM 油，并具有抗黏-滑性	HG	液压和滑动轴承导轨润滑系统合成的机床在低速下使振动或间断滑动（黏-滑）减为最小	这各液体具有多种用途，但并非在所有液压应用中皆有效
			用于使用难燃液压液的场合	水包油型乳化液	HFAE	—	通常含水量大于 80%（质量分数）
				化学水溶液	HFAS	—	通常含水量大于 80%（质量分数）
				油包水乳化液	HFB	—	—
				含聚合物水溶液[1]	HFC	—	通常含水量大于 35%（质量分数）
				磷酸酯无水合成液[1]	HFDR	—	—
				其他成分的无水合成液[1]	HFDU		
		流体动力系统	自动传动系统	—	HA	—	与这些应用有关的分数尚未进行详细地研究，以后可以增加
			耦合器和变矩器	—	HN	—	

① 这类液体也可满足 HE 品种规定的生物降解性和毒性要求。

液压油黏度的选择要考虑系统的工作温度、压力、泄漏、密封、摩擦和磨损等因素，在保证压力、满足泄漏和磨损要求的条件下，降低黏度利于减少摩擦。液压油的黏度号按 GB/T 3141—1994（表 7-2），从 10 到 150 分为 7 个等级。

液压油的清洁程度对防止液压设备磨损、保证其正常使用具有重要意义。国际标准化组织制定了液压系统工作介质固体颗粒污染等级标准 ISO 4406—1999，见表 7-9。我国也参照制定了 GB/T 14039—2002。标准中清洁度以 100mL 油液内大于 2μm/5μm/15μm 的颗粒分级号表示，如 18/16/13 表示大于 2μm 的颗粒数为 1300～2500；大于 5μm 的颗粒数为 320～640；大于 15μm 的颗粒数为 40～80。多数情况下只报告两个大颗粒的数量。美国航天学会标准 NAS1638 把液压油的清洁度直接分为 14 个级，每个级规定了 5 个（颗粒大小）尺寸段中颗粒数量的上限，称为 NASA 级。通常 NASA 级和 ISO 标准有一定相关性。

表 7-9 ISO 4406—1999 液压油清洁度分级

每毫升颗粒数		清洁度分级	每毫升颗粒数		清洁度分级
大于	上限值		大于	上限值	
80000	160000	24	160	320	15
40000	80000	23	80	160	14
20000	40000	22	40	80	13
10000	20000	21	20	40	12
5000	10000	20	10	20	11
2500	5000	19	5	10	10
1300	2500	18	2.5	5	9
640	1300	17	1.3	2.5	8
320	640	16	0.64	1.3	7

通常要求新油的 ISO 级应该小于 16/13，对应于 NASA 7 级。实际使用的液压油的清洁度多数在 NAS10 级以上，这也是造成液压设备使用寿命短、工作可靠性差的重要因素。

7.4 脂类润滑剂

7.4.1 润滑脂的组成与性能

1. 脂类润滑剂

脂类润滑剂俗称润滑脂，它是在成品油的基础上，经稠化剂稠化形成的半固体到固体状的油性软膏状物质，也叫“黄油”。润滑脂在常温和静止状态时，能附着在摩擦表面上不流动，像固体一样；受到热和机械作用时，稠度降低，产生流动并进行润滑，降低物体表面的摩擦和磨损；当无外力时，它又恢复到一定的稠度和黏度。润滑脂的这种特性是其他润滑剂所不具备的。

润滑脂具有如下几方面的优点：①不易流失，当用于垂直表面或不密封的摩擦部件时，能保持足够的厚度，即使在离心力的作用下，也不会流失，能保证可靠的润滑；②密封设计要求简单，不需要复杂的密封装置和供油系统，可以大大简化轴承的外围尺寸，利于设备的小型化和轻量化；③黏附性能好，在摩擦面上的保持能力强，在敞开的摩擦部件上也有较强的防水、防尘、耐蚀性；④使用寿命长，供油次数少，不需要经常添加，在难以经常加油的摩擦部件上，使用润滑脂较为有利；⑤黏温性能好，适用的温度变化幅度大。

润滑脂也有一定的局限性，不能代替液态润滑剂。主要缺点表现在：①润滑脂的流动性差，清洗不方便，混入的水分、灰尘、磨屑难以分离出来；②搅拌阻力较大，发热量较大，冷却散热效果差；③高速适应性差，不适合在特高速运动的场合使用。因此润滑脂的使用范围也受到一定限制。

2. 脂类润滑剂的组成

润滑脂由基础油、稠化剂、稳定剂和添加剂组成。润滑脂的性质由各组分及其所形成的结构共同决定。

（1）基础油　在润滑脂中，基础油占70%~95%，它的比例最大，对润滑剂的性能有很重要的影响。润滑脂的基础油分为两大类，一类是矿物油，另一类是合成油。矿物油是指一般石油润滑剂，它是目前润滑脂生产中用量最大，使用面最广而且价值最低的基础油。据估计，全世界润滑脂市场中有7%~15%为合成润滑脂，合成润滑脂中有合成烃类油、酯类油、硅油、含氟油和聚醚型油等。

（2）稠化剂　稠化剂是润滑脂中不可缺少的固体组成部分，同基础油一起决定着润滑脂一系列性能，占润滑脂质量的5%~30%。稠化剂的作用是将流动的液体润滑剂增稠为不流动的固体至半固体状态。稠化剂的种类可分为皂基、烃基、有机和无机稠化剂。工业脂肪酸皂类稠化剂有钠皂、钙皂、锂皂、铝皂、钡皂等，它们是由动植物油脂与相应的碱（如氢氧化钠、氢氧化钙、氢氧化铝等）发生化学反应得到的，由这些皂类稠化剂制成的润滑脂分别称为钠基润滑脂和钙基润滑脂等。另外还有混合皂、复合皂等。常用的烃基稠化剂有石蜡、地腊和石油蜡三种。有机稠化剂指金属皂与固体烃以外的有稠化作用的有机物，如脲类化合物、酰胺类、酞菁染料和阴丹士林染料等，多用于制备合成润滑剂。无机稠化剂常用的有膨润土、硅胶和氮化硼、炭黑等。我国还发现海泡石可以作为润滑脂的稠化剂，多用于制备高温润滑脂。

（3）稳定剂　稳定剂又称为胶溶剂或结构改善剂。它的作用是改善润滑脂的结构性能，从而达到改善润滑剂某些性能的目的，虽然含量很低，但对某些润滑脂来说是必不可少的。稳定剂是一些极性较强的物质，如有机酸、醇、胺等化合物。水也是一种常用的稳定剂。稳定剂的作用机理是通过极性基团，如羧基、胺基、羟基等，吸附在皂分子的极性端间，使皂纤维内外表面增大，皂油间的吸附增大。因此，当稳定剂存在时，可使皂和基础油形成较稳定的胶体结构。不同的润滑脂使用的稳定剂不同，如钠基润滑脂中的甘油、锂基润滑脂中的环烷酸皂、复合钙基润滑脂中的醋酸钙、钡基润滑脂中的醋酸钡、铅基润滑脂中的油酸等，均起稳定剂的作用。从实验中发现，稳定剂的用量过多或过少都会对润滑脂的质量产生不利影响。例如，结构稳定剂过少，皂的聚结程度较大，膨化和吸附的油量较少，皂-油体系不稳定；反之如果过多，由于极性的影响，也会造成胶体结构的破坏，所以稳定剂用量要适量，一般由试验确定。

（4）添加剂　为满足润滑脂使用性能要求，润滑脂还需加入一些添加剂，以改善润滑脂固有的性能，也可以增加其原来不具有的性能。润滑脂中的添加剂类型及其作用原理与润滑剂添加剂基本相同，但是由于润滑脂自身流动性不及油类润滑剂，所以润滑脂中加入添加剂的量比较大一些。常用的添加剂主要有抗氧剂、极压抗磨剂、防锈剂和拉丝增强剂等。

3. 脂类润滑剂的主要理化性能

（1）滴点　在规定的条件下加热时，从仪器的脂杯中滴下第一滴液体或流出油柱25mm时的温度即为该润滑脂的滴点。滴点是润滑脂最重要的质量指标之一。润滑脂的滴点可大致衡量其最高使用温度，一般来说，润滑脂使用的最高温度界限，应低于其滴点30 ~50℃。对于低转速的情况，润滑脂的最高使用温度界限可以低于滴点15~30℃。

（2）锥入度　锥入度是衡量润滑脂稠度（即软硬程度）的指标。锥入度是指在规定的测定条件下，一定重量和形状的圆锥体，在5s内落入润滑脂的深度，以1/10mm为单位表示。通常润滑脂锥入度越小、稠度越大、越硬。锥入度是选用润滑脂的重要依据。摩擦面负荷大时，应选用锥入度小的润滑脂；反之，应选用锥入度大的润滑脂。常用的锥入度为200~300，最大为350，若大于400，就成为流体了。通常润滑脂的牌号是以锥入度的等级来划分的，见表7-10。

表7-10　润滑脂锥入度系列号（稠度）

系列号	0	1	2	3	4	5	6	7	8	9
锥入度值/(1/10mm)	355~385	310~340	265~295	220~250	175~205	130~160	85~115	60~80	35~55	10~30

（3）机械安定性　机械安定性是指润滑脂受到机械力作用后，抵抗结构破坏、抗稠度变化的能力。润滑脂的机械安定性用其受剪切前后的锥入度变化值来表示。若润滑脂的机械安定性差，受剪后，稠度会很快降低，在高速运转的润滑部位，受离心力作用，润滑脂会被甩出去，造成摩擦表面润滑不良和磨损破坏。为了保证正常润滑，就必须频繁加脂或换新脂，这样就增加了润滑脂的消耗，也增加了维护保养的工作量，因此润滑脂的机械安定性是一项重要的质量指标。

（4）分油　润滑脂在贮存和使用过程中，有产生分油的倾向，质量好的润滑脂分油较少。常用的测定润滑脂分油的方法是钢网分油。润滑脂的分油倾向大小（又称胶体安定性好坏），对其使用有很大的影响。在滚动轴承内润滑脂由于受热、挤压、离心力和渗透作用，会析出少量的油，析出的油一部分用于润滑滚道，多余的部分被甩出去。因此，润滑脂在使用过程中轻微分油是有益的，但是分油过多，就会造成损坏。实验证明，当润滑脂中的含油量损失50%以上时，轴承就会被烧坏。另外，在贮存中，若分油过多，分出的油会污染设备，尤其像光学仪器的目镜部分，若分油过大，会污染镜面。

（5）蒸发性　润滑脂蒸发性是衡量润滑脂在使用和贮存中由于基础油的蒸发导致润滑脂变干的倾向。蒸发性大的润滑脂经过长期蒸发后，会引起稠度增大、滴点降低、酸值增大、分油减少，从而影响使用寿命，故要求润滑脂的蒸发度越小越好。

（6）强度极限　使润滑脂产生流动所需的最小应力称为润滑脂的强度极限。若强度极限过小，在不密封的摩擦部位使用，容易流失或滑落；在高速旋转的机械中，则容易被离心力甩出。润滑脂的高、低温使用性能也和强度极限有关。高温下，强度极限不能过小，否则润滑脂容易流失，低温下强度极限不能过大，不然机械启动困难，消耗过多的动力。因此，规定润滑脂在较高温度下的强度极限不小于某一数值，在低温下，强度极限不大于某一数值。大部分润滑脂在使用温度范围内强度极限约为0.1~3kPa。

7.4.2　润滑脂的分类标准

1. GB/T 7631.8—1990分类法

GB/T 7631.8—1990分类法根据使用场合分类，用六个字母和一个数字来表示一个产品。除第一个代表润滑剂类产品的L和第二个代表脂类的X外，第三个和第四个字母分别代表使用的最低温度和最高温度；第五个字母代表工作环境；第六个字母代表是否有极压性要求，A为无要求，B为有极压性要求；最后的数字代表稠度（锥入度）。

最低使用温度按0℃、-20℃、-30℃、-40℃和-40℃以下分为5档，分别用A、B、C、D、E表示。最高使用温度按60℃、90℃、120℃、140℃、160℃、180℃和大于180℃分为7档，分别用A、B、C、D、E、F、G表示。

工作环境分环境干湿和防锈性两方面。环境干湿方面，干环境为L，静态潮湿环境为M，水洗环境为H。防锈性方面，不用防锈为L，淡水下的防锈为M，盐水下的防锈为H。于是有LL、LM、LH、ML、MM、MH、HL、HM和HH共9种组合，分别用A~I表示。

稠度用锥入度等级系列号来表示，除表7-10的0~6号外还专门定义了00号（400~430）和000号（445~475）。

如代号为L-XBEGB3的润滑脂，表示其最低工作温度为-20℃，最高工作温度为160℃，水洗环境无特殊防锈要求，需要有极压性，稠度等级为3（锥入度为220~250）。

2. GB/T 501—1965分类法

GB/T 501—1965是按照润滑脂的稠化剂类型进行分类的，虽然国际上其他国家并没有这种分类标准，并且该标准已经废止，但这种分类方法便于润滑脂生产企业理解，在实际中使用得还很广泛。

GB/T 501—1965的产品命名分为四个部分：牌号、尾注、组别或级别名称、类别。牌号用锥入度系列号。尾注分合成脂（H）、含石墨（S）和含二硫化钼（E）三种，不用时可以省略。组别是按稠化剂类型分为：①单一皂基的：钙基G、钠基N、锂基L、铝基U、钡基B、铅基Q、其他基A；②混合皂级的：钙钠基GN、钙铝基GU、铅钡基QB、铝钡基UB；③复合皂基的：复合钙FG、复合铝FU；④特殊基的：烃基J、无机W、有机Y，共16个组。级别是按用途分为9类，用代号表示，见表7-11。类别通常就是“脂”。

如1号合成钙基脂：表示牌号为（锥入度）1号，尾注为合成，组别或级别名称为钙基。2号压延机脂：表示牌号为（锥入度）2号，无尾注，组别或级别名称为压延机（工业级）。

GB/T 501—1965的产品代号用五个部分表示：类号、组号、级号、牌号、尾注号。类号一个字母Z表示润滑脂。组号是前述的表示组别的字母。级号是前述的表示级别的代码。牌号用锥入度级别。尾注是前述的尾注字母。如ZU43-1表示1号铝基船用润滑脂。级别名称和代号见表7-11。

表7-11　润滑脂级别名称和代号

级别	高温	低温	密封	工业	铁道	船用	航空	军械	仪表
代号	6	7	10	40	42	43	45	46	63

7.4.3　常用润滑脂

脂类润滑剂属于比较专业的研究领域，从数量上看它在润滑剂中仅占5%左右。但是它涉及国民经济的各个领域，从玩具和家电领域的小轴承，到现代电动车和大型发电机，再到航天领域，润滑脂都发挥着非常重要的作用。因此润滑脂研究意义重大。20世纪50~60年代我国使用的是第一代润滑脂，主要是钙基润滑脂、钠基润滑脂等；20世纪70~80年代用的是第二代润滑脂，主要是锂基润滑脂、复合铝基润滑脂、复合锂基润滑脂等；21世纪以来，第三代高滴点润滑脂已经逐步走进市场，其代表性产品有脲基润滑脂、高碱值复合磺酸钙基润滑脂等。

1. 第一代润滑脂

(1) 钙基润滑脂　钙基润滑脂俗名“黄油”。其主要特性是润滑性良好，原料来源广、尤其是所用的氧化钙来源广、价格便宜。钙基润滑脂抗水淋性好，但是在水蒸气气氛中易变硬。因此钙基润滑脂适合用于潮湿或易与水接触而温度又不高的摩擦部位。如各种水泵轴承、汽车底盘和其他不能使用润滑油的摩擦部位等。钙基润滑脂耐温性差，滴点低，使用寿命短，不适于高转速，适用温度为40~60℃、转速小于150r/min的机械。

(2) 钙钠基润滑脂　钙钠基润滑脂属于混合皂基润滑脂，常见的有钙钠润滑脂和滚动轴承润滑脂，主要用于润滑普通机械的滚动轴承，如电动机轴承等。钙钠基润滑脂由钙钠皂稠化矿物油而成。钙钠基润滑脂的特性介于钙基和钠基润滑脂之间，耐温性比钙基润滑脂好，但不及钠基润滑脂，而极性比钠基润滑脂好，但又不及钙基润滑脂。可用于不太潮湿条件下滚动轴承的润滑，如小电动机和发电机滚动轴承。工作温度上限为80~100℃，不宜在低温下使用。

2. 第二代润滑脂

(1) 锂基润滑脂　由硬脂酸或12-羧基硬脂酸与氢氧化锂反应得到锂皂。由锂皂稠化基础油即可制成锂基润滑脂。锂基润滑脂的滴点较高，一般在180℃以上。选用适当的基础油时，锂基润滑脂可以长期使用在120℃或短期使用在150℃，其使用温度比钙基润滑脂提高许多。此外，锂基润滑脂具有良好的机械安定性、胶体安定性和抗水性，使用寿命长且具有较低的摩擦系数。锂基润滑脂发展迅速，目前已成为多用途、多功能的润滑脂，广泛用于飞机、汽车、机床和各种机械设备的轴承润滑。

(2) 复合铝基润滑脂　由硬脂酸铝和低分子有机酸（如苯甲酸铝）的复合铝皂稠化不同润滑油就可制成复合铝基润滑脂。它的滴点高，一般大于250℃，最高使用温度可达200℃。铝基润滑脂具有短的纤维结构，流动性好，有良好的机械安定性和泵送性，适用于集中润滑系统；具有良好的抗水性，可用于较潮湿或有水存在下的机械润滑；缺点是制备工艺复杂，不适于合成油皂化；适用于各种电动机、交通运输、钢铁企业及其他各种工业机械设备的润滑。在轴承运转寿命上比复合锂基润滑脂和脲基润滑脂要低。

(3) 复合锂基润滑脂　复合锂基润滑脂是由脂肪酸锂皂和低分子酸锂盐（如壬二酸、癸二酸、水杨酸或硼酸盐等）两种或多种化合物共结晶，稠化不同黏度润滑油制成。复合锂基润滑脂的滴点一般大于260℃，甚至在315℃的热冲击下也不会发生严重流失；抗氧化能力强，在190℃下烘烤200h，产品的颜色、外观和滴点几乎不发生变化；特别是抗磨损能力高、轴承寿命长；此外还具有良好的机械安定性和泵送性；广泛应用于轧钢厂炉前辊道轴承，汽车轮轴承，重型机械、各种高级抗磨轴承以及齿轮、涡轮、蜗杆等的润滑。

3. 第三代润滑脂

(1) 聚脲基润滑脂　脲基稠化剂通常是双脲和四脲，聚脲基润滑脂是由脲基稠化剂稠化矿物润滑油或合成润滑油制成的。耐高温性能好，滴点通常在320℃以上，并且在25~225℃宽温范围内脂的稠度变化不大；氧化安定性好，由于稠化剂分子中不含金属离子，消除了高温下金属对润滑油氧化的催化作用，96h氧弹试验的压力降仅为锂基润滑脂的1/3；最突出特点是轴承寿命长，脲基润滑脂在149℃，10000r/min条件下，轴承运转寿命超过4000h，是锂基润滑脂的近20倍。它是一种具有广泛用途的产品，可用于钢铁工业、食品工业、电力电子工业。其主要缺点是所用原料异氰酸酯为剧毒品，生产运输条件要求高。

（2）高碱值复合磺酸钙基润滑脂　高碱值复合磺酸钙基润滑脂的生产工艺比较复杂，价格也比较贵。其高温和低温性能优于聚脲基润滑脂；机械安定性、氧化安定性和耐蚀性显著优于聚脲基润滑脂；极压抗磨性（四球试验法 ASTM D2266）与聚脲基润滑脂相当，比复合锂基润滑脂有显著提高；抗水性能优良，被称为新一代高效润滑脂，在冶金、铁路、发电、造纸、水运、汽车等领域已经取得了很好的应用效果。

7.4.4　润滑脂选择和使用

1. 根据使用目的选择润滑脂

选择润滑脂时，首先要明确使用润滑脂的目的。按润滑脂所起的主要作用，润滑脂大致可以分为减摩、防护和密封三大类。作为减摩用的润滑脂，主要应考虑耐高低温度的范围、转速极限、负荷的大小等。作为防护润滑脂，则应重点考虑所防护的金属和接触的介质。根据接触的介质是水汽还是化学气体，在润滑脂的性能方面着重考虑对金属的防护性指标，如抗氧性和抗水性等。作为密封润滑脂，则首先应考虑接触的密封件材料，是橡胶还是塑料，或者是金属。尤其是橡胶和塑料为密封件时，一定要搞清楚橡胶的种类和牌号，根据润滑脂同橡胶的相容性来选择适宜的润滑脂。

2. 注意工作温度

润滑部位的工作温度是选择润滑脂的重要依据。通常使用润滑脂的部件是滚动轴承，通常温度每上升 10~15℃，润滑脂的寿命下降 50%。轴承温度一般是指内部介质的温度，一般情况下它比外环温度高 15℃ 以上。室温下工作的设备通常在 10~50℃，较大负荷（1470N）和较高转速（8000r/min）下 204 轴承在室温下可达到 40~70℃；重载行驶的汽车轮毂轴承温度可达 40~80℃；大型发电机轴承的温度可达 80~90℃；飞机起落架、高温电动机等的滚动轴承温度可达 150~200℃ 或更高。而在室外作业（特别是在寒区室外作业）的设备启动前的低温可能达到-40℃ 以下。考虑耐温性能时不仅要考虑低温特性和高温滴点，还应考虑基础油的类型、抗氧化能力和蒸发性等。

3. 速度因素和负荷

速度是选择脂润滑要重点考虑的一个因素。参数 DN（D 是轴承内径，单位为 mm；N 是轴承转速，单位是 r/min）称为速度因数。对于小型滚动轴承，当 $DN<300000$ 时可选择脂润滑，$DN>300000$ 时，要选择油润滑；对于 50mm 以上的圆柱滚子轴承在 $DN>300000/\sqrt{D/50}$ 时，选择油润滑；而对于 50mm 以上的圆锥滚子轴承要在 $DN>150000/\sqrt{D/50}$ 时，选择油润滑。

当负荷较大时，要优先选用含有极压抗磨剂的润滑脂，以确保轴承的效率和使用寿命。

4. 经济因素

从经济性方面考虑选择合适的润滑脂是每个设计者、使用者都十分关心的事情。选用润滑脂不应该只看哪一种价格低，一定要考虑其性能如何，更重要的是要考虑润滑脂对设备使用寿命、性能、维护及维修的影响。一般从综合效益看，选择高性能的先进润滑脂，虽然直接价格会明显提高，但其综合社会、经济效益非常显著。

5. 润滑脂的填充量

确定滚动轴承中润滑脂的填充量很重要。一般遵从如下原则：①轴承内不应该装满润滑脂，一般装满轴承内腔空间的 1/2~3/4 即可；②水平轴承填充内腔空间的 2/3~3/4；③垂直安装的轴承填充内腔空间的1/2（上侧）~3/4（下侧）；④在容易污染的环境中，对于低速或中速的轴承，要把轴承和轴承盒里的空间填满；⑤高速轴承在装脂前应先放在优质润滑油中，一般是所装润滑脂的基础油中浸泡一下，以免启动时因摩擦面润滑脂不足而引起轴承烧损。

思考题

1. 润滑剂的六大主要功能是什么？
2. 润滑剂的黏度指数的大小反映了什么意义？
3. 润滑剂的摩擦学性能指标有哪些？
4. 润滑剂的 P_B 值是什么负荷？怎么确定？反映了什么意义？
5. 润滑剂的 P_D 值是什么负荷？怎么确定？反映了什么意义？
6. 介绍几种常用工业润滑剂。
7. 简述 GB/T 3141—1994 中黏度分级号的含义。

第8章

微纳米摩擦学

为了认识摩擦磨损的本质，必须揭示两种材料接触、滑动或分离时在微观尺度上的作用机理和动力学原理。由于微观界面的不平整性，大多数固体与固体间的接触产生于固体表面的微凸体接触，人们很早就认识到研究单个微凸体接触对了解表/界面摩擦学性能的重要性。近年来，探针显微镜技术、表面力仪以及计算机模拟技术的发展，使我们能够在高分辨率下深入思考界面问题，并对纳米结构进行处理和表征。这些发展促进了微纳米尺度摩擦学（简称微纳米摩擦学）的诞生，它能从原子、分子尺度到微米尺度上对滑动表面的摩擦、磨损、黏着、压痕及薄膜润滑等过程进行实验和理论研究。微纳米摩擦学对掌握微结构界面行为的基本原理、架起科学与工程之间的桥梁具有很高价值。

8.1 微纳米摩擦学常用研究方法

8.1.1 表面力仪（SFA）

表面力仪（Surface Force Apparatus，SFA）是一种直接测量两个原子级光滑表面之间和分子间相互作用力随间距变化规律的精密仪器。SFA 诞生于 20 世纪 60 年代末，最初用于测量分子级光滑云母表面在大气或真空中的范德华力，以及浸入液体的两表面之间的作用力随分隔间距的变化[3]。

SFA 的工作原理如图 8-1 所示，该装置由一个小的气密不锈钢腔体组成。SFA 有两个弯曲、光滑的云母构成的表面，曲率半径约为 1cm。两块云母片凸面相对，轴线呈 90°交错放置，局部等价于彼此靠近的平面和球体，或球体和球体，SFA 可以测量两个云母片相互接近或分离时的表面间隙和作用力。如果测试约束液体膜的剪切行为，它能同时测量法向力和摩擦力。

两块云母片的厚度约为 2μm，背面镀一层 50~60nm 的纯银半反射膜，然后粘结在半径为 10mm 的圆柱形刚性二氧化硅面上。两云母片的间距采用多光束干涉法测量，通过测量等色序条纹的位置和形状就能够测定出两表面的间距，精度可以高于 0.1nm。SFA 两表面的距离通过三个精度逐级增加的机械装置控制：①粗调杆可以在大约 1μm 的范围实现定位；②中调杆可以定位到 1nm；③压电晶体管可以定位到 0.1nm。以上机构能够独立移动两表面的任何一个，由此方便地实现两表面间距离的精准控制。

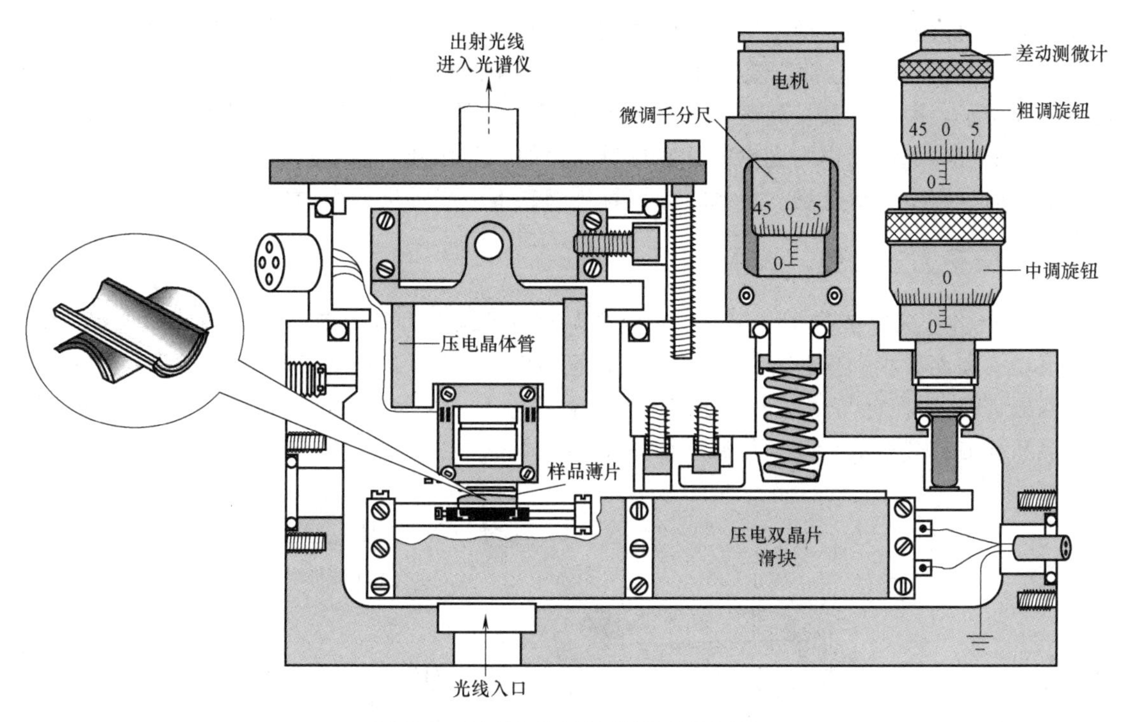

图 8-1　表面力仪 SFA2000 工作原理

根据上文描述，光学方法可以测量两表面实际移动的距离，这个距离乘以测力弹簧的刚度系数就可以得出力的变化。引力和斥力都可以通过这一方法测定。测力弹簧的刚度系数可以使用调节杆调节，以适应测量不同大小的力。一旦两表面（曲率半径为 R）间的作用力 F 与距离 D 的函数确定，其他曲面间的作用力就能方便地通过 R 按比例计算。此外，单位面积两平面的界面能也可由 Dergaguin 近似（$E=F/2\pi R$）与 F 简单联系起来。SFA 的测量力精度可达 10^{-8}N，测量距离精度可达 0.1nm。

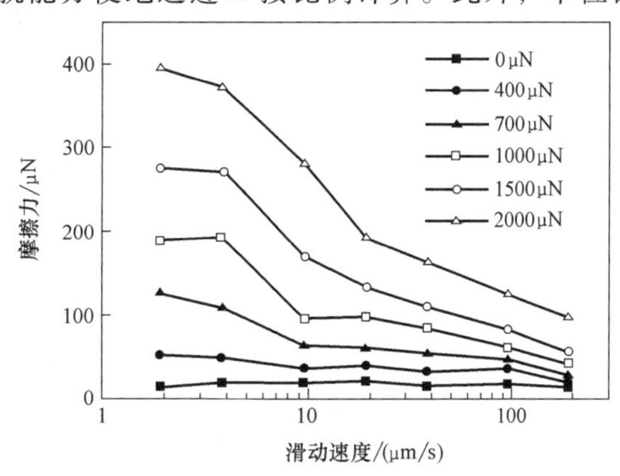

图 8-2　SFA 测两个羟乙基纤维素表面摩擦力随滑动速度的变化

表面力仪还可用于在 0.1nm 精度上对液体或蒸气中表面间作用力直接测定。采用 SFA 技术，两个浸在液体中的原子级平滑表面可以在高精度的控制下相互靠近，它们之间形成了很薄的液膜，此时，两表面间的作用力可以被测量。此外，两表面可以做横向相对运动，这样在滑动过程中，剪切力也能得到测量。从所得的许多不同液体的实验结果中得知，超薄液膜的性质和主体液相的性质有很大的不同。例如，宏观尺度液膜可以承受普通的荷载应力及剪切应力，而在 1nm 厚的薄膜中，分子弛豫时间要比主体液相中长 10^{10} 倍，其可承受的载荷应力及剪切应力将大幅增加。对此现象，只有分子理论才能解释，而连续介质理论则无能为力。

近年来表面力仪已用于研究表面间的各种作用力，包括范德华力、静电双层斥力、黏附力以及由空间位阻、毛细现象等诱发的作用力。在摩擦学领域，可以测试黏弹性、剪切力、摩擦力（图 8-2）以及薄膜流变特性，并可以观察纳米级变形表面之间介质折射率的实时变化。云母由于表面平滑且易处理，是 SFA 研究的主要表面。目前，一些达到分子级平整度及以上的硬材料都可以作为光滑的基底材料，比如二氧化硅、蓝宝石等，这些基底也可使用表面活性剂、脂质、聚合物、金属、金属氧化物、蛋白质等进行表面修饰。

8.1.2 原子力显微镜（AFM）

1985 年格尔德·宾宁（Gerd Binnig）等人发明了原子力显微镜（AFM），它可以在原子尺度下观察表面形貌和摩擦学行为。通过扫描 AFM 可获得试样表面的高分辨率三维形貌，还能测出 AFM 图探针与试样表面之间黏着力和静电力。AFM 一般由驱动系统、力检测系统和反馈系统三部分构成，其工作原理如图 8-3 所示。

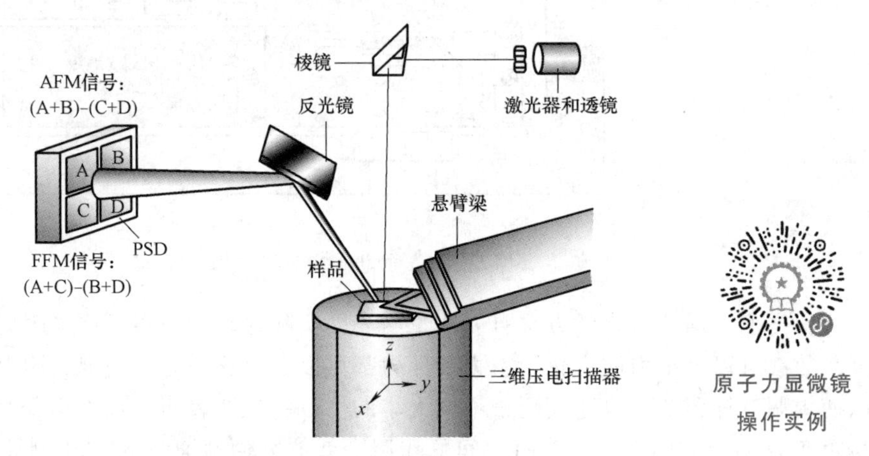

图 8-3 原子力显微镜工作原理图

（1）扫描驱动系统 扫描驱动由扫描器完成，其作用是使样品与 AFM 探针在恒力模式下做相对运动。扫描器由压电陶瓷组成，可以实现 x、y、z 三维扫描。基于压电效应，通过改变扫描过程中的电压变化来控制压电陶瓷伸缩的位移量，可实现 AFM 探针对样品表面起伏的跟踪探测。

（2）力检测系统 其作用是检测 AFM 探针与样品之间的相互作用力，将其转化为电信号（电压或电流）。这种相互作用力会使悬臂梁产生上下起伏或侧向扭转，针尖的运动状况通过激光反射至位置灵敏检测器。当法向力作用使 AFM 探针上下起伏时，激光点沿竖直方向（法向）运动；当侧向力（摩擦力）作用使 AFM 探针扭转运动时，激光点便在水平方向（切向）运动。光点的位置差可以反映针尖的偏移量或针尖与样品的相互作用力。

（3）反馈系统 在线监测扫描过程中悬臂梁的变形状况，并将此信息反馈给扫描系统，系统对针尖-样品间距进行适当调整，使悬臂梁的变形在扫描过程中保持不变，从而得到样品的表面形貌。

原子力显微镜的主要成像模式有接触模式（Contact Mode）、非接触模式（Noncontact Mode）和轻敲模式（Tapping Mode），如图 8-4 所示。

接触模式是原子力显微镜最先采用、分辨率最高的成像模式。在这种成像模式中，AFM 探针与样品表面直接接触，针尖在样品表面滑动。通过悬臂梁的弯曲、偏转检测系统就可以

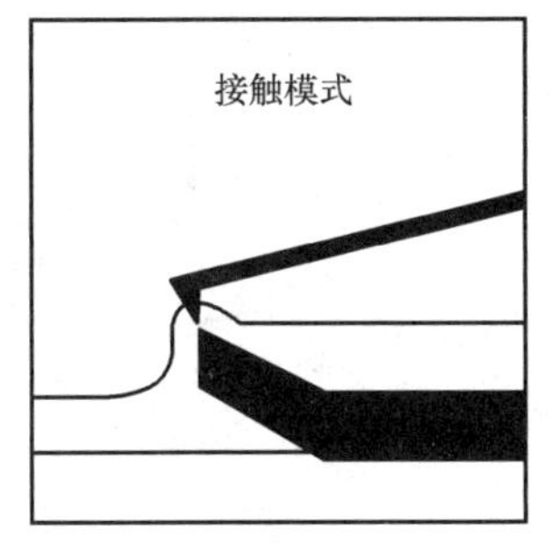

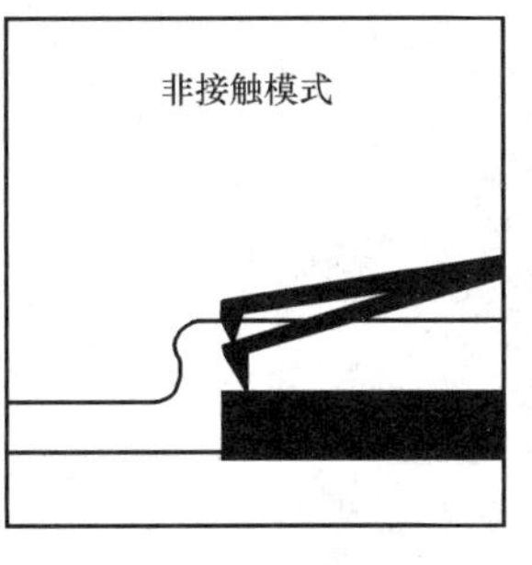

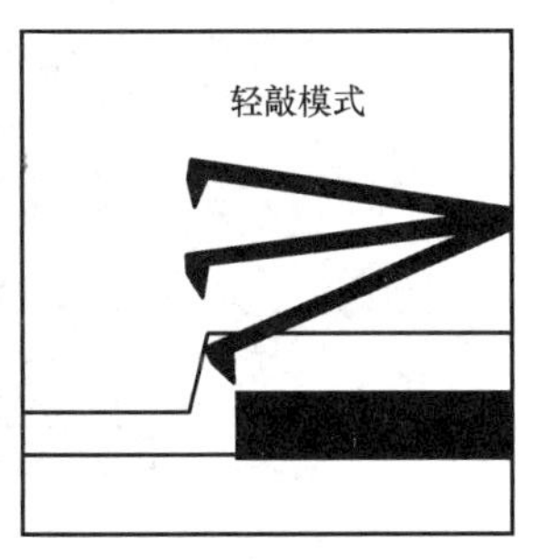

图 8-4　原子力显微镜三种工作模式

获得样品表面的形貌信息。在大气和液体环境下接触模式都能够进行测量，但针尖的作用力使较软样品表面产生较大的变形，因而不适用于低弹性模量样品、容易移动和容易变形样品的测量。

非接触模式中，针尖与样品表面有一定的间隔（一般为几纳米的距离），探针以其共振频率在样品表面附近振动。反馈系统通过控制压电陶瓷管的伸缩来保持探针共振频率或振幅的恒定，从而控制针尖与样品表面的平均距离，使其不变。系统通过记录压电陶瓷的伸缩情况，获得样品表面的形貌特征。由于针尖与样品没有直接接触，非接触式成像模式适合对柔软样品的观察。但非接触模式下，探针与样品的距离不能太远，探针振幅不能太大（2~5nm），扫描速度不能太快。当样品表面吸附凝结水时，非接触式成像模式只能得到水膜表层的形貌图，此时获得的形貌信息为假象。

轻敲模式在非接触模式上加以改良，增加了探针振幅控制功能，利用一种恒定的驱动力（声波、磁力）使探针悬臂以一定的频率振动。轻敲式成像的特点是针尖与样品的接触时间非常短，针尖与样品的互相作用力很小，这样就有效地防止针尖对样品的破坏和针尖被样品黏滞所产生的假象。这种模式结合了非接触模式和接触模式的优点，既不损伤样品表面，又有较高的分辨率。但由于探针高频率地敲击样品，在很硬的样品表面，探针针尖可能受损。

AFM 可以在大气、真空、低温和高温、不同气氛及溶液等各种环境下工作，且不受样品导电性的限制，因此具有广泛的应用。AFM 通常用于微观摩擦磨损、黏附、微纳米划痕、压痕、微制造、微切削等研究中。

由于悬臂在测量中对力极为敏感，若对 AFM 探针悬臂梁的扭转力进行检测，便可得到探针扫描过程中所受的摩擦力，从而开发出摩擦力显微镜（Friction Force Microscope，FFM）。目前 FFM 已经成为现代 AFM 的一种工作模式，它的分辨率比传统摩擦力测试仪器高得多，测得样品的表面粗糙度可达原子级，摩擦力的测量精度可达纳牛（nN）甚至更小，成为研究纳米摩擦机制的理想工具。20 世纪 80 年代，美国 IBM 公司 Almaden 研究中心首次将 AFM 改装成摩擦力显微镜，使用钨丝作为探针针尖，测得石墨表面原子尺度的摩擦特性，如图 8-5a 所示。

分子动力学模板

8.1.3　分子动力学模拟

在宏观尺度上研究接触问题的大多数理论方法都是基于连续性的假设，然而当材料尺度和它们的接触特征空间减小时，连续假设就不再完全适用。此外，材料的力学性能具有强烈的尺寸依赖性，不同尺度下，同一种材料的各项性能有明显差别。多年以来，研究摩擦的原

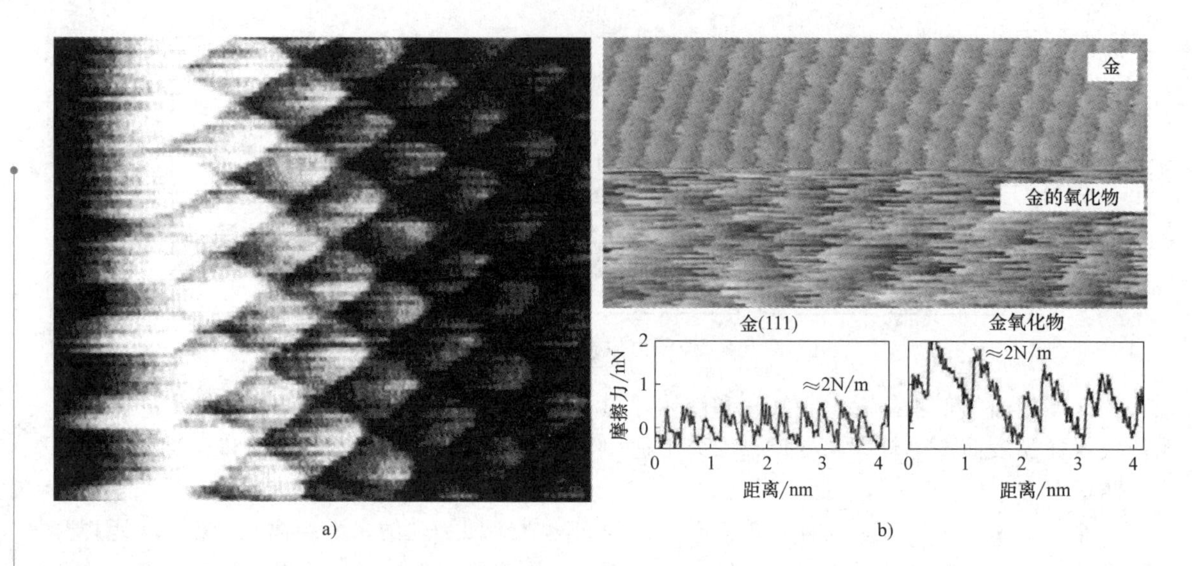

图 8-5　摩擦力显微镜表征

其中，图 8-5a 为石墨表面原子尺度的摩擦力，图中扫描面积为 2nm×2nm，颜色深浅代表局部摩擦力的大小
图 8-5b 为金及其氧化物的摩擦力显微镜表征

子尺度机理一直采用分析模型，它的局限性在于设定了一些简化条件，忽略了一些结构缺陷。随着材料原子间作用理论和复杂系统计算机模拟技术的发展，分子动力学模拟（Molecular Dynamics Simulation）方法日益完善。在分子动力学模拟中，给定初始条件及原子间作用力的描述方法后，对经典运动方程进行积分运算。分析原子和分子之间的相对位置、速度和作用力，即可获得分子和原子的时空运动高分辨率轨迹；也可通过生动的模拟来演示运动轨迹的虚拟动画；有时这两种方法结合起来用于揭示一些不曾预料到的现象。

1957 年，Alder 等首先采用硬球模型研究气体和液体的状态方程，开创了利用分子动力学模拟方法研究物质宏观性质的先例。目前分子动力学模拟的空间尺度可达 $10^4 \sim 10^6$ 个原子，模拟对象从分子和超分子体系向细胞水平发展。

分子动力学模拟中，首先引入一组初始条件，即初始位置和符合玻耳兹曼（Boltzmann）分布的初始速度，然后采用基于电子结构计算中的经典势能函数来计算原子间作用力。模拟由数千个原子组成系统的分子和原子运动，需要对一组耦合的微分方程进行高分辨率时空求解，这些微分方程基于粒子经典运动方程。例如，经典的牛顿运动方程为：

$$F = m\frac{\mathrm{d}v}{\mathrm{d}t} \tag{8-1}$$

式中，F 是粒子上的作用力；m 是粒子的质量；v 是粒子的速度；t 是时间。

对于 n 个粒子，有 $3n$ 个二阶微分方程组约束它们的动力学行为，这些方程可以通过有限差分法求解，有限时间步长是振动周期的 1/25，振动周期通常为几个飞秒。积分计算的总时间区间一般为几个皮秒或几个纳秒。

根据经典势能函数的空间导数计算原子作用力 F，这些函数都是基于量子力学方法推导的。常见势能函数的表达方法有两种：第一种方法认为原子的势能是其原子相对位置的函数，常见的是 Morse 势能函数和 Lennard-Jones（LJ）势能函数，对于非极性中性原子或分子间势能，一般用 LJ 势能函数模拟计算分子间作用力 $F(\chi)$，即：

$$F(\chi)=4\varepsilon\left[\left(\frac{\sigma}{\chi}\right)^{12}-\left(\frac{\sigma}{\chi}\right)^{6}\right] \tag{8-2}$$

式中，χ 为两个相互作用分子的中心距；ε 为势能函数在其极小值点的数值；σ 为当势函数 $F(\chi)=0$ 时，两个相互作用分子间的距离；χ^{-6} 与 χ^{-12} 分别表示分子间的吸引能和排斥能。

第二种势能函数表达方法中，计算原子间作用力包括电子的作用，该方法常用固体与固体之间相互作用的计算机模拟。以金属为例，通常采用嵌入原子法（EAM）来模拟。该方法把材料的内聚能视为一个原子嵌入一定背景电子密度中所需的能量，每个原子在其位置的背景电子密度就是其他原子重叠的电子密度，因此以嵌入原子法将内聚能表达为多体嵌入函数，并用体积中其余所有固体原子之间的斥能对多体嵌入函数进行补充。势能参数通过金属及合金的一系列表观性能来确定，例如晶格常数、内聚能、弹性常数、空位能。

当表面之间发生相对运动（滑动或压痕）时，作用于系统的功提高了它的能量，进而升高了温度。模拟时，系统温度由一些自动调温器组成的正则系统来控制。在自动调温器中，温度的控制过程将改变原子的运动速度。

分子动力学模拟方法有助于探究摩擦过程在原子尺度上的能量学、结构学、动力学和热力学机理，可以研究黏着、摩擦、磨损、压痕、润滑和微切削等过程。常见的有固体界面作用模拟、液膜界面作用模拟等。

Landman 等人用分子动力学模拟了金属 Ni 探针在金属 Au（001）表面上的压痕过程，如图 8-6 所示。当探针以准稳态速度趋近金属表面至 0.4nm 时，探针的移动出现了不稳定状态，在表面力的作用下，Au 表面向探针鼓起。随后 Au 表面出现了跳跃式接触，Au 原子在 1ps 时间内向探针跳动 0.2nm，两表面形成黏着接触。探针继续向下移动压入 Au 基底，探针表面黏附的金原子逐渐增多。完成接触后探针提起，Au 表面产生明显的非弹性变形，提起过程包含延展性拉伸、形成原子尺度的连接颈、最终断裂三个过程。分离后的 Ni 探针上沾有 Au 涂层，这种现象与 AFM 探针在 Au 表面的固体黏着实验中的结果相吻合。以上是固体表面黏着微观机理最具影响力的研究成果之一。

图 8-6　Ni 探针接近、压入 Au（001）表面及提起过程的分子动力学模拟

8.2　微观摩擦磨损

现代精密机械和微型机械中摩擦副的间隙通常处于纳米量级，他们表面极光滑，接触时达到分子密合程度。显然，对于这类表面的摩擦问题，以表面宏观粗糙度和材料体相变形分析为基础的经典摩擦理论已不再适用。从微观角度研究摩擦起因和行为，以达到降低和控制磨损的目的，对于微型机械、精密机械、常规机械、超精密加工技术都具有重要意义。很多宏观摩擦学理论不能解决的工程问题，都依赖于对摩擦磨损机理的微观研究。

8.2.1 微观摩擦

Bhushan 等分别使用球-盘摩擦实验机和摩擦力显微镜，对材料的宏观和微观摩擦系数进行了对比试验，实验结果见表 8-1。宏观摩擦系数测定采用直径为 3mm 的铅球与试件相对滑动，滑动速度为 0.8mm/s，载荷为 0.1N，Hertz 接触应力为 0.3GPa。微观摩擦系数测定使用直径为 50nm 的 Si_3N_4 探针，滑动速度为 5μm/s，载荷为 10~50nN，Hertz 接触应力为 2.5~6.1GPa。从表中数据可以看到，微观摩擦系数往往远低于宏观摩擦系数。在微纳摩擦学实验中，根据微小尺度和极轻载荷测量的材料硬度和弹性模量，都比宏观测量的数值高，因而微观摩擦过程中，材料的磨损少，摩擦系数低。同时，微观摩擦中嵌入表面的颗粒少，也减少了犁沟效应对摩擦力的影响。

表 8-1 宏观与微观摩擦系数

试件材料	表面粗糙度 *Ra*/nm	宏观摩擦系数	微观摩擦系数
Si(111)	0.11	0.18	0.03
C^+-注入 Si	0.33	0.18	0.02

研究表面形貌与摩擦力的关系，是解释微观摩擦机理的一种常用方法。表面形貌使得微观尺度的摩擦具有显著的各向异性，即沿不同方向滑动所得到的摩擦力大小不同，如图 8-7 所示。图 8-7a 所示为高定向热解石墨表面形貌示意图，图 8-7b 和图 8-7c 分别为沿 *A-A′* 和 *B-B′* 方向摩擦力的变化和平均值。显然，沿 *A-A′* 方向的摩擦力大于沿 *B-B′* 方向的摩擦力。Ruan 等根据摩擦力与形貌变化具有相同周期并相互对应的特征，提出微观摩擦的“棘轮(ratchet)”模型，如图 8-7d 所示，认为粗糙峰斜率是决定摩擦因数的关键因素，后来这个观点也被 Si_3N_4 探针与高定向热解石墨基片的摩擦力显微镜实验所证明。

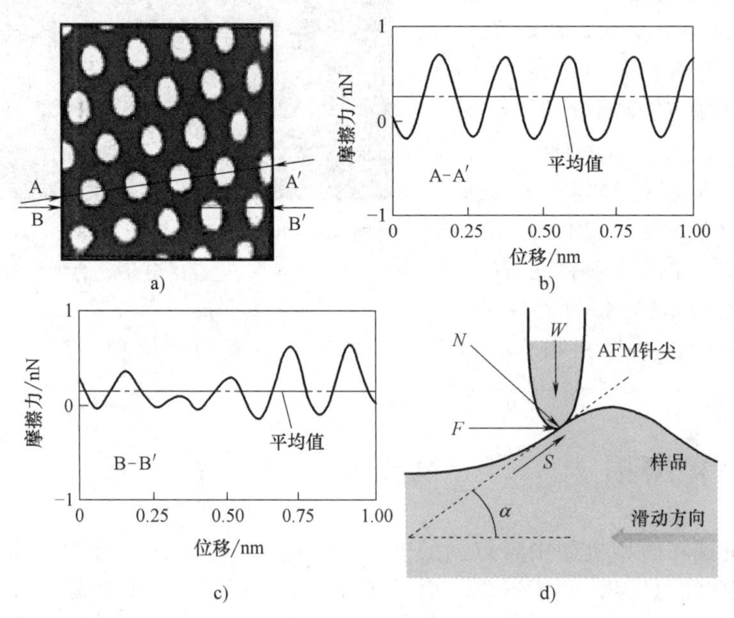

图 8-7 摩擦方向性和棘轮模型

a) 高定向热解石墨表面形貌示意图 b)、c) 沿 *A-A′*、*B-B′* 方向摩擦力的变化平均值

d) 微观摩擦的“棘轮”模型

影响微观摩擦的因素包括：气体吸附、犁沟效应、黏着效应、载荷、滑动速度、材料特性、环境湿度和温度、电磁场等。

那么能否实现摩擦力为零的工况，达到消除摩擦的效果呢？纳米摩擦学的研究目标之一就是把摩擦界面的摩擦力降低趋于零。这种情况叫零摩擦，又称为超低摩擦、超滑，它最早是 1990 年由日本学者 Hirano 和 Shinjo 提出的。由低温超流原理可知，要实现摩擦力为零的工况非常困难，所以当摩擦系数下降到具有较大的工程价值工况（≤0.001）时，就认为实现了超低摩擦（超滑）。2000 年，美国阿贡国家实验室 Ali Erdemir 率先在干燥氮气环境下实现了碳膜的超滑。其实，生活中见到的一些超精密滚动轴承，运行状态下的摩擦系数也可达到超低摩擦状态。

8.2.2　微观磨损

在极轻载荷作用下产生的表层损伤，其磨损深度通常为纳米量级，也称为微观磨损。微观磨损主要采用原子力显微镜、摩擦力显微镜或其他专门研制的微观磨损试验机进行研究。磨损过程大都是通过锥形探针在被试材料表面上滑动来实现。若微观磨损尺度进一步降低到分子或原子层面，现有实验方法不能满足需求，可以借助计算机模拟技术，如分子动力学模拟，来研究微观磨损的基础理论。

微观磨损机理与宏观磨损相似，以塑性变形和材料去除为主。但在部分条件下（如单晶硅、聚碳酸酯、镍钛形状记忆合金表面）的微观磨损会经历表面隆起、材料下陷和材料去除三个阶段。目前对表面隆起的形成机理仍不清楚，但普遍认可的原因有以下两种：①局部摩擦诱导的化学磨损；②针尖摩擦和剪切所引起的非晶化和晶格变形。图 8-8 所示为大气环境下，金刚石针尖在单晶硅表面不同载荷下的 AFM 磨损形貌，单晶硅表面的损伤表现为从凸起到沟槽的转变，图 8-8a～d 为凸起（0.5～10μN），图 8-8e～g 为下陷（15～70μN），

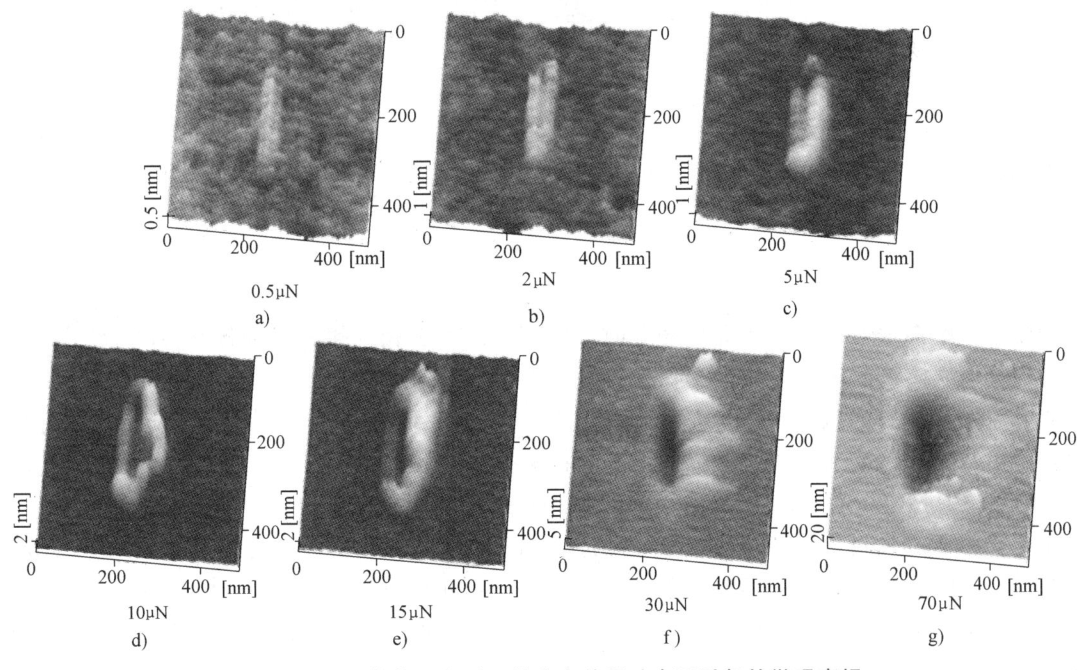

图 8-8　不同载荷下金刚石针尖在单晶硅表面引起的微观磨损

转变力为 10~15μN。

目前，超大规模集成电路平坦化制造中所使用的化学机械抛光（Chemical Mechanical Polishing，CMP）技术实际上是使用粒径为几十纳米到几微米的抛光磨粒在液体环境下对晶圆表层材料的微观材料去除的过程，常用微观磨损实验的方法对此过程的某一特性进行定性分析。图 8-9 所示为使用纳米划痕实验研究 CeO_2 针尖在铜表面滑动时摩擦系数随正压力的变化，实验中使用的 CeO_2 针尖半径约为 100nm。此实验过程模拟了化学机械抛光过程中 CeO_2 磨粒对铜互连金属的微观材料去除过程。图中区域Ⅰ的正压力内，铜表面经历弹性变形；区域Ⅱ的正压力范围内，铜表面产生弹-塑性转变；区域Ⅲ的正压力范围内，铜表面产生稳定弹-塑性变形。

必须指出的是，微观磨损实验或者分子动力学模拟都是针对理想的材料表面进行的，它与工程实际表面存在差异。实际摩擦副材料即使是简单晶体材料，它的强度也仅是理想晶体强度的 10^{-4}~10^{-5} 倍，这是由于实际晶体内部存在许多位错和微裂纹等缺陷。此外，许多材料是多晶体或非晶体，而且表面常被污染，因而不是均质的。所以，微观磨损实验和模拟计算所得的数据通常难以直接用于工程问题的定量分析，但作为定性分析的依据仍是十分重要的。

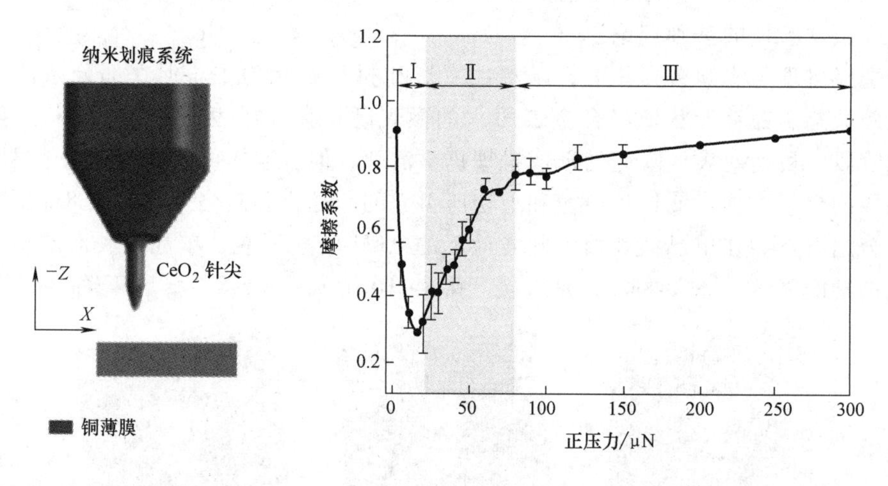

图 8-9　CeO_2 针尖在铜表面摩擦系数随正压力的变化

8.2.3　边界润滑与分子膜

当两个摩擦表面被流体膜完全隔开时，摩擦表面不会相互接触，也就不会产生磨粒和黏着磨损。但实际工况下，并不能总保持这种流体润滑状态，设备启动、停机和超负载运行都会造成流体润滑膜的破坏。当流体润滑失效时，摩擦表面形成的边界润滑膜起主要保护作用。由于缺乏流体动压效应，边界膜厚与摩擦表面相对速度无关。

哈代（Hardy）在 1919 年提出了如图 8-10a 所示的边界润滑模型，认为润滑剂分子在两个固体表面通过吸附形成有序的单分子层进行润滑，但该模型并没有考虑摩擦副的真实接触状态，不能解释在正常的边界润滑条件下仍存在的固-固直接接触。后来 Bowden 和 Tabor 提出了 Bowden 模型，如图 8-10b 所示。该模型描述了当两固体摩擦表面承受载荷后，部分粗糙峰产生了固体直接接触，边界润滑膜破裂。Bowden 的模型强调真实接触存在着固体接触和润滑膜两部分。摩擦力可以表示为：

$$F=A[\alpha\tau_m+(1-\alpha)\tau_f] \tag{8-3}$$

式中，τ_m 为固体黏结点的剪切强度；τ_f 为润滑膜的剪切强度；真实接触面积 A 包括两个部分，$A\alpha$ 为固体直接接触部分的黏结点面积，$A(1-\alpha)$ 为有边界膜存在的面积。

目前尚无统一的边界润滑理论。广泛认可的是，润滑分子与固体表面相互作用，形成一层具有润滑作用的界面膜，在摩擦过程中起润滑作用，靠边界膜润滑的状态称为边界润滑。边界润滑状态下的摩擦系数，只取决于摩擦表面的性质和边界膜的结构，而与润滑剂的黏度无关。

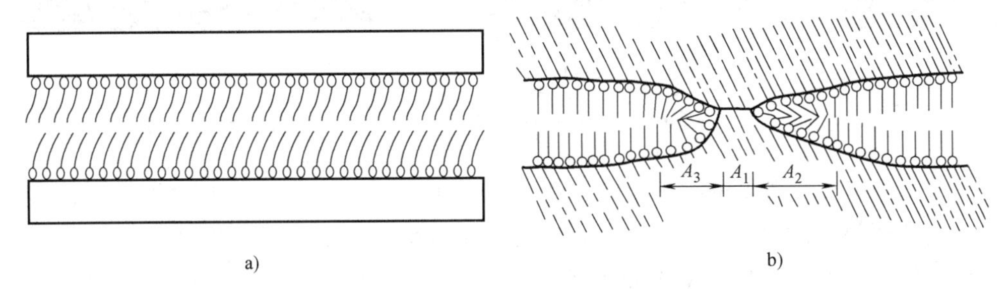

图 8-10　边界润滑模型

a）Hardy 模型　b）Bowden 模型

边界润滑是依靠表面的分子吸附膜起作用，所以分子膜的流变特性、物理形态和相变、摩擦特性对边界润滑的影响至关重要。边界润滑也是微纳米摩擦学中最活跃的研究领域之一。图 8-11 是 Ni（100）表面在低速 10μm/s 和温度 120K 条件下的摩擦实验，得出摩擦系数随乙醇分子覆盖量的变化关系。当摩擦表面不能全部被单分子层覆盖时，摩擦系数很高，滑动中表面黏着强烈，并出现严重磨损；当表面被单分子层或多分子层完全覆盖以后，摩擦系数稳定在 0.2 左右，并且摩擦系数与覆盖分子层数无关。

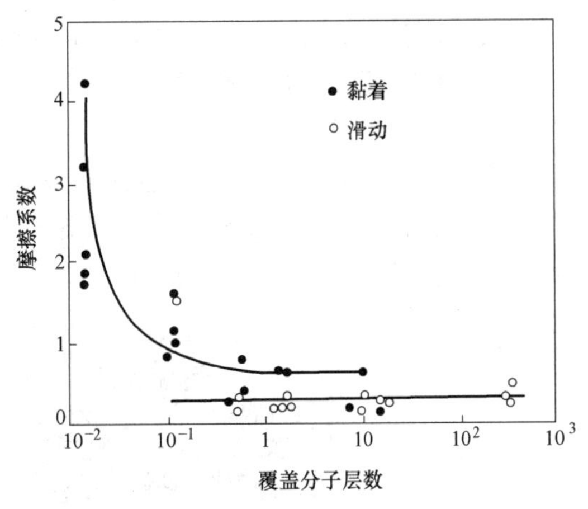

图 8-11　摩擦系数与覆盖分子层数的关系

8.3　微机电系统摩擦学

8.3.1　微机电系统中的摩擦学问题

1959 年理查·费曼在美国物理学学会上做了《底层的丰富》演说，提出了一系列构想，其中包括如何在分子/原子尺度上加工和制造原料和器件（包括微型计算机、微型工厂、微型工具），这让人们思考如何进行微结构制造。20 世纪 60 年代发明了照相平板印刷技术来加工硅材料，极大地推动了微机电系统的发展。微机电系统（Micro-electromechanical Systems，MEMS），也叫微电子机械系统、微系统、微机械等。微机电系统是基于微电子技术和超精密机械加工技术发展起来的，将传感器、执行器、机械机构、信息处理和控制电路等集成一体的微型器件或系统，其尺寸为几毫米乃至更小的高科技装置。目前已经制造出很多种微器件，如微型加速度计、微型陀螺仪、微电动机、微汽轮机、微开关、微镊子等，广泛应用于消费电子、通信、航空、汽车、生物医疗、家电和环境等领域，如图 8-12 所示。

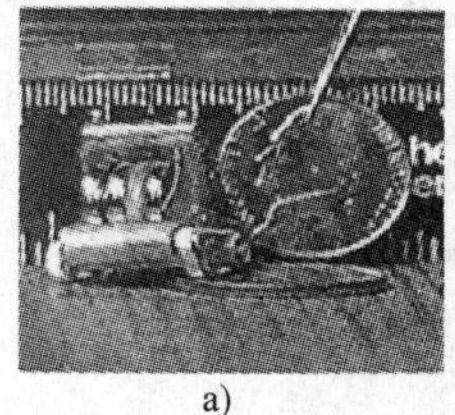
a)

b)

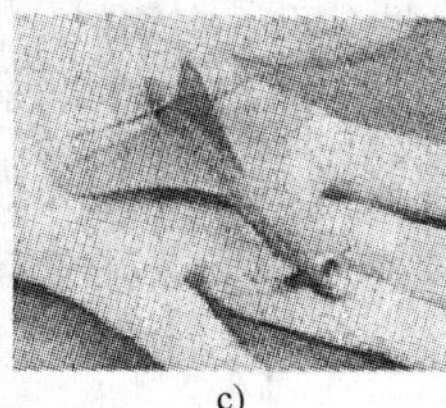
c)

d)

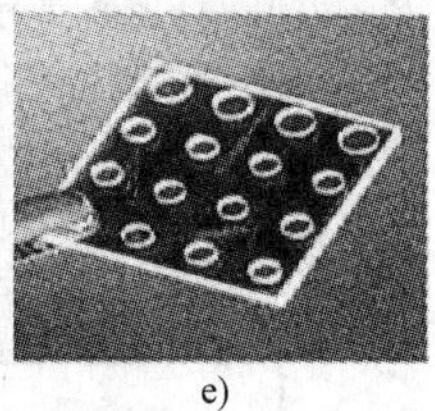
e)

图 8-12　典型的微机电系统

a）微型机器人　b）纳星一号　c）微型飞行器　d）微型光开关　e）微生化分析仪

MEMS 尺寸通常在微米至毫米之间，在这个尺寸大小范围中，日常的物理经验往往不适用，表面现象变得比较重要。因为当器件尺度减小到微纳米量级时，各种作用力随着尺寸减小而降低。如果微机械的尺度从 1mm 降到 1μm，那么面积减至原来的百万分之一，体积减至原来的十亿分之一。我们知道，摩擦力、黏滞力、表面张力与面积成正比，所以这些作用力比那些与体积成正比的力（如惯性力和电磁力）增大了几千倍，因此，在 MES 中，表面力比体积力起更加重要的作用。表面运动阻力的增大将引发一系列微观摩擦学问题，摩擦、黏着、磨损和表面污染将影响微系统的工作性能，甚至有时会妨碍它们正常运行，微机电系统中的磨损如图 8-13 所示。

导致 MEMS 失效的常见原因包括：微观黏着、摩擦、磨损、金属蠕变、脆性断裂、分层和碎屑污染，其中前三者属于微纳摩擦学领域需要解决的问题。1982 年研制出第一台静电微电动机，其转子和定子之间的间隙仅为 2μm，在制造和运转过程中，不可避免地出现

a)

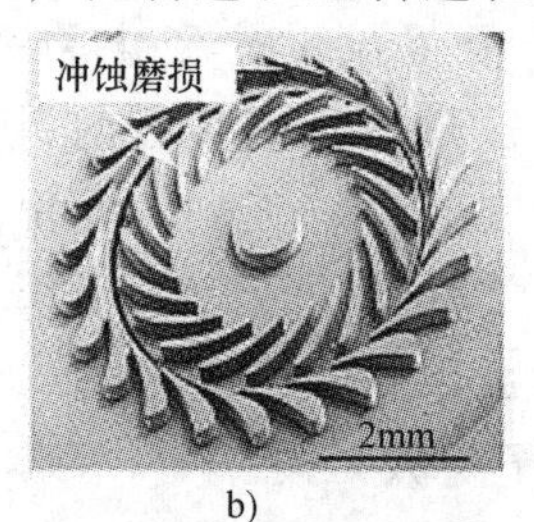

b)

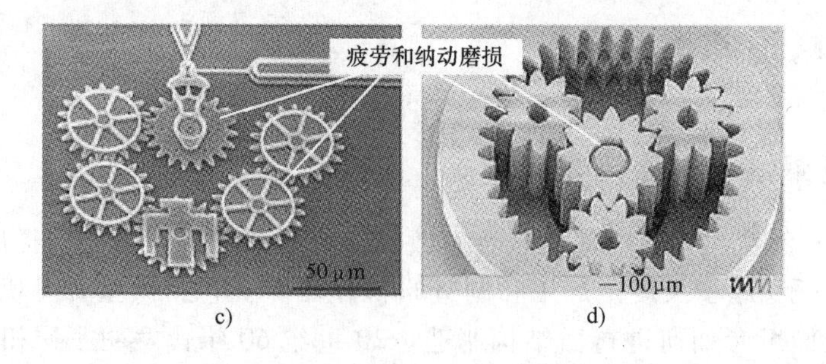

c)　d)

图 8-13　微机电系统中的磨损

a）静电微电动机（Tai et al，1989）　b）涡轮微电动机（Spearing and Chen，2001）
c）微齿轮轮系（www.sandia.gov）　d）金属微齿轮轮系 by LIGA（Lehr et al，1996）

黏着和磨损问题。2001年研制的涡轮微电动机，其转速高达每分钟百万转，流体对叶片的冲蚀磨损问题不容忽视。在微型齿轮驱动系统中，由于运动过程中受交变应力的作用，轮轴和轮齿的疲劳和纳动磨损值得关注。目前商用微机电系统中，也同样存在大量摩擦学问题，这里就不一一举例了。

8.3.2 微磨损

MEMS 微磨损的形式通常有黏着磨损、磨粒磨损、疲劳磨损、化学磨损和纳动磨损，已经成为影响 MEMS 中零部件寿命和整体结构失效的主要原因。传统的润滑剂由于黏度过大，并不适用于 MEMS。MEMS 器件抗磨润滑方式通常通过以下三种方式实现：①对器件表面进行改性，例如，改变单晶硅表面的疏水性；②使用疏水性边界润滑剂（Z-DOL）；③器件表面沉积类金刚石薄膜（DLC）等减摩润滑薄膜。此外，在器件的设计中尽量减少部件相对运动的接触面积、提高运动部件的匹配度，也可以有效降低磨损。

当前，关注较多的还是单晶硅表面的微磨损机理。硅是具有优良力学性能的半导体，适于批量生产微机械结构和微机电元件，与集成电路工艺兼容较好，这些优点使硅成为制造 MEMS 最主要材料。800℃以下，硅基本是无塑性和蠕变的弹性材料，在所有环境中几乎不存在疲劳失效。但是在微机械构件接触时，由于存在表面和尺寸效应，表面间的黏着现象十分严重，由此产生的磨损问题颇受关注。为了更好地模拟 MEMS 中硅元件之间的磨损过程，二氧化硅针尖常被用于使用探针显微镜技术研究单晶硅表面的微磨损问题。

在硅基 MEMS 中，单晶硅的微磨损机理包括机械磨损和摩擦诱导的化学磨损。其中，摩擦诱导的化学磨损在 Si/Si 或者 Si/SiO_2 摩擦配副中可能起了更为关键的作用。环境气氛、大气湿度、摩擦配副、载荷等多种因素均会对单晶硅表面的摩擦诱导的化学磨损过程产生明显影响。环境湿度对 Si（100）/SiO_2 配副摩擦化学反应的影响，结果如图 8-14 所示。从图中可以明显看到，湿度对单晶硅的磨损率影响较大。当相对湿度从 3%增加到 20%时，单晶硅的磨损率从 0 快速增大到 $0.3\times10^{-12}m^3/N\cdot m$，其后随着相对湿度继续增加，磨损率的变化相对缓慢，当湿度增大到 50%时，磨损率稳定在 $0.4\times10^{-12}m^3/N\cdot m$。较高的环境湿度导致单晶硅磨损率较高，因为在此情况下，磨损过程中伴随着剧烈的摩擦化学反应。通常表现为

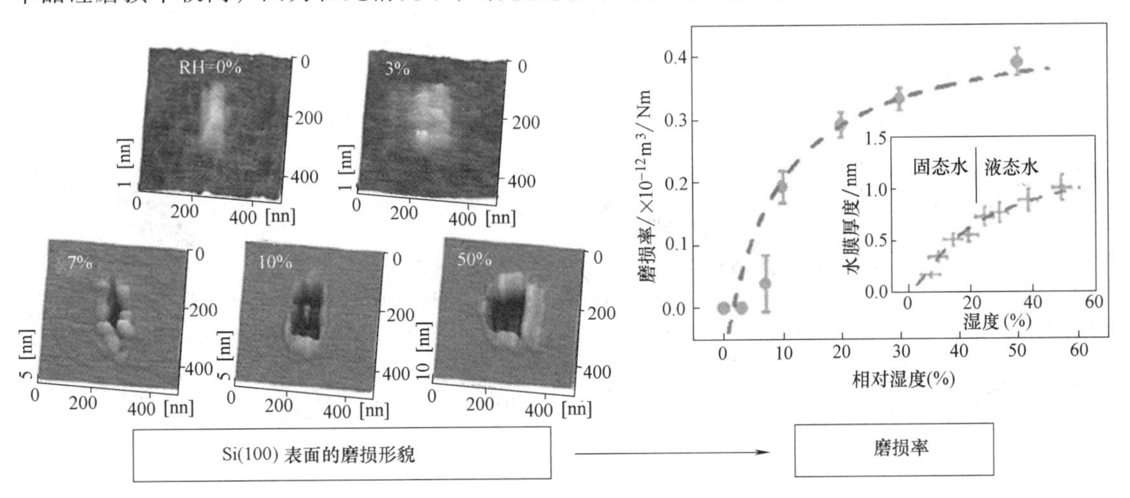

图 8-14 不同大气湿度下单晶硅表面的微观磨损形貌

单晶硅表面与 SiO_2 针尖之间形成更容易水解的 Si—O—Si 键，最终以 Si（OH）$_4$ 的形式在机械力的作用下从单晶硅表面被去除。在此过程中，水分子参与了化学反应，起到非常重要的作用。

由于摩擦诱导化学磨损的作用方式随润滑介质、摩擦副材料的不同，存在较大差异，不能用统一的原理进行解释，因此以上仅以普遍关注的单晶硅材料作为例子加以说明。

8.3.3 纳动磨损

MEMS 通常工作在大气环境中，但为了提高工作的稳定性和可靠性，也有许多微机电系统被封装在真空环境中，比如热基传感器、陀螺仪。MEMS 在服役过程中，由于温度的变化和环境振动可能会导致配合面纳米尺度的往复运动，称之为纳动，严重时会影响系统器件的寿命。纳动的概念最早由钱茂林和周仲荣等于 2003 年提出，是指相对运动的位移幅值在纳米量级的一种特殊摩擦方式，其接触面积和载荷远低于传统微动。纳动是 MEMS 器件中存在的一种特殊的微磨损形式。它与微动磨损的区别在于纳动为单点接触，而微动为多点接触，如图 8-15 所示。接触模式的不同导致了二者在摩擦力随循环次数的变化、摩擦系数、损伤模式等方面表现出很大的不同。纳动的位移幅值通常为 1~100nm，而微动的位移幅值通常为 1~100μm。由于单点接触导致的犁沟效应较弱，纳动时的摩擦系数远低于微动时的摩擦系数。同时，由于纳动损伤比微动损伤弱，使得纳动时的摩擦力基本不随循环次数而改变。

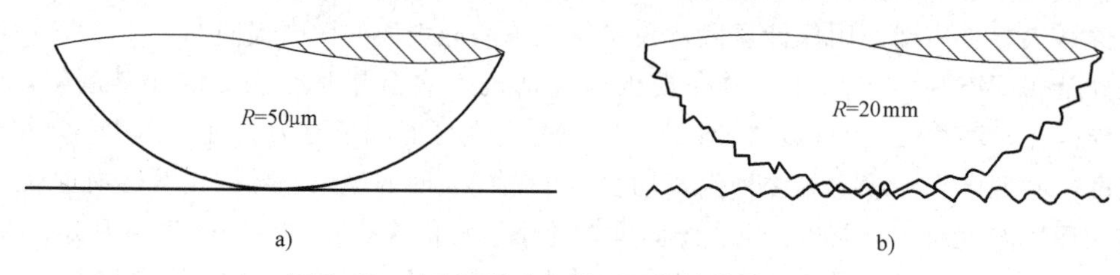

图 8-15　纳动与微动中的不同接触模式示意图

a）纳动中的单点接触　b）微动中的多点接触[22]

纳动磨损分为切向纳动磨损和径向纳动磨损。径向纳动广泛存在于微机电系统的结构梁、薄膜、铰链、微型轴承、微型弹簧等主要构件中，所以径向纳动产生的磨损也会对器件性能产生重要的影响。对于径向纳动磨损的研究主要采用纳米压痕仪，观察其径向纳动行为及损伤过程。纳动与微动的损伤比较如图 8-16 所示。

多晶铜具有优秀的导电性，NiTi 合金具有超弹性和形状记忆性，常被应用于微机电系统

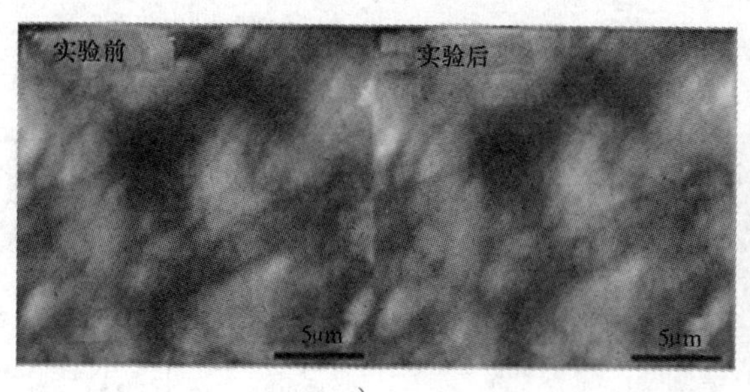

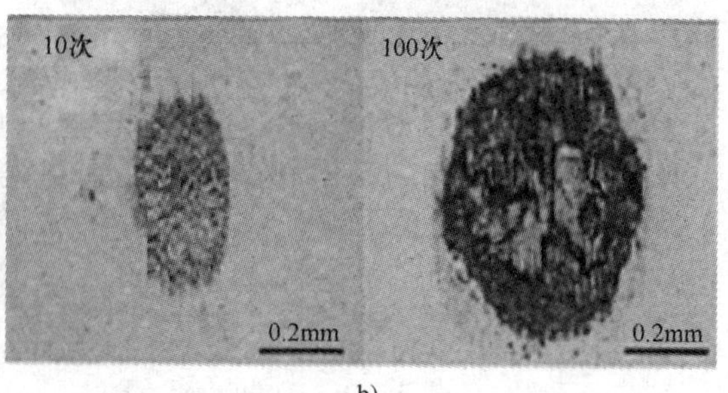

图 8-16　纳动与微动的损伤比较

a）纳动：NiTi/金刚石（$R=50\mu m$）　b）微动：NiTi/GCr15（$R=20mm$）

中零部件的结构材料。为探求纳动损伤机理，图 8-17 给出了多晶铜、单晶硅、超弹镍钛合金和形状记忆镍钛合金在不同纳动循环次数下的压痕形貌。高载荷下四种材料的纳动损伤主要表现为材料的塑性变形，但具有各自独特的损伤形式。多晶铜由于屈服极限较低，在压头附近产生大量位错，压痕周围出现褶皱堆积；单晶硅由于应力诱发相变及弹性恢复，在压头接触区切应力的作用下导致塑性区出现裂纹的萌生和扩展；而两种镍钛合金则表现良好的抵抗压痕损伤的性能。

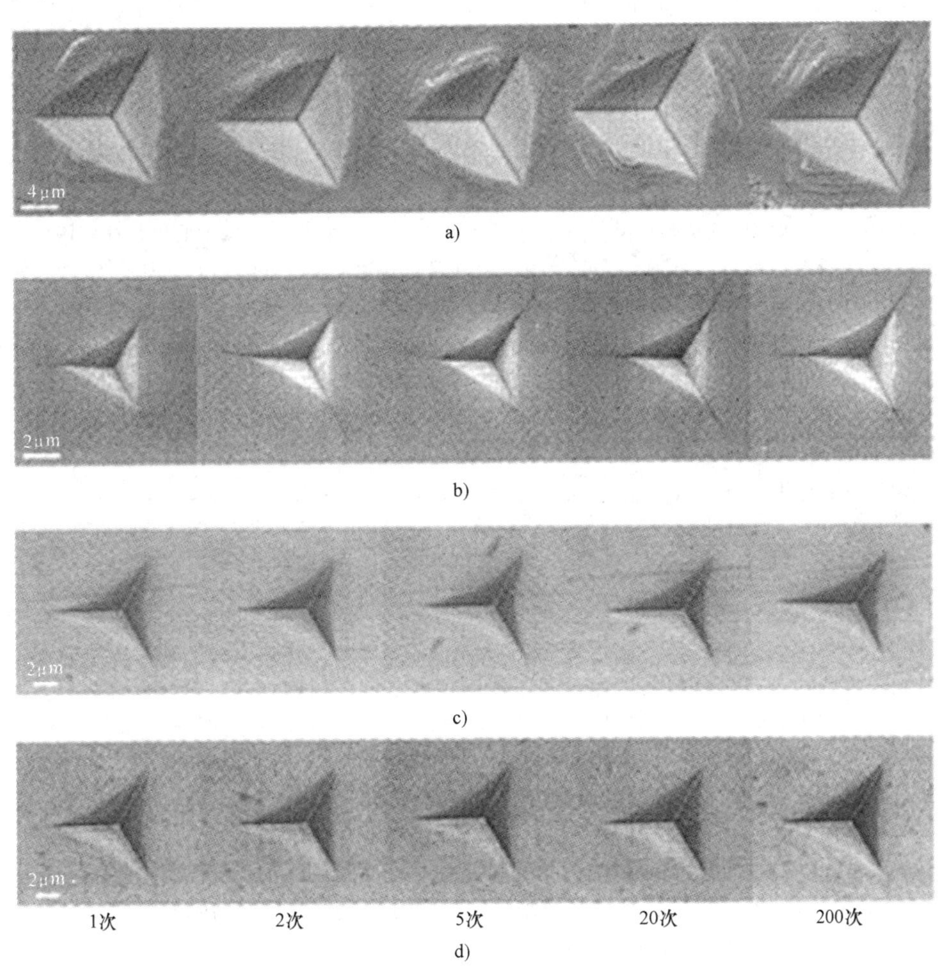

图 8-17　四种材料在不同纳动循环次数下压痕形貌的扫描电子显微镜图

a）多晶铜　b）单晶硅　c）形状记忆镍钛合金　d）超弹镍钛合金

思　考　题

1. 微纳米摩擦学的常用研究方法有哪些？
2. 试简述摩擦力显微镜的工作原理？
3. 微机电系统中常见的摩擦学问题有哪些？
4. 微动磨损和纳动磨损的区别是什么？

参考文献

[1] HALLING J. 摩擦学 [M]. 汪一麟，译. 北京：机械工业出版社，1982.

[2] 谢友柏. 工程前沿：摩擦学科学与工程前沿 [M]. 北京：高等教育出版社，2005.

[3] 中国机械工程学会摩擦学分会. 历史的回顾与启示——摩擦学创立40周年纪念文集 [Z]. 2007.

[4] 谢友柏，张嗣伟. 摩擦学科学及工程应用现状与发展战略研究——摩擦学在工业节能、降耗、减排中地位与作用的调查 [M]. 北京：高等教育出版社，2009.

[5] BHARAT BHUSHAN. 摩擦学导论 [M]. 葛世荣，译. 北京：机械工业出版社，2006.

[6] 邵荷生，曲敬信，许小棣. 摩擦与磨损 [M]. 北京：煤炭工业出版社，1992.

[7] 鲍登，泰伯. 摩擦学入门 [M]. 北京：机械工业出版社，1982.

[8] 王成彪，刘家浚，韦淡平，等. 摩擦学材料及表面工程 [M]. 北京：国防工业出版社，2012.

[9] 温诗铸，黄平，田煜，等. 摩擦学原理 [M]. 5版. 北京：清华大学出版社，2018.

[10] CAMERON A. 润滑理论基础 [M]. 汪一麟，沈继飞，译. 北京：机械工业出版社，1980.

[11] 曼格，德雷择尔. 润滑剂与润滑 [M]. 北京：化学工业出版社，2003.

[12] 谢泉，顾军慧. 润滑油品研究与应用指南 [M]. 2版. 北京：中国石化出版社，2007.

[13] TABOR D, WINTERTON R H S. The direct measurement of normal and retarded van der waals forces [J]. Proc. R. Soc. Lond. A, 1969, 312: 435-450.

[14] ISRAEL ACHVILI J N, TABOR D. The measurement of van der waals dispersion forces in the range of 1.5 to 130 nm [J]. Proc. R. Soc. Lond. A, 1972, 331: 19-38.

[15] ISRAEL ACHVILI J. N. Techniques for direct measurements of forces between surfaces in liquid at the atomic scale [J]. Chemtracts Anal. Phys. Chem., 1989, 1-12.

[16] 钱林茂，田煜，温诗铸. 纳米摩擦学 [M]. 北京：科学出版社，2013.

[17] ISRAEL ACHVILI J N, MCGUIGGAN P M. Forces between surfaces in liquids [J]. Science, 1988, 241 (4867): 795-800.

[18] QIAN L, CHARLOT M, PEREZ E, et al. Dynamic friction by polymer/surfactant mixtures adsorbed on surfaces [J]. Journal of Physical Chemistry B, 2004, 108 (48): 18608-18614.

[19] BHUSHAN B. Nanotribology and nanomechanics [M]. Berlin: Springer-Verlag Press, 2011.

[20] MATE C M, MCCLELLAND G M, ERLANDSSON R, et al. Atomic-scale friction of a tungsten tip on a graphite surface [J]. Physical Review Letters, 1987, 59 (17): 1942.

[21] LABUDA A, HAUSEN F, GOSVAMI N N, et al. Switching atomic friction by electrochemical oxidation [J]. Langmuir the Acs Journal of Surfaces & Colloids, 2011, 27 (6): 2561-6.

[22] LANDMAN U, LUEDTKE W D, Nanomechanics and dynamics of tip-substrate interactions [J]. Journal of Vacuum Science & Technology B: Microelectronics and Nanometer Structures, 1991, 9.

[23] LANDMAN U, LUEDTKE W D, BURNHAM N A, et al. Atomistic mechanisms and dynamics of adhesion, nanoindentation, and fracture [J]. Science, 1990, 248 (4954): 454-461.

[24] BHUSHAN B, KOINKAR V N. Tribological studies of silicon for magnetic recording applications [J]. J Appl Phys, 1994, 75 (10): 5741-5746.

[25] RUAN J A, BHUSHAN B. Atomic-scale and microscale friction studies of graphite and diamond using friction force microscopy [J]. Journal of Applied Physics, 1994, 76 (9): 5022-5035.

[26] YU J X, QIAN L M, YU B J, et al. Nanofretting behaviors of monocrystalline silicon (100) against diamond tips in atmosphere and vacuum [J]. Wear, 2009, 267 (1): 322-329.

[27] XU N, HAN W, WANG Y, et al. Nanoscratching of copper surface by CeO_2 [J]. Acta Materialia, 2017, 124: 343-350.

[28] BHUSHAN B. Handbook of micro/Nanotribology [M]. Berlin: CRC Press, 1999.

[29] 温诗铸，黄平，等. 界面科学与技术 [M]. 北京：清华大学出版社，2018.

[30] BHUSHAN B. Nanotribology and nanomechanics of MEMS/NEMS and BioMEMS/BioNEMS materials and devices [J]. Microelectronic Engineering, 2007, 84 (3): 387-412.

[31] YU J, KIM S H, YU B, et al. Role of Tribochemistry in Nanowear of Single-Crystalline Silicon [J]. Acs Applied Materials & Interfaces, 2012, 4 (3): 1585-1593.

[32] 周仲荣，钱林茂. 摩擦学尺寸效应及相关问题的思考 [J]. 机械工程学报，2003 (8): 22-26.

[33] 余家欣. 单晶硅的切向纳动研究 [D]. 成都：西南交通大学，2011.